AVANÇOS DA MATEMÁTICA NO BRASIL

Blucher

Clovis Pereira da Silva

AVANÇOS DA MATEMÁTICA NO BRASIL

Visão panorâmica

2ª edição revista e ampliada

Avanços da Matemática no Brasil: visão panorâmica

1ª edição - UEPG, 2017
Editora Edgard Blücher Ltda.

Publisher Edgard Blücher
Editores Eduardo Blücher e Jonatas Eliakim
Coordenação editorial Andressa Lira
Produção editorial Lidiane Pedroso Gonçalves
Preparação de texto Ana Maria Fiorini
Diagramação Roberta Pereira de Paula
Revisão de texto Maurício Katayama
Capa Laércio Flenic
Imagem da capa iStockphoto

Blucher

Rua Pedroso Alvarenga, 1245, 4º andar
04531-934 - São Paulo - SP - Brasil
Tel.: 55 11 3078-5366
contato@blucher.com.br
www.blucher.com.br

Segundo o Novo Acordo Ortográfico, conforme 6. ed. do *Vocabulário Ortográfico da Língua Portuguesa*, Academia Brasileira de Letras, julho de 2021.

Dados Internacionais de Catalogação na Publicação (CIP)
Angélica Ilacqua CRB-8/7057

Silva, Clovis Pereira da
Avanços da matemática no Brasil / Clovis Pereira da Silva. - 2. ed. revista e ampliada - São Paulo : Blucher, 2023.
210 p.

Bibliografia
ISBN 978-65-5506-680-7

1. Matemática - Brasil - História I. Título

23-2122 CDD 510.9

Índices para catálogo sistemático:
1. Matemática - Brasil - História

A Criação

"Se eu disser que encontrei a demonstração de tal teorema em tais circunstâncias, o teorema pode ter um nome estranho, que muitos de vocês nem conhecem; mas isso não tem importância: o que interessa ao psicólogo não é o teorema, são as circunstâncias [...].

É evidente que esse primeiro processo – a elaboração de muitas combinações – é apenas o começo da criação e não passa, convém dizer, de uma etapa preliminar. Como acabamos de ver e como afirma Poincaré, criar consiste precisamente em não elaborar combinações inúteis e só examinar as que são úteis, embora elas representem uma pequena minoria. A Invenção é um discernimento, uma escolha [...]."

Jacques Hadamard,

Psicologia da invenção na Matemática

AGRADECIMENTOS *IN MEMORIAM*

Desejamos expressar nossos agradecimentos, *in memoriam*, ao Prof. Dr. Luis Adauto da Justa Medeiros (1926-2022), do IM-UFRJ, pela paciente leitura, da edição anterior, dos itens referentes à cidade do Rio de Janeiro, indicando-nos as incorreções e dando-nos valiosas informações sobre o desenvolvimento do ensino, incluindo sua preocupação com a estrutura dos cursos de graduação em Matemática que eram ofertados nos anos 1970 a 1990, em cujos currículos inexistiam estudos dos problemas fundamentais da Matemática, ligados à sua história.

Segundo o Prof. Dr. Luis Adauto da Justa Medeiros, a ausência dos estudos desses problemas acarretava um prejuízo irreparável para a formação dos futuros professores de Matemática do ensino médio, dos matemáticos, dos físicos e dos engenheiros. Para solucionar esse problema na UFRJ, o IM-UFRJ criou, por sua recomendação, a disciplina de graduação denominada Métodos de Matemática Aplicada, dedicada ao estudo de alguns desses problemas.[1] O Prof. Dr. Luis Adauto da Justa Medeiros também nos deu informações sobre os primórdios da Universidade de Brasília (UnB), instituição com a qual colaborou em conjunto com o Prof. Dr. Leopoldo Nachbin.

Clovis Pereira da Silva

Curitiba, verão de 2023

---

[1] O Prof. Dr. Luis Adauto da Justa Medeiros trata três desses problemas em um de seus livros, intitulado *Iniciação às equações diferenciais parciais* (Rio de Janeiro: Livros Técnicos e Científicos, 1978), no qual ele aborda: 1) equação diferencial para pequenas oscilações de uma corda e de uma membrana; 2) equação de transferência de calor; 3) equação de Laplace.

APRESENTAÇÃO

O objetivo deste livro é fazer a reconstrução do trajeto seguido pelo ensino, estudos e pesquisa em Matemática no Brasil no período que vai dos anos 1930 até o ano de 2020. As informações são apresentadas ao leitor na forma de uma visão panorâmica, resumida de modo a orientá-lo na visualização das condições que propiciaram o trajeto acima referido.

Este livro completa a trilogia sobre a história da Matemática no Brasil. Portanto, ele conclui uma parte de nosso projeto que recupera e divulga a história da Matemática no Brasil e a gênese da formação da comunidade matemática brasileira que foi iniciada em 1934, com a criação da Faculdade de Filosofia, Ciências e Letras da Universidade de São Paulo.

A trilogia foi iniciada com o livro *A Matemática no Brasil: história de seu desenvolvimento,* Editora Edgard Blücher, 4ª ed., revista e ampliada, 2022, no qual detalhamos as origens e a introdução no Brasil do ensino de alguns tópicos da Matemática superior, por meio da Academia Real Militar, que foi criada na cidade do Rio de Janeiro. A trilogia continua com o livro *Início e consolidação da pesquisa em Matemática no Brasil* (SILVA, 2022b), livro no qual abordamos a primeira fase da formação da comunidade matemática e a ampliação dos estudos e da pesquisa em Matemática em instituições brasileiras.

Neste livro detalharemos as fases de formação da comunidade matemática brasileira e daremos informações bibliográficas sobre matemáticos brasileiros que foram mencionados no segundo livro desta trilogia e que se destacaram no contexto científico mundial. Muitos de seus trabalhos publicados, como artigos e livros, estão incluídos na literatura matemática.

O Brasil nas décadas de 1950, 1960 e 1970 não possuía uma estrutura universitária adequada e, assim, esse foi um período difícil para a fixação no país de matemáticos de nível internacional, pois, além da inadequada estrutura universitária, os matemáticos brasileiros de nível internacional relutavam em se fixar no Brasil, pela falta de salários adequados ao trabalho em tempo integral, pela ausência de um genuíno ambiente de pesquisa científica no país, pela falta de um adequado e continuado apoio financeiro para a pesquisa científica por parte do governo federal ou pela ausência de bons orientadores para a formação de futuros matemáticos.

Nos dias atuais, a comunidade matemática brasileira estaria produzindo ciência em maior quantidade se o governo federal tivesse criado uma ou duas universidades com nível de excelência mundial, conhecidas como *World Class Universities*, entre as universidades federais de melhor desempenho, segundo as avaliações periódicas realizadas pela Coordenação de Aperfeiçoamento de Pessoal de Nível Superior (CAPES), e se tivesse dado, desde os anos 1960, um forte e continuado apoio financeiro à pesquisa científica, além de estimular a mobilidade acadêmica de pesquisadores.

O impulso e o apoio financeiro para a pesquisa científica devem vir basicamente do governo federal. São processos de escolhas e decisões a serem praticadas como uma política de Estado, como itens incluídos em um bom projeto de nação. Nos países desenvolvidos e com sistemas universitários consolidados, a pesquisa científica é financiada prioritariamente pelo governo federal e não por indústrias, seja a pesquisa básica, aplicada ou de desenvolvimento. A explicação é simples: a pesquisa desenvolvida na universidade, de modo geral, produz resultados difíceis de serem aplicados por indústrias. Como na economia de mercado, se um determinado setor não pode ser recompensado financeiramente em curto período, então o investimento nele se inviabiliza.

É o governo federal que deve investir muito mais e melhor em pesquisa científica se o Brasil pretende vencer o desafio do mundo globalizado – se nossa nação quiser sair da escuridão que impede seu desenvolvimento continuado e se os gestores do país quiserem elaborar e executar um bom e bem definido projeto de nação, que credencie o Brasil a fazer parte do esquema que está em curso na globalização geopolítica, cultural e econômica do planeta Terra.

Após a consolidação da fase de investimentos em Ciência e Tecnologia (C&T) sob a responsabilidade majoritária do governo federal, este deve, evidentemente, continuar com investimentos e, ainda, incentivar empresas a se unirem ao esforço, com investimentos robustos em Ciência, Tecnologia e Inovação (C, T&I) e também em Pesquisa e Desenvolvimento (P&D).

Lamentavelmente, no Brasil, em função de visões curtas, da falta de sabedoria e da incompetência de diversos gestores federais, a ciência e a pesquisa científica ficaram confinadas aos bastidores, quando deveriam ter sido levadas ao centro do palco, porque são insumos essenciais para a elaboração e a execução de um bom projeto de nação. Os efeitos dessas causas têm sido danosos para o Brasil e, especialmente, para a sociedade brasileira.

No período que vai dos anos 1930 até os anos 1950, daremos ênfase à fase do ensino superior de Matemática. Nesse período, a pesquisa científica em Matemática foi incipiente no Brasil. Como informaremos no Capítulo 1, a pesquisa científica em Matemática no Brasil teve início na década de 1940, na Faculdade de Filosofia, Ciências e Letras da Universidade de São Paulo (FFCL-USP), na Faculdade Nacional de Filosofia da Universidade do Brasil (FNFi-UB) e no Núcleo Técnico Científico de Matemática da Fundação Getulio Vargas (NTCM-FGV), a primeira instituição sediada na cidade de São Paulo e as duas últimas sediadas na cidade do Rio de Janeiro.

A partir de 1965, abordaremos, além do ensino, os estudos, os avanços, a ampliação e as perspectivas da pesquisa em Matemática no Brasil. Mencionaremos ainda a criação, por parte do governo federal, de marcos jurídicos legais que balizaram as condições e propiciaram o processo de criação e consolidação dos programas de pós-graduação *stricto sensu*, com ofertas de cursos de mestrado e doutorado.

A partir dos anos 1960, infelizmente, o governo federal não estimulou nas universidades brasileiras a internacionalização da pesquisa científica em todas, ou nas principais áreas do conhecimento. Não houve visão de futuro nem sabedoria por parte dos gestores do sistema universitário brasileiro quanto à necessidade de construção e manutenção de um bom sistema universitário para o Brasil, sistema que poderia – e pode – ter sido construído por meio da elaboração e execução em longo prazo de um plano de política universitária bem definido, balizador e estruturante.

Foi na transição dos anos 1950 para os anos 1960 que os gestores do Conselho Nacional de Desenvolvimento Científico e Tecnológico (CNPq)[2] e da Coordenação de Aperfeiçoamento de Pessoal de Nível Superior (CAPES),[3] em conjunto com os líderes da diminuta comunidade acadêmica brasileira, iniciaram os trabalhos para dotar o Brasil de marcos jurídicos legais que estimulassem jovens talentosos a complementarem suas formações de graduação com cursos de doutorado e passassem a se dedicar ao ensino superior e à pesquisa científica nas ciências. Em Matemática isso foi executado – com a ajuda de líderes da diminuta comunidade matemática brasileira da época – com sensatez e seletividade, e o efeito foi salutar para a consolidação do ensino superior da Matemática em instituições sediadas no eixo São Paulo-Rio de Janeiro e para as fases do processo de formação da comunidade matemática brasileira.

Na década de 1960, alguns jovens talentosos foram estimulados, selecionados, treinados e enviados ao exterior para obtenção do doutorado em Ciências (Matemática), em boas universidades. Na segunda metade da década de 1960, foram criados pelo Conselho Federal de Educação (CFE), atual Conselho Nacional de Educação (CNE), normas legais para a criação dos programas de pós-graduação *stricto sensu*.[4]

---

[2] Lei n. 1.310, de 15 de janeiro de 1951. O regimento do CNPq foi aprovado pela Lei n. 29.433, de 4 de abril de 1951.

[3] Decreto n. 29.741, de 11 de julho de 1951.

[4] Ver Parecer CFE/CES n. 977/65, de 3 de dezembro de 1965; e Parecer CFE/CES n. 77/69, de 11 de fevereiro de 1969.

Essas medidas tinham como objetivo básico qualificar professores para o ensino superior e como objetivo secundário iniciar no Brasil o processo para a formação continuada de mestres e doutores. Tinham também o objetivo de iniciar a construção de um ambiente adequado para a pesquisa científica no país por meio do Sistema Nacional de Pós-graduação (SNPG), que foi criado posteriormente.

Relembramos que, quanto ao Sistema Nacional de Graduação (SNG), não foram elaboradas e executadas medidas análogas às que foram estruturadas para a criação e manutenção do SNPG. A CAPES, responsável pelo SNPG, tem, desde os anos 1970, obtido, escolhido e aplicado mecanismos para aprimorá-lo, mantendo sua boa qualidade. Quanto ao SNG, supunha-se erroneamente que a elaboração de um bom e salutar SNPG para a formação de mestres e doutores implicaria a manutenção espontânea de um bom SNG. Talvez o excesso de confiança dos gestores do sistema universitário brasileiro tenha acionado o mecanismo que propiciou ao tiro "sair pela culatra". O Brasil tem nos dias atuais um SNG de má qualidade. Há muito tempo temos alertado os gestores do MEC para esse grave problema.

No que diz respeito aos cursos de graduação de bacharelado e licenciatura em Matemática que são ofertados atualmente no país, infelizmente não são de boa qualidade, exceto por algumas poucas universidades públicas e pouquíssimas instituições privadas (uma ou duas) que ofertam bons cursos de graduação em Matemática.

Em geral, a má qualidade do SNG ocorre como efeito da causa já citada, em conjunto com a falha do órgão do MEC cuja missão é fazer avaliações periódicas do SNG. Julgamos esse um gravíssimo problema para o sistema universitário brasileiro, motivo pelo qual acendemos a lâmpada amarela.

A oferta no país de cursos de graduação de licenciatura em Matemática de má qualidade – curso que forma professores de matemática para o ensino médio –, é um problema antigo, que foi motivo de preocupação no passado recente – anos 1980 – da parte, por exemplo, de diretorias da Sociedade Brasileira de Matemática (SBM) e da Sociedade Paranaense de Matemática (SPM) (quando éramos presidente da SPM). Para amenizar esse grave problema que persiste, a SBM criou uma solução temporária, do tipo "enxuga gelo". Assim surgiu o mestrado profissional[5] em Matemática ofertado em rede nacional (Profmat).

Formado por uma rede de instituições de ensino superior do país atuando em colaboração, o Profmat é um programa de mestrado profissional na área de Matemática com oferta em todo o Brasil. Financiado pela CAPES, o Profmat conta com o apoio do Instituto de Matemática Pura e Aplicada (IMPA) e tem como objetivo proporcionar formação matemática aprofundada e relevante para o exercício da docência no ensino médio para os licenciados em Matemática. Em outras palavras, complementar a formação matemática – que é de má qualidade – em nível de graduação da maioria dos licenciados em Matemática. Em nossa visão, deve ser atacado e solucionado o problema central, que é a oferta de cursos de licenciatura em Matemática

[5] Ver Portaria CAPES n. 80, de 16 de dezembro de 1998, que criou o mestrado profissional.

de má qualidade. Enquanto esse problema não for atacado e resolvido, persistiremos com o já mencionado processo "enxuga gelo".

A partir da década de 1970, seguindo a tendência mundial, o ensino, os estudos e a pesquisa de algumas das subáreas e especialidades da Matemática foram paulatinamente desenvolvidos em algumas instituições brasileiras, pois já havia uma diminuta massa crítica de doutores titulados em Ciências (Matemática) trabalhando no Brasil.

Com a leitura dos capítulos do livro o leitor terá uma visão das principais instituições brasileiras cujos grupos de pesquisa estão trabalhando em Matemática na fronteira do conhecimento atual. Terá também uma visão sobre o progresso obtido por esses grupos nas diferentes subáreas e especialidades da Matemática nas quais trabalham.

Celebramos aqui um fato positivo para o contexto universitário do Brasil e, em particular, para a comunidade matemática brasileira. Trata-se do retorno, de modo tênue, porém alentador, da internacionalização da ciência e, como efeito dessa causa, da internacionalização da pesquisa científica e da mobilidade acadêmica de pesquisadores.

Esse fato positivo decorre do seguinte: com a criação, a partir da segunda metade dos anos 1960, dos programas de pós-graduação *stricto sensu* em Matemática no país, os coordenadores desses programas, em conjunto com os gestores da CAPES, perceberam nos anos 1970 a necessidade de serem criados e executados programas de internacionalização da pesquisa científica, o que pressupõe que a pesquisa científica seja colaborativa, conjunta. Sabe-se que não é possível pensar sobre a internacionalização da ciência e, consequentemente, da pesquisa científica se ignorarmos o fato de que ambas resultam da existência de pesquisa em coautoria e de pesquisa colaborativa, na qual pesquisadores e instituições de pesquisa de países distintos compartilham recursos intelectuais, materiais e financeiros. Sabe-se ainda que a ciência é resultado de um esforço colaborativo entre pares. Seu progresso rápido só é possível quando os cientistas compartilham abertamente seus conhecimentos e suas ideias.

A mobilidade acadêmica de pesquisadores contribui para diversificar as maneiras de pensar os problemas científicos, em particular os problemas matemáticos, e oxigenar a produção científica no interior de uma universidade ou instituto de pesquisa. O contato com outros pesquisadores enriquece a formação de alunos e de cientistas, com reflexos em suas produções científicas.

Um dos efeitos da causa acima referida foi o entendimento da necessidade de serem criados programas anuais de professores visitantes em diversas instituições. Para a Matemática, várias universidades e institutos de pesquisa que ofertam programas de pós-graduação têm elaborado desde os anos 1970 programas anuais de professores visitantes, cujos efeitos têm sido salutares para o programa de pós-graduação, para a instituição, para a comunidade matemática da instituição e para o Brasil.

Aliás, na FFCL-USP e na FNFi-UB encontramos, nos anos 1930 e 1940, os primórdios dos programas de professores visitantes em seus departamentos de Matemática. Foram ações isoladas, mas importantíssimas para as instituições e para o processo de formação da comunidade matemática brasileira.

Nos dias atuais, a compreensão da importância da internacionalização da ciência e da mobilidade de pesquisadores não está consolidada no Brasil. Sobre esse problema, reproduzimos o seguinte:

> A Ciência pode ser representada por uma equação simples, Ciência = cérebros × recursos. Se tivermos muitos cérebros e poucos recursos, o resultado será pequeno. Porém, mesmo se tivermos muitos recursos, mas poucos cérebros, o produto será igualmente limitado. E cérebros com conhecimento e preparação para trilhar o desconhecido são ativos que desconhecem barreiras regionais ou nacionais. Esta é a essência das ações de internacionalização de qualquer nação no mundo. (FAPESP, 2022, Cap. 1, p. 5)

No contexto da mobilidade acadêmica de pesquisadores, em período recente e por meio da Portaria CAPES n. 220, de 3 de novembro de 2017, foi criado o Programa CAPES – PRINT, cujos objetivos são, dentre outros, os seguintes:

- fomentar a construção, a implementação e a consolidação de planos estratégicos de internacionalização das instituições contempladas nas áreas do conhecimento por elas priorizadas;
- estimular a formação de redes de pesquisas internacionais com vistas a aprimorar a qualidade da produção acadêmica vinculadas à pós-graduação;
- ampliar as ações de apoio à internacionalização na pós-graduação das instituições contempladas.

Atualmente, a mobilidade acadêmica de pesquisadores é cada vez mais valorizada e estimulada nos países dotados de sociedades bem organizadas e sistemas universitários consolidados. Julgamos ser uma ação estratégica de governo a elaboração e execução de um bom projeto de internacionalização da ciência e da pesquisa científica via mobilidade acadêmica de pesquisadores, de grande relevância para a construção da nação, e que deve fazer parte, como um dos itens de um bem definido, estruturante e balizador Plano de Política Universitária, documento que deve ser incluído no contexto de construção de um projeto de nação.

O leitor também notará, neste livro, fronteiras comuns em diversas subáreas nas quais surgiram as diferentes especialidades existentes em Matemática. Daremos alguns exemplos:

- a Geometria Simplética, um ramo da Geometria Diferencial que passou a se desenvolver com mais intensidade e rapidez a partir dos anos 1980. Em algumas universidades brasileiras há grupos de pesquisa nessa subárea;
- a Geometria Algébrica, que interage com várias subáreas da Matemática, como a Geometria, a Topologia Geral, a Topologia Diferencial etc., e com outras ciências como Biologia, Estatística, Ciência Computacional. Também nesta subárea há vários grupos de pesquisa em universidades brasileiras que desenvolvem trabalhos.

- a Álgebra Abstrata, que interage com a Geometria Algébrica, a Criptografia, a Combinatória, a Álgebra Comutativa, a Teoria dos Números, a Álgebra Homológica etc. Também há diversos grupos de pesquisa em universidades brasileiras trabalhando nessa subárea.

No livro, procuramos sintetizar o ocorrido no ensino, estudos e pesquisa em Matemática em instituições sediadas no eixo São Paulo-Rio de Janeiro durante os anos 1930 a 1970. Essas décadas marcaram o período de efervescência e o processo de criação da comunidade matemática brasileira, com a participação de matemáticos estrangeiros que trabalharam na FFCL-USP, depois IME-USP, FNFi-UB e IM-UFRJ, como professores visitantes.[6]

As décadas citadas foram de embates de ideias e de prestígio por parte de alguns líderes da diminuta comunidade matemática brasileira da época; marcaram também a criação de eventos científicos especializados em Matemática. Por exemplo, em 1957 foi criado um importante evento científico, o Colóquio Brasileiro de Matemática (CBM) por iniciativa do Prof. Dr. Chaim S. Hönig, da USP, evento que teve o apoio financeiro, inclusive com bolsas de estudos do CNPq e da CAPES. Posteriormente, surgiram outros eventos especializados, a exemplo do Seminário Brasileiro de Análise, a Escola de Álgebra, a Escola de Geometria Diferencial, o Encontro de Álgebra Comutativa e Geometria Algébrica, o Seminário Nacional de História da Matemática, o Brazil-China Joint Mathematical Meeting, a Escola Brasileira de Probabilidade, o Seminário Simplético, o International Meeting on Differential Equations etc.

Com respeito aos programas de pós-graduação *stricto sensu,* as primeiras instituições que passaram a ofertar cursos de mestrado e doutorado em Ciências (Matemática) no início dos anos 1960 foram as seguintes:

- a UnB, que ofertou inicialmente o curso de mestrado em Ciências (Matemática) e depois passou a ofertar também o curso de doutorado em Ciências (Matemática);
- o IMPA, que ofertou o curso de mestrado e o curso doutorado em Ciências (Matemática). Nessa primeira fase dos anos 1960, os títulos obtidos pelos alunos do IMPA eram concedidos pela UB, por meio de um convênio estabelecido entre as duas instituições;
- o ITA, que, no início dos anos 1960, passou a ofertar o curso de mestrado em Ciências (Matemática).

A partir dos anos 1970, outras instituições brasileiras passaram a ofertar cursos de mestrado e de doutorado em Ciências (Matemática).

[6] Primórdios de decisões isoladas – não do governo federal – de internacionalização da ciência que foram praticadas por gestores dos departamentos de Matemática dessas instituições.

Nos anos 1970 e 1980 a administração federal se empenhou em criar programas, planos, metas e ações que balizariam a criação do SNPG. São exemplos:

- a criação, em 1975, do Programa Institucional de Capacitação de Docentes (PICD);
- a criação do primeiro Plano Nacional de Pós-graduação, versão 1975-1979;
- a Resolução CFE n. 5, de 10 de março de 1983, que fixou as normas de funcionamento e credenciamento dos cursos de pós-graduação *stricto sensu.*

Sabe-se que a ciência e a tecnologia são insumos estratégicos para o desenvolvimento e a independência científica do Brasil e para a sua confiabilidade no plano nacional e no plano internacional. Lamentavelmente, um bom projeto neste sentido não foi criado por administrações federais do passado recente. Nos dias atuais, o Brasil não tem um bom, estruturante e balizador plano de política universitária, capaz de salvar a universidade brasileira da coletivização em que foi imersa 102 anos após a criação da primeira universidade federal, a Universidade do Rio de Janeiro.

O leitor acompanhará, com a leitura deste livro, as etapas das fases de evolução do processo de formação da comunidade matemática brasileira e o estado da arte em que se encontram o ensino, os estudos e a pesquisa científica nas seguintes subáreas da Matemática:

- Análise Matemática;
- Equações Diferenciais Parciais; Equações Diferenciais Ordinárias;
- Geometria Diferencial;
- Sistemas Dinâmicos e Teoria Ergógica;
- Álgebra Abstrata;
- Geometria Simplética;
- Geometria Algébrica; e
- nas fronteiras comuns a essas subáreas e especialidades da Matemática.

O leitor perceberá ainda quais são as instituições de ensino superior do país que ofertam os cursos de doutorado em Ciências (Matemática) com as notas mais altas concedidas pelas avaliações periódicas realizadas pela CAPES.

CONTEÚDO

CAPÍTULO 1

Os dois primeiros centros de ensino e pesquisa em Matemática no Brasil

Neste capítulo abordaremos instituições sediadas nas cidades do Rio de Janeiro e de São Paulo, onde foram criadas as primeiras instituições de ensino superior que deram início ao ensino, aos estudos e, posteriormente, à pesquisa em Matemática no Brasil. Inicialmente ofereciam apenas cursos de graduação, mas posteriormente passaram a oferecer também programas de pós-graduação *stricto sensu*, com cursos de mestrado e doutorado em Ciências (Matemática).

Abordaremos em primeiro lugar, por motivos cronológicos, a cidade do Rio de Janeiro, oferecendo, porém, apenas informações gerais a respeito das origens dos estudos da Matemática superior nessa cidade até o ano de 1938. No Capítulo 2 abordaremos detalhadamente o ensino, os estudos e a pesquisa em Matemática a partir de 1939 nas instituições de ensino superior sediadas na cidade do Rio de Janeiro.

CIDADE DO RIO DE JANEIRO

Conforme explicamos no primeiro dos livros desta trilogia, o processo de ensino e estudo da Matemática em nível superior no Brasil teve início na cidade do Rio de Janeiro, quando foi criada, em 4 de dezembro de 1810, a Academia Real Militar pelo imperador dom Pedro II (1825-1891) (SILVA, 2022a, p. 33-42).

Na fase de criação do ensino superior civil no Brasil, foi fundada, em 1874, na cidade do Rio de Janeiro, a Escola Politécnica, uma escola de engenharia, na qual alguns tópicos da Matemática eram ministrados nas disciplinas do curso básico de Engenharia.

Relembramos que os primórdios do ensino superior no Brasil, não apenas em Matemática, foram influenciados pela ideologia positivista de A. Comte (1798-1857). No caso do ensino da Matemática, houve uma forte influência negativa[1] na Escola Politécnica do Rio de Janeiro para o não ensino, no curso básico, de temas atuais na Matemática da época. Em Análise Matemática, por exemplo, não se falava em espaços funcionais, em funcionais analíticos, nem em equações funcionais. Não se falava em Teoria dos Números reais – e muito menos em seu estudo a partir de cortes de R. Dedekind (1831-1916). Em Geometria Diferencial, nunca se abordou, por exemplo, a teoria das superfícies de Riemann, com temas como: superfícies de Riemann, topologias das superfícies compactas, diferenciais e integrais sobre uma superfície de Riemann, matrizes de Riemann etc., assuntos que vinham sendo incorporados ao ensino superior na Europa da época e que estavam contidos em livros publicados no Velho Continente e vendidos nas livrarias da cidade do Rio de Janeiro.

Em resumo, podemos dizer que, à época, a tônica do ensino da Matemática era a ausência das noções de limite, de infinito. Não se falava em sala de aula sobre o conceito de número irracional. Dizia-se, à época, que número irracional era qualquer coisa que existia, mas que não existia.[2] Não era usado o raciocínio em termos infinitesimais. Os estudos da Matemática se baseavam no finito. A Matemática ensinada se reduzia a formalismos operatórios.

A esse respeito, vejamos algumas palavras do Prof. Dr. Lélio I. Gama, que foi aluno da Escola Politécnica do Rio de Janeiro:

> Ainda pontificavam, nos anfiteatros da velha Escola, as últimas vozes do positivismo. Eram ecos ainda do prestígio filosófico que tivera a antiga Escola Militar no começo do século.
>
> O estudante, para adaptar-se à orientação oficial, havia de sobraçar prolixas obras, vasadas, com a máxima fidelidade, nos esquemas de Auguste Comte [...]. Esse estado de espírito, cristalizado no sistema positivista, impedia o descortínio de novos horizontes, de novas trilhas, que começavam, entretanto, a despertar até a curiosidade de jovens estudantes, candidatos aos cursos de engenharia.

---

1 Os intelectuais adeptos da ideologia positivista de Comte que residiam no Brasil eram contrários ao ensino de novas teorias matemáticas, pois Comte dissera que a ciência de sua época – século XIX – estava pronta e acabada, e que as novas teorias matemáticas não seriam úteis à Sociologia, ao desenvolvimento da humanidade. Ledo engano. Ver também o que foi chamado, em 1904, de "a revolta da vacina", incidente político ocorrido na cidade do Rio de Janeiro. Os positivistas estiveram também envolvidos nesse incidente contra a vacinação promovida pelo médico Oswaldo Cruz, que queria erradicar a varíola na cidade. Os positivistas eram contra a vacinação de seres humanos.

2 Lembramos a definição: diz-se que um número é irracional quando sua representação decimal é uma dízima não periódica. Os números irracionais podem ser algébricos ou transcendentes. Lembramos também que C. L. F. von Lindemann (1852-1939) demonstrou, em 1882, que o número irracional π é transcendente. A partir da divulgação dos trabalhos de E. Galois (1811-1832), os irracionais passaram a ser abordados com intensidade em fins do século XIX e início do século XX. A esse respeito, consultar o trabalho de Steinitz (1910).

Realmente, por essa altura, já apareciam, nas livrarias da cidade, as obras de Borel, Lebesgue, Goursat, Poincaré, Darboux e tantos outros luminares da escola francesa daquela época. Abriam-se, a seus olhos, não nas salas de aula, mas nos mostruários das livrarias, páginas austeras, atraentes, obras várias, em que, mesmo uma inteligência bisonha, sentia a presença do rigor matemático. Essa nova literatura, que fascinava o jovem estudante como a luz fascina a mariposa, ressaltava em contraste desconcertante com o algebrismo formal das obras convencionais, que o pobre do estudante tinha de assimilar, sem entusiasmo e com alegria.

Sentia-me desanimado nas primeiras semanas do curso, quando um dia, no pátio da Escola, ouvi alguém dizer, num grupo próximo. "Este problema só pode ser resolvido com o emprego das funções elíticas." As palavras causaram-me certo espanto, pois era quase proibido, naquela época, falar em funções elíticas – funções pagãs, não canonizadas. Voltei-me, entre curioso e surpreso. E foi assim que conheci quem veio a se tornar, dali por diante, até seu prematuro desaparecimento, um grande amigo, um companheiro constante de lutas e de esperanças: Teodoro Ramos. Naquela mesma tarde, descendo juntos a Rua do Ouvidor, percebi, desde logo, que ele compartilhava de meu desencanto e de minhas apreensões quanto ao desajustamento existente entre nossas aspirações comuns e os moldes oficias, vigentes no ensino da matemática.

E assim foi que, no curso básico da Escola, tivemos de estudar, durante algum tempo, duas matemáticas: uma para fazer exames, e outra, muito diferente, para uso próprio. Essa duplicidade não passou despercebida de alguns mestres, criando-se assim uma situação delicada. Teodoro, mais ousado, não procurou velar, no exame oral de cálculo, a independência de seu espírito. Resultado: grau nove. Eu, por meu lado, escrevi na pedra, em dado momento, com descuidada sinceridade, que uma certa quantidade era menor do que zero. Menor do que zero? Grau nove.

Sentíamo-nos, assim, inteiramente privados de qualquer orientação. Otto de Alencar, espírito matemático mais evoluído, que conseguira desvencilhar-se da bússola positivista, falecia no mesmo ano de nosso ingresso na Escola. E foi assim que tivemos de enfrentar, de corpo e alma, as angústias do autodidatismo [...].

Mas, voltando ao passado. Teodoro Ramos, ao fim do curso, apresenta sua tese de doutorado, sobre funções reais de variável real. Este acontecimento criou, na Escola, uma atmosfera densa, opaca, cheia de apreensões, de parte a parte. Um jovem estudante desafiava os cânones oficiais, com uma tese estranha, um trabalho exótico [...]. Vou relatar um episódio desta defesa, ou, melhor, desta acusação.

Teodoro se referira, em seu trabalho, a uma certa propriedade que se verificava no domínio de existência de uma função, "salvo talvez", dizia ele, "nos pontos de um conjunto de medida nula". Este "salvo talvez" era a cunhagem, em língua portuguesa, da expressão "sauf peut-être" dos autores franceses. Era uma adaptação semelhante ao uso atual do sintético "se e só se", oriundo do "if and only if" dos matemáticos de língua inglesa. Queria ele afirmar que a propriedade em questão podia deixar de se verificar no campo de existência da função, mas que, neste caso, os pontos excepcionais formariam um conjunto de medida nula. Pois, meus senhores, neste ponto da tese, o autor foi censurado com veemência, mais ou menos nos seguintes termos: "O Sr. Pretende ser um matemático rigoroso. No entanto, emprega, no seu

> raciocínio matemático, o advérbio "talvez", que denota incerteza, imprecisão, ambiguidade". Como era de esperar, grau nove. Quando abracei Teodoro, pelo resultado, disse-lhe: "Se lhe tivessem dado dez, eu não o felicitaria com o mesmo entusiasmo" [...]. (GAMA, 1965, p. 25-27)

Detalhes sobre a influência da ideologia positivista de A. Comte no ensino superior brasileiro podem ser encontrados em Silva (1991-1992), Cunha (1986, p. 95-99) e Dynnikov (2023). Há informações sobre o ambiente intelectual no Brasil nos séculos XVIII, XIX e início do século XX em Silva (2022b, Cap. 1, 2, 5, 6).

No contexto da Escola Politécnica do Rio de Janeiro, Theodoro A. Ramos defendeu, entre fins de 1917 e início de 1918, a tese intitulada *Sobre as funções de variáveis reais*, para obtenção do título de doutor em Ciências Físicas e Matemáticas.[3] Na verdade, o ato de defender uma tese abordando temas recentes da Análise Matemática clássica, que não eram ensinados na Escola Politécnica do Rio de Janeiro na época, foi considerado desafiador da parte de Theodoro A. Ramos. Conforme nos disse o Prof. Dr. Lélio I. Gama, durante sua defesa, Theodoro A. Ramos foi "criticado" por alguns dos examinadores. Enfim, deram-lhe nota 9,0 e não nota 10,0. A tese de Theodoro A. Ramos contém o seguinte:

- Prefácio.
- Introdução – Os conjuntos lineares; os conjuntos a duas dimensões; a medida dos conjuntos; a noção moderna de função; a convergência das sucessões de funções.
- Capítulo I – As funções contínuas e as funções de classe 1: as funções contínuas; as funções contínuas deriváveis; as funções indefinidamente deriváveis; as funções de classe 1.
- Capítulo II – A teoria das funções somáveis: as sucessões de funções de Baire; a integração das funções somáveis; a representação efetiva das funções somáveis.
- Nota sobre uma fórmula de interpolação.
- Nota sobre a aproximação das funções duas vezes deriváveis.
- As funções de duas variáveis reais.
- A representação efetiva das funções somáveis de duas variáveis reais.
- Proposições sobre as cadeiras do curso da Escola.

[3] Até essa data havia a possibilidade de obtenção do doutorado em Ciências Físicas e Matemática pela Escola Politécnica do Rio de Janeiro. Posteriormente, com a reforma do Estatuto da Escola, essa possibilidade foi retirada. Convém ressaltar que, mesmo com o interesse isolado de alguns engenheiros pelos estudos da Matemática, antes de 1934 não houve no Brasil um ambiente de estudos, ensino e pesquisa em Matemática superior.

No Prefácio de sua tese, assim se expressa o autor:

> Constitui um dos objetivos deste modesto trabalho mostrar como se é naturalmente levado a basear a teoria das funções de variáveis reais sobre a simples noção de polinômios. As funções limites que se obtém pela consideração exclusiva da equiconvergência ou da convergência de sucessões de polinômios, possuem propriedades bem características: são respectivamente as funções de classe zero (funções contínuas) e as funções de classe 1 [...].
>
> Em nosso trabalho estudamos primeiramente as funções de uma variável real; consideramos depois as funções de duas variáveis reais. Estudamos também a representação efetiva das funções somáveis de uma e de duas variáveis pela integral de Weierstrass [...].
>
> Quanto à representação efetiva das funções somáveis de duas variáveis, L. Tonnelli fez um estudo relativo aos polinômios de Landau de duas variáveis (vide a referência que a este respeito faz M. Fréchet na pag. 226 de t. 2, v. 1, 2º fascículo da "Encyclopédie des Sciences Mathématiques", edição francesa). Propomo-nos a estudar a representação das funções somáveis de duas variáveis pela integral dupla de Weierstrass [...]. (RAMOS, 1918, p. 3-6)

No período da história do Brasil que vai de 1840 a 1889, há apenas dois fatos que merecem relevância do ponto de vista da história da Matemática e que foram abordados em detalhes no segundo livro desta trilogia. Ambos aconteceram na cidade do Rio de Janeiro:

- A tese defendida por Joaquim Gomes de Souza (1829-1864) em 1848 na Escola Militar, sucessora da Academia Real Militar, intitulada *O modo de indagar novos astros*, um trabalho inédito sobre Física Matemática apresentado para obtenção do grau de doutor em Ciências Matemáticas.[4] Esse era o grau concedido pela escola ao candidato aprovado em defesa de tese.
- O surgimento de Otto de Alencar Silva (1874-1912), cerca de trinta anos após o falecimento de Joaquim Gomes de Souza, inicialmente como aluno e depois como professor da Escola Politécnica do Rio de Janeiro.[5] Trabalhando em uma escola de engenharia, Otto de Alencar Silva teve muito interesse em estudar Matemática. Ele foi um intelectual combativo, sendo o primeiro a denunciar a influência negativa da ideologia positivista de A. Comte sobre o desenvolvimento do ensino das Ciências no Brasil, em especial sobre o ensino da Matemática, pois as novas teorias da Matemática que estavam sendo

---

[4] O Decreto Imperial n. 140, de 9 de março de 1842, modificou o Estatuto da Escola Militar. Também instituiu no art. 19 a concessão do grau de doutor em Ciências Matemáticas ao ex-aluno da Escola Militar que fosse aprovado em defesa de tese.

[5] Na Escola Politécnica do Rio de Janeiro, Otto de Alencar Silva influenciou cientificamente Manoel Amoroso Costa, que foi professor de Lélio Gama e de Theodoro Augusto Ramos, dentre outros. Para informações detalhadas sobre Manoel Amoroso Costa, Lélio Gama e Theodoro Augusto Ramos, ver Silva (2022b, Cap. 1).

ensinadas na Europa não eram ensinadas no Brasil da época (SILVA; BASTOS, 2006; SILVA, 2022b, p. 29-59; COSTA, 1918).[6]

Na Escola Politécnica do Rio de Janeiro,[7] a Matemática superior foi ensinada como uma ferramenta indispensável à formação dos engenheiros: civil, geógrafo, cartógrafo, mecânico e elétrico.

O fato de não serem ensinadas à época as novas teorias matemáticas no curso básico da Escola Politécnica desagradou talentosos estudantes da instituição que tinham intesesse em estudar Matemática: Otto de Alencar Silva, depois, professor da Escola Politécnica; Manoel A. Costa; Lélio I. Gama; Theodoro A. Ramos, dentre outros.

Esses e outros alunos da Escola Politécnica do Rio de Janeiro passaram, na época, a estudar por conta própria tópicos atualizados da Matemática superior que não eram ensinados nas disciplinas de Matemática da Escola Politécnica, mas estavam contidos em livros recém-chegados da Europa, vendidos nas livrarias da cidade do Rio de Janeiro. Ressaltamos que, nessa época, não havia faculdades de Ciências no Brasil. O jovem talentoso que desejava estudar Matemática tinha como única opção ingressar em uma Escola de Engenharia.

Vejamos como se expressou M. Amoroso Costa (1885-1928) a respeito de críticas que seu professor na Escola Politécnica, Otto de Alencar Silva, fizera a um artigo por ele publicado, em 1898, sobre uma das obras de A. Comte, intitulada *A síntese subjectiva.*

> Aceitar a Síntese Subjectiva é rejeitar toda a obra matemática do século passado, a obra de Gauss e de Abel, de Cauchy e de Riemann, de Poincaré e de Cantor [...]. A Síntese, escrita quando Comte já estava seduzido pela sua construção sociológica, é uma das tentativas mais arbitrárias, que jamais foram feitas, de submeter o pensamento a fronteiras artificiais [...]. Para o filósofo (emprego as suas próprias expressões) a ciência fundamental está radicalmente esgotada com a construção da Mecânica celeste, termo de sua evolução normal, nada justifica a invasão do domínio matemático pelas abstrações desprovidas de racionalidade e de dignidade, que nele fez prevalecer a anarquia acadêmica [...]. De qualquer modo, os trabalhos mencionados tiveram um grande interesse na vida da Escola, pois o ensino de Otto de Alencar marcou o início de uma reação contra o comtismo [...]. (COSTA, 1981, p. 71-73)

Para uma leitura do artigo de Otto de Alencar Silva, intitulado "Alguns Erros de Mathematica na Synthese Subjectiva de A. Comte", ver Silva e Bastos (2006, p. 53-70).

---

6 Para informações a respeito da produção matemática desses dois brasileiros, ver Silva (2022b, Cap. 1) e Silva e Bastos (2006). Para informações sobre a história do positivismo no Brasil, ver Lins (1967) e Moraes Filho (1983).

7 O Decreto Imperial n. 5.600, de 25 de abril de 1874, deu novo estatuto à Escola Central, transformando-a em Escola Politécnica, instituição exclusiva para o ensino das engenharias. A Escola Central foi sucessora da Escola Militar, que foi sucessora da Academia Real Militar. O Decreto n. 2.221, de 23 de janeiro de 1896, aprovou o novo estatuto para a Escola Politécnica. Ela passou a chamar-se Escola Politécnica do Rio de Janeiro.

Lélio I. Gama (1892-1981), ao reportar seus estudos em conjunto com Theodoro A. Ramos (1895-1937), quando os dois eram alunos da Escola Politécnica do Rio de Janeiro no início do século XX, fez referências à influência negativa da ideologia positivista de A. Comte sobre o ensino de Matemática na instituição.

As críticas foram no sentido de que não eram ensinadas, por influência da ideologia positivista de Comte, nas disciplinas de Matemática na Escola Politécnica, as modernas teorias da Matemática da época (GAMA, 1965). Em outras palavras, à época, o ensino da Matemática superior já estava atrasado no Brasil.

A partir de 1915, surgiram iniciativas por parte da diminuta comunidade científica brasileira, com predominância na cidade do Rio de Janeiro, cidade na qual havia mais dinamismo científico, cultural e econômico no Brasil da época, para a criação de condições e instituições de ensino superior que ofertassem cursos de graduação para a formação de profissionais das ciências e, dentre eles, matemáticos e professores de matemática para o ensino médio e o ensino superior. Lembramos que nesta época existiam, no ensino superior civil, apenas Faculdades de Direito, Faculdades de Medicina e Escolas de Engenharia.

Dentre as ideias dos cientistas da época estava a necessidade de criação de uma Escola de Ciências e a criação de uma Academia de Ciências. A partir de reuniões informais realizadas na Escola Politécnica do Rio de Janeiro, foi fundada, por 27 cientistas, em 3 de maio de 1916, a Sociedade Brasileira de Ciências, nome alterado em 1921 para Academia Brasileira de Ciências (ABC).

Em 7 de setembro de 1920, o governo federal criou a Universidade do Rio de Janeiro,[8] com a junção das três faculdades que existiam na cidade, que eram de Direito, de Engenharia e de Medicina, mas não foi criada uma Faculdade de Ciências na Universidade do Rio de Janeiro.

A criação de uma instituição de ensino superior que ofertasse um curso de graduação exclusivo para a formação de matemáticos e para a formação de professores de matemática para o ensino médio e superior ocorreu na cidade do Rio de Janeiro em 1935.

Naquele ano, o governo do Distrito Federal criou a Universidade do Distrito Federal (UDF), uma instituição formada por escolas (DISTRITO FEDERAL, 1935), dentre as quais a Escola de Ciências. Essa universidade foi criada por iniciativa do Prof. Anísio Teixeira (1900-1971). A Escola de Ciências ofertava, dentre outros, um curso de graduação bacharelado em Matemática. O Prof. Lélio Gama e o Prof. Francisco Mendes de Oliveira Castro trabalharam nessa instituição como professores desse curso. O Prof. Lélio Gama, em conjunto com o Prof. Roberto Marinho, diretor da Escola de Ciências, e com o Prof. Francisco Mendes de Oliveira Castro, desejando iniciar de modo correto o processo de formação da cultura matemática na cidade do Rio de Janeiro, iniciou a disciplina Análise Matemática do curso bacharelado em Matemática, abordando a Teoria dos Números reais sob o ponto de vista de cortes de R. Dedekind. Ele

[8] Cf. o Decreto n. 14.343, de 7 de setembro de 1920.

desejava pôr em circulação na cidade do Rio de Janeiro o conceito de número irracional. Por essa salutar iniciativa no ensino da Análise Matemática, o Prof. Lélio Gama foi acusado pelos medíocres de estar "irracionalizando os alunos do curso bacharelado em Matemática da UDF" (GAMA, 1965).

A UDF teve vida efêmera: foi extinta em 1939, após acordo com o governo federal quando da criação da FNFi-UB. No Capítulo 2, daremos detalhadas informações sobre o ensino, os estudos e a pesquisa em Matemática em instituições sediadas na cidade do Rio de Janeiro a partir de 1939. Mais detalhes sobre a UDF estão em Almeida (1992) e Salmeron (2007, p. 53-58). Detalhes sobre os trabalhos de Lélio Gama e Francisco M. de Oliveira Castro são encontrados em Silva (2022b, p. 262-263). Posteriormente, esses dois professores se fixaram, respectivamente, no Observatório Nacional (ON) e no Centro Brasileiro de Pesquisas Físicas (CBPF). Em 1952, o Prof. Dr. Lélio Gama foi designado diretor do Instituto de Matemática Pura e Aplicada (IMPA).

CIDADE DE SÃO PAULO

Foi na cidade de São Paulo, na primeira metade dos anos 1930, que foram criados os estudos exclusivos da Matemática superior por meio de um curso de graduação bacharelado em Matemática. Os gestores do estado de São Paulo dos anos 1930 colocaram em prática suas ideias e ideais a respeito da criação de uma universidade estadual, com objetivos mais amplos que a Universidade do Rio de Janeiro, que fora criada em 1920 pelo governo federal.[9]

Assim, no início do ano de 1934, foi fundada a Universidade de São Paulo (USP) e nela foi criada a unidade chamada Faculdade de Filosofia, Ciências e Letras (FFCL).[10] Essa instituição passou a ofertar diversos cursos de graduação, sendo um deles o bacharelado em Matemática, que foi o primeiro curso ofertado no Brasil para os estudos exclusivos da Matemática superior.

Ressaltamos que todos os cursos ofertados pela FFCL-USP, em especial o bacharelado em Matemática, foram iniciados e mantidos com bom padrão de qualidade. De acordo com seus objetivos, quando da criação da FFCL, essa unidade da USP tinha por propósito dar ao ensino superior cunho científico e preparar professores para o ensino médio e o ensino superior.

Vários professores dos cursos dessa unidade da USP foram recrutados na Europa pelo engenheiro Prof. Dr. Theodoro A. Ramos (1895-1937), da Escola Politécnica (USP), primeiro diretor da FFCL-USP. Essa foi uma acertada escolha da Comissão Criadora da USP e da FFCL (SILVA, 2022b, p. 131-142).

---

9 Para informações detalhadas sobre as motivações políticas, econômicas, culturais e sociais que culminaram na criação da Universidade de São Paulo (USP), ver Pacheco e Silva (1980, p. 117-135) e Nadai (1987).

10 Cf. Decreto Estadual n. 6.283, de 25 de janeiro de 1934, que criou a FFCL da USP. A FFCL-USP passou a funcionar em 11 de março de 1934.

Na Subseção de Ciências Matemáticas, depois Departamento de Matemática, da FFCL-USP foi criado o curso bacharelado em Matemática, com três anos de duração, cujo objetivo era formar recursos humanos qualificados para a docência do ensino superior e para a pesquisa científica.[11]

A seguir listamos a grade curricular do curso bacharelado em Matemática que vigorou na FFCL-USP em 1934:

- 1º ano: Geometria Analítica e Projetiva; Análise Matemática.
- 2º ano: Análise Matemática; Física Geral e Experimental; Cálculo Vetorial e Elementos de Geometria Infinitesimal.
- 3º ano: Mecânica Racional e Elementos de Mecânica Celeste; Física Geral e Experimental; História da Matemática.

Por força do Decreto Federal n. 1.190, de 4 de abril de 1939, a FFCL-USP teve de reorganizar a grade curricular de seus cursos. Desse modo, por meio do Decreto Estadual n. 12.511, de 21 de janeiro de 1942, o curso bacharelado em Matemática da FFCL-USP passou a ter a seguinte grade curricular:

- 1º ano: Análise Matemática; Geometria Analítica e Projetiva; Física Geral e Experimental; Cálculo Vetorial.
- 2º ano: Análise Matemática; Geometria Descritiva e Complementos de Geometria; Mecânica Racional; Física Geral e Experimental; Crítica dos Princípios de Matemática.
- 3º ano: Análise Superior; Geometria Superior; Física Matemática; Mecânica Celeste; Crítica dos Princípios de Matemática.

Posteriormente, a FFCL-USP passou a ofertar também o curso de licenciatura em Matemática, com grade curricular de quatro anos, destinado à formação de professores de Matemática para o ensino médio.

A FFCL-USP foi a instituição que também deu início ao processo de pesquisa científica continuada em Matemática em nosso país, formando quadros de pesquisadores, por meio de um concurso próprio para obtenção do título de doutor em Ciências (Matemática). Isso aconteceu a partir de 1942, portanto, muito antes da institucionalização pelo governo federal dos programas de pós-graduação *stricto sensu*, que só ocorreu em 1965.

Os primórdios da internacionalização da ciência e da mobilidade acadêmica de professores pesquisadores no Brasil podem ser resgatados pela lembrança das ações dos três membros da Comissão Criadora da USP, quando, em 1934, com sabedoria e

---

[11] Esse era um curso de bom nível, e os egressos talentosos que assim o desejavam passaram a fazer estudos avançados e trabalhar em pesquisa científica.

visão de futuro para a criação e o desenvolvimento da ciência em São Paulo e no Brasil, enviaram à Europa o primeiro diretor da FFCL-USP, o engenheiro Prof. Dr. Theodoro A. Ramos, da Escola Politécnica-USP, com a missão de contratar, como professores visitantes, professores qualificados para os cursos da FFCL-USP.

Nosso particular interesse é pelo ensino da Matemática superior. Em 1934 chegou à USP, como professor visitante e contratado pelo Prof. Dr. Theodoro A. Ramos, o matemático italiano Prof. Dr. Luigi Fantappiè (1901-1956),[12] para reger as disciplinas de Análise Matemática e de Geometria do curso bacharelado em Matemática. Para o curso bacharelado em Física, o Prof. Dr. Theodoro Ramos contratou, também na Itália, o físico experimental Prof. Dr. Gleb Wathagin (1899-1986).

O analista L. Fantappiè fora aluno do matemático italiano Prof. Dr. Vito Volterra (1860-1940). Esse matemático trabalhou com equações integrais, e definiu e introduziu o conceito de funcional, com o nome de "funções dependentes de outras". Posteriormente, esse conceito se tornou muito importante na Análise Matemática, e o matemático francês Jacques Hadamard (1865-1963) o designou de funcional. Assim, Vito Volterra é considerado o iniciador da Análise Funcional, uma especialidade da Análise Matemática. Lembramos que, nos primórdios dos estudos da moderna noção de integral, foi nas questões referentes à integração nos espaços localmente compactos que Vito Volterra mostrou, em 1881, que uma função F(x) pode ter uma derivada limitada em um intervalo I, mas não integrável, no sentido de Riemann, nesse intervalo I.

No livro editado por Jean-Paul Pier (1994), há um artigo escrito por Gaetano Fichera intitulado "Vito Volterra and the birth of functional analysis" (com quatorze páginas). Nesse artigo, o autor discute o nascimento da Análise Funcional. Ele admite que é difícil, às vezes até impossível, apontar o nascimento de uma nova ciência, ou de um novo ramo de uma ciência, como no caso da Análise Funcional. Pois, segundo o autor, um de seus aspectos importantes, o cálculo das variações, já havia aparecido na obra de Isaac Newton (1643-1727), na segunda metade do século XVII, e sucessivamente nas obras de Jacques Bernoulli (1655-1705), Jean Bernoulli (1667-1748), Leonhard Euler (1707-1783) e Joseph-Louis Lagrange (1736-1813). Contudo, segundo G. Fichera, Vito Volterra foi o primeiro matemático que compreendeu plenamente as ideias principais da Análise Funcional e, portanto, deve ser considerado seu iniciador.

A pesquisa de Vito Volterra em equações integrais o conduziu às equações integrais lineares da forma:

$$f(x)=g(x)u(x)+\int_a^b K(x,t)u(t)dt.$$

[12] Francesco Severi (1879-1961) indicara L. Fantappiè a Theodoro A. Ramos. F. Severi foi um dos membros da escola italiana de Geometria Algébrica.

Nos anos 1820, Niels H. Abel (1802-1829) trabalhou com o problema para determinar uma função $\varphi(x)$ que satisfizesse a equação funcional:

$$\phi(x)=\int f(x,y)\varphi(y)dy. \qquad (*)$$

As equações funcionais foram posteriormente estudadas por Erik Ivar Fredholm (1866-1927), que ampliou os estudos existentes até então e construiu uma teoria mais geral a esse respeito. E. I. Fredholm chamou a equação (*) de "equação funcional abeliana" (FREDHOLM, 1903, p. 365).

Luigi Fantappiè obteve sua formação matemática em um bom ambiente acadêmico na Itália da época. Ele se especializara em Funcionais Analíticos e Análise Funcional. L. Fantappiè foi o criador da teoria dos Funcionais Analíticos[13], importante subárea da Análise Matemática na época. Seu texto "I funzionali analitici" (FANTAPPIÈ, 1930) foi citado por Laurent Schwartz em seu livro *Théorie des distributions* (1950; 1951). A teoria dos funcionais analíticos é um exemplo de aplicações concretas da teoria dos funcionais à Análise Matemática. Conjecturamos que L. Schwartz, quando criou a teoria das distribuições, entre 1947 e 1950, ao expandir o conceito de função, tenha utilizado ideias de L. Fantappiè em seu trabalho.

L. Fantappiè obteve seu doutorado em Matemática em 1922, pela Scuola Normale Superiore di Pisa, com a tese *A le forme decomponibili coordinate alle classi di ideali nei corpi algebrici*, com a orientação de Luigi Bianchi (1856-1928), que trabalhava com Superfícies Aplicáveis, Geometria Diferencial e Geometria Projetiva.

Chamamos a atenção para a visão, sabedoria e compreensão de Theodoro Ramos em contratar um excelente matemático italiano, L. Fantappiè, para iniciar de modo correto na FFCL-USP o ambiente de ensino, estudos e de pesquisa em Matemática.[14] L. Fantappiè fora contratado para reger a cadeira de Análise Matemática do Departamento de Matemática (chamado à época de Subsecção de Matemática) da FFCL-USP.

---

[13] A Teoria dos Funcionais Analíticos é uma extensão da Teoria dos Funcionais. A noção de função foi posta em evidência no início do século XIX, quando L. Dirichlet (1805 – 1859) formulou a noção de função para atender às necessidades da época em séries trigonométricas, porém essa noção só adquiriu visibilidade no início do século XX. A ideia de estudar conjuntos F de funções – o Funcional –, e dotá-los de uma estrutura topológica surgiu com os trabalhos de B. Riemann (1826-1866) no final do século XIX. A partir disso, foi criada a subárea da Análise Matemática denominada Espaços Funcionais. Para mais detalhes, ver o trabalho de B. Riemann, Teoria das funções abelianas, em *Gesammelte Mathematische Werke*, 2nd ed. Leipzig: Teubner, 1892.

[14] A escolha pelo contrato de L. Fantappiè para trabalhar na FFCL-USP, por parte de Theodoro A. Ramos, não foi obra do acaso. Ramos tinha muito interesse em criar no Brasil bons cursos de graduação em Matemática e, quando estava na Itália em busca de professores de Matemática e de Física, conversou com o matemático Francesco Severi (1879 – 1961), que lhe dissera para falar com L. Fantappiè. Além disso, também conversou com o físico Enrico Fermi (1901-1954), que lhe indicou Gleb Wataghin.

Ao chegar a FFCL-USP em julho de 1934, ele organizou no Departamento de Matemática as disciplinas do curso bacharelado em Matemática. Nos dois primeiros anos, isto é, em 1934 e 1935, o primeiro ano do curso de Matemática funcionou em comum com o curso básico da Escola Politécnica-USP. Esse fato, em conjunto com a duração de três anos para o curso bacharelado em Matemática, impeliu L. Fantappiè a aumentar o programa de algumas disciplinas do curso e, assim, desenvolver muitos assuntos no primeiro ano, e em quantidade maior que em cursos análogos com maior duração. Segundo L. Fantappiè, ele tinha pressa para recuperar a formação matemática dos futuros graduandos.

Um dos objetivos de L. Fantappiè ao aumentar o programa de algumas disciplinas do curso bacharelado em Matemática fora, em sua visão, a necessidade de formar o mais depressa possível um grupo de alunos que concluíssem o 3º ano do curso com sólida base de cultura matemática, de modo a garantir a formação de um ambiente científico conveniente na USP, onde o trabalho científico pudesse florescer, continuar e ser produtivo.

L. Fantappinè pretendia e conseguiu formar na FFCL-USP um ambiente acadêmico e científico que despertasse nos jovens professores e em seus alunos talentosos o gosto pelo ensino, estudos e pela pesquisa em Matemática. Ele criou na FFCL-USP um foco de cultura capaz de se desenvolver por conta própria após seu regresso à Itália. O que de fato aconteceu.

Todas as disciplinas ofertadas tinham programas atualizados para a época. Observamos, em função dos assuntos ministrados e abaixo citados, a boa qualidade de um curso de graduação em Matemática, que fora ofertado pela FFCL-USP nos anos 1930. Algo extraordinário para o Brasil da época. O modo correto para iniciar a implantação de um projeto universitário de estudos em Matemática.

L. Fantappiè formou a gênese da primeira geração de matemáticos brasileiros residentes em São Paulo, entre os quais citamos: Omar Catunda, Cândido Lima da Silva Dias, Benedito Castrucci, Fernando Furquim de Almeida. Lembramos que o Prof. Dr. L. Fantappiè tinha dois assistentes escolhidos pelo Prof. Dr. Theodoro A. Ramos, que foram: o Prof. Omar Catunda (1906-1986) e o Prof. Cândido Lima da Silva Dias (1913-1998).

Ao organizar e iniciar, em 1934, o curso de graduação bacharelado em Matemática da FFCL-USP, Luigi Fantappiè ministrou várias disciplinas. As disciplinas Geometria Analítica e Geometria Projetiva passaram, em 1936, a serem ministradas pelo geômetra italiano Prof. Dr. Giacomo Albanese (1890-1947), que chegara à FFCL-USP em 1936, como professor visitante. Mais adiante voltaremos a falar sobre G. Albanese.

Observamos no elenco de disciplinas a seguir, e que foram ministradas por L. Fantappiè na FFCL-USP, o que havia de atual na Europa da época, no ensino superior da Matemática. As disciplinas foram as seguintes:

- Cálculo Diferencial e Integral. Em 1939, L. Fantappiè designou seu assistente, Prof. Cândido Lima da Silva Dias, para ministrar esta disciplina no 1º ano do curso.
- Elementos da teoria das funções analíticas, no 2º ano do curso.

Observamos nessa disciplina uma novidade no ensino superior da Matemática no Brasil da época. Trata-se do ensino e estudo das funções de variável real e, nessas funções, o ensino de funções analíticas, funções especiais. Para o leitor não familiarizado com os estudos dessas funções, daremos algumas definições a título de ilustração. Mas antes informamos que as funções que admitem desenvolvimentos em séries de potências, por exemplo, a função exponencial, a função logaritmo, a função seno, a função cosseno etc., formam uma classe importante de funções chamadas de funções analíticas.

A título de ilustração, lembramos ao leitor ainda sobre as funções analíticas que, nos primórdios dos estudos da moderna integração, nas questões referentes a integração nos espaços localmente compactos, T. J. Stieltjes (1856-1894) publicou, em 1894, um trabalho no qual resolveu de forma elegante um problema na teoria das funções analíticas e na teoria das funções de uma variável real. Nesse problema, Stieltjes buscava uma representação do limite de uma variedade de sucessões de funções analíticas (STIELTJES, 1894).

Vejamos algumas definições no corpo dos números reais e no corpo dos números complexos.

Definição. Diz-se que a função $f:(a,\ b)\to\mathbb{R}$ é analítica em um ponto x_0 do intervalo (a, b), quando f é representável por uma série de potências:

$$f(x)=a_0+a_1(x-x_0)+a_2(x-x_0)^2+\ldots,$$

uniformemente convergente em $(x_0-r,\ x_0+r)\subset(a,\ b)$. Onde $\mathbb{R}$ é o corpo dos números reais.

Definição. Diz-se que a função $f:(a,\ b)\to\mathbb{R}$ é analítica em (a, b) quando a função f é analítica em cada ponto de (a, b). Onde $\mathbb{R}$ é o corpo dos números reais.

Definição. Se Ω é um conjunto aberto em $\mathbb{C}$, e se f: $\Omega \to$ C, então f é derivável em um ponto a em Ω se

$$\lim_{h\to 0}\frac{f(a+h)-f(a)}{h}=f'(a)$$

existe. Se o limite existe, então f' é a derivada da função f. Se f é derivável em cada ponto a de Ω, então f é derivável sobre Ω.

Demonstra-se o seguinte.

Proposição. Se a função f: $\Omega \to \mathbb{C}$ é derivável em cada ponto a de Ω, então ela é contínua em Ω.

Definição. Seja um conjunto aberto $\Omega \subset \mathbb{C}$, o conjunto dos números complexos. A função f: $\Omega \to \mathbb{C}$ é analítica ou regular em Ω se f é continuamente derivável em cada ponto de Ω.

Continuando com as disciplinas ministradas por L. Fantappiè no curso bacharelado em Matemática da FFCL-USP, temos:

- Teoria das Equações Diferenciais Ordinárias e Teoria das Equações Diferenciais Parciais até as equações lineares de 2ª Ordem.
- Elementos da Teoria dos Números.
- Teoria dos Grupos de Substituições e das Equações Algébricas.
- Complementos sobre Séries de Funções e Teoria dos Sistemas de Equações de Derivadas Parciais Lineares e de Equações de Diferenciais Totais.
- Teorias da Álgebra Geral e Teoria das Funções Elípticas.

Observamos neste último tópico, muito atual para a época, o estudo das funções elípticas. Essas funções tiveram como um dos precursores em seus estudos o matemático Adrien Marie Legendre (1752-1833) (LEGENDRE, 2010), que publicou trabalhos sobre integrais elípticas. Porém, contribuíram também para a criação da Teoria das Funções Elípticas como a conhecemos nos dias atuais os matemáticos Niels Henrik Abel (1802-1829) e Carl Gustav Jakob Jacobi (1804-1851).

N. H. Abel, além de considerar em seus trabalhos as funções inversas das integrais elípticas, que são chamadas de funções elípticas, criou uma Teoria das Funções Elípticas estabelecendo uma analogia com a teoria das funções trigonométricas.

Na continuação do ensino, L. Fantappiè ministrou:

- Introdução à Análise Geral – tópicos ministrados no 3º ano do curso de Análise Matemática, concluindo as grandes teorias de Análise Matemática.
- Teoria dos Funcionais Analíticos – essa teoria, criada por L. Fantappiè, era ministrada no 3º ano do curso.

Observamos neste último tópico, o ensino em um curso de graduação, de assuntos não triviais e relacionados à pesquisa científica. Esse fato indica o bom nível do curso de graduação bacharelado em Matemática ofertado pela FFCL-USP nos anos 1930. Em Táboas (2005, p. 119) no Apêndice I, há informações sobre um caderno de notas do Prof. Cândido Lima da Silva Dias contendo anotações de aulas de L. Fantappiè ministradas na FFCL-USP. Título do Caderno: "Memórias de Luigi Fantappiè – Funcionais Analíticos". O texto contém: "Generalidades sobre funcionais" e:

Capítulo I – Os funcionais analíticos de várias variáveis e a topologia sobre variedade de Segre.

Capítulo II – Propriedades gerais do Espaço Funcional.

L. Fantappiè também ministrou no curso bacharelado em Matemática da FFCL-USP:

- Teoria dos Grupos Contínuos de Transformações;

- Cálculo Diferencial Absoluto e Elementos da Teoria da Relatividade;
- Teoria das Equações de Derivadas Parciais, com uma introdução aos teoremas de existência de equações diferenciais ordinárias.

Alguns dos livros-textos indicados pelo Prof. L. Fantappiè eram encontrados nas livrarias da cidade de São Paulo. Repetimos nossa observação, em função dos assuntos ministrados e da qualificação do professor, sobre a atualização e a boa qualidade de um curso de graduação em Matemática que fora ofertado pela FFCL-USP nos anos 1930. Algo extraordinário para o Brasil da época. Após o regresso à Itália de L. Fantappiè e G. Albanese, foi mantida na FFCL-USP a boa qualidade dos cursos de graduação em Matemática que eram ofertados.

L. Fantappiè criou na FFCL-USP em 1935, em colaboração com o Prof. Gleb Wataghin,[15] o Seminário Matemático e Físico da Universidade de São Paulo. As reuniões desse Seminário eram destinadas à exposição, por parte dos professores, dos assistentes ou dos alunos, de resultados de pesquisas recentes e também de teorias matemáticas que não eram abordadas nos programas desenvolvidos nas disciplinas ministradas. Esse evento fora uma novidade para o ambiente acadêmico brasileiro.

No ano de 1935, foram realizadas as seguintes conferências no Seminário Matemático e Físico:

- *Teoria matemática da luta pela vida*, por L. Fantappiè;
- *Memória de Abel, sobre teoremas de adição*, por Omar Catunda;
- *Demonstração do teorema de Lindemann*, por Cândido Lima da Silva Dias;
- *Números transfinitos*, por Mário Schenberg;
- *Números complexos com um número qualquer de dimensões*, por Miguel de Souza Aguiar;
- *Desenvolvimento da Matemática nos últimos cinquenta anos e no futuro próximo*, por L. Fantappiè;
- *Demonstração do teorema de Jordan sobre curvas fechadas*, por Omar Catunda;
- *Memória de Severi sobre uma generalização de um conceito de derivada*, por Júlio Rabin;
- *Estudo dos pontos singulares das funções analíticas pelo desenvolvimento em série*, por Fernando Furquim de Almeida.

Em 1935 foi fundado, por iniciativa do Prof. L. Fantappiè, o *Jornal de Matemática Pura e Aplicada* da Universidade São Paulo, uma publicação redigida pelos professores dos Departamentos de Matemática e Física da FFCL-USP. Seu diretor foi Luigi

[15] Gleb Wataghin foi discípulo de Enrico Fermi (1901-1954).

Fantappiè. O volume 1, fascículo 1, foi publicado em junho de 1936. Em 1938, L. Fantappiè conseguiu, com o governo italiano, duas bolsas de estudos para seus assistentes, Prof. Omar Catunda (1906-1986) e Prof. Cândido Lima da Silva Dias (1913-1998) – este, por motivos familiares, não pôde viajar. Omar Catunda foi à Itália realizar estudos na Università di Roma La Sapienza de novembro de 1938 a março de 1939.

O Prof. Omar Catunda passou o período acima citado estudando e trabalhando na Università di Roma La Sapienza. Esse período de estudos foi de grande proveito para ele, pois, durante a sua permanência em Roma, Omar Catunda acompanhou cursos ministrados por Francesco Severi (1879-1961), um dos membros da escola italiana de Geometria Algébrica; publicou em R. Accademia dei Lincei uma nota sobre a teoria dos Funcionais, e preparou outra sobre Sistemas de Equações de Variações Totais, que fora posteriormente publicada na Itália. Além disso, ele estudou a Teoria das Formas Diferenciais, que apresentou em três conferencias realizadas no Seminário Matemático da Università di Roma La Sapienza, perante matemáticos da cidade. Posteriormente, o Prof. Omar Catunda incluiu esses resultados obtidos em sua tese de concurso para cátedra na FFCL-USP, da cadeira de Análise Matemática e Superior. Esse concurso foi realizado no início de setembro de 1944.

Luigi Fantappiè também iniciou a formação da biblioteca de Matemática do Departamento de Matemática da FFCL-USP. Ele conseguiu livros e coleções de revistas, como doação do governo e de universidades italianas, além da compra pelo governo de São Paulo, de diversos livros e revistas.

Para a relação dos trabalhos publicados por Luigi Fantappiè no período de 1924 a 1933, FFCL-USP (1937).

Em 1936, e por iniciativa de L. Fantappiè, chegou à USP como professor visitante o geômetra italiano Prof. Dr. Giacomo Albanese (1890-1947). Ele obteve seu doutorado em Matemática em 1913, pela Scuola Normale Superiore di Pisa, com a tese intitulada *Sistemi continui de curva sopra una superfície algébrica* (subárea: Geometria Algébrica; orientação: Eugenio Bertini [1846-1933], que trabalhava em Geometria Projetiva e Geometria Algébrica).

G. Albanese assumiu na FFCL-USP a disciplina de Geometria. Ministrou cursos sobre geometria analítica, geometria projetiva, geometria algébrica, geometria diferencial e estimulou alunos para os estudos da Geometria. O Prof. Benedito Castrucci (1909-1995) foi designado assistente do Prof. G. Albanese.

O Prof. Dr. G. Albanese[16] deu os primeiros passos no Brasil, para o ensino em Geometria Algébrica, uma subárea da Matemática que foi, à época, muito estudada por geômetras italianos. Ele foi um dos descendentes da Escola Italiana de Geometria Algébrica. G. Albanese também contribuiu, junto com L. Fantappiè, para a formação da biblioteca de Matemática do Departamento de Matemática da FFCL-USP.

---

16 Para uma relação de seus trabalhos publicados, ver Castrucci (1947, p. 2-4).

Nessa biblioteca foi dado início à formação de um bom acervo, por exemplo, em Análise Matemática e em Geometria Algébrica, que posteriormente foi mencionado por André Weil (1906-1998) quando trabalhou na USP a partir de 1945, como professor visitante. Mais adiante falaremos sobre esse fato ao abordarmos o trabalho de André Weil e Oscar Zariski (1899-1986) quando ambos estiveram trabalhando, como professores visitantes, no Departamento de Matemática da FFCL-USP.

Como decorrência da Segunda Guerra Mundial, L. Fantappiè[17] regressou à Itália em 1939 e G. Albanese regressou à Itália em 1941. Seus assistentes, Omar Catunda, Cândido Lima da Silva Dias e Benedito Castrucci, assumiram a regência de disciplinas que eram ministradas por L. Fantappiè e G. Albanese no Departamento de Matemática da FFCL-USP.

Como efeito da influência de L. Fantappiè, de G. Albanese e de outros professores europeus que trabalharam nos anos 1930 na FFCL-USP, o governo do estado de São Paulo oficializou os estudos pós-graduados na FFCL da USP, por meio do Decreto-lei Estadual n. 12.511, de 21 de janeiro de 1942, que reorganiza a FFCL da USP. O art. 64 desse decreto diz o seguinte:

> § 1º Será conferido o diploma de doutor ao bacharel que defender tese de notável valor, depois de dois anos, pelos menos, de estudos sob a orientação do professor catedrático da disciplina sobre que versarem os seus trabalhos, e for aprovado no exame de duas disciplinas subsidiárias da mesma secção ou de secção afim.
>
> §2º Será concedido o título de doutor igualmente a todos os aprovados em concurso para catedrático.
>
> § 3º O regimento interno da Faculdade disporá sobre a forma da concessão do diploma de doutor.

Assim, em 1942 a USP institucionalizou a concessão do título de doutor em Ciências. Como efeito desse ambiente propício ao ensino e à pesquisa científica em Matemática na FFCL-USP, citaremos a seguir os primeiros doutores em Ciências (Matemática) titulados pela FFCL-USP nas décadas de 1940 e 1950.

---

[17] Em 1939, quando a Itália se aliou à Alemanha, B. Mussolini (1883-1945) fez uma conclamação para repatriação aos italianos que viviam no exterior. L. Fantappiè atendeu ao chamamento. O episódio da vida pessoal de L. Fantappiè, que julgamos ter maculado sua vida acadêmica, foi sua escolha em abraçar, seguir e divulgar a ideologia fascista – caracterizada pelo poder ditatorial e repressão da oposição –, que foi adotada pelo governo italiano dos anos 1930 e primeira metade dos anos 1940.

1. Cândido Lima da Silva Dias obteve o título de doutor em Ciências (Matemática) pela FFCL-USP em 11 de novembro de 1942, ao defender a tese intitulada *Sobre a regularidade dos funcionais definidos no campo das funções localmente analíticas* (subárea: Análise Matemática; orientador: Prof. Omar Catunda).[18]

Nessa tese, que foi influenciada pelos ensinamentos científicos de L. Fantappiè, o Prof. Cândido Lima da Silva Dias desenvolveu ideias sobre a construção de uma estrutura de espaço vetorial topológico para fundamentar a teoria dos funcionais analíticos lineares, ideias que haviam sido sugeridas por Renato Cacciopoli no artigo "Sui funzionali lineari nel campo delle funzioni analitiche" (CACCIOPOLI, 1931).

Lamentavelmente, quando estávamos escrevendo este livro, não encontramos a tese do Prof. Cândido Lima da Silva Dias para fazer uma resenha. Irreal o fato de não existir nem em formato impresso nem em PDF nas bibliotecas da USP a primeira tese de doutorado em Ciências (Matemática) que foi defendida na instituição FFCL–USP.

Posteriormente, isto é, quando este livro estava sendo produzido, o Prof. Dr. Pedro Leite da Silva Dias (IAG-USP), filho do Prof. Dr. Cândido Lima da Silva Dias, nos forneceu, de sua biblioteca particular, cópia em formato PDF da tese de doutoramento do Prof. Dr. Cândido Lima da Silva Dias, anteriormente referida. Pretendemos produzir, em breve, uma resenha desse trabalho e publicá-la em formato de artigo.

O Prof. Dr. Cândido Lima da Silva Dias publicou, nos anos 1940 e 1950, vários artigos a respeito dos funcionais analíticos. Destacamos aqui dois artigos, que são os seguintes:

- O que foi publicado em 1943, nos *Anais da Academia Brasileira de Ciências* (ABC), intitulado "Sobre o conceito de funcional analítico" (DIAS, 1943b).
- E o outro artigo intitulado "Sobre a continuidade dos funcionais analíticos", *Bol. Soc. Mat. São Paulo*, v. 3, fascículos 1-2, p. 21-30, 1951 [1948].

No primeiro artigo, o autor aborda e desenvolve os seguintes tópicos:

- Campo de definição do funcional. Entorno de uma função analítica. Regularidade do funcional.
- Funcional aditivo. Aditividade complexa. Homogeneidade. Funcional linear.
- Os funcionais $F_t[y(t)]$ lineares são analíticos no sentido de Fantappiè.
- Demonstração da fórmula fundamental.

[18] O Prof. Omar Catunda era o responsável interino pela cátedra de Análise Matemática do Departamento de Matemática da FFCL-USP, de modo que orientou a tese do Prof. Cândido Lima da Silva Dias.

O objetivo do autor é demonstrar a fórmula que fornece os valores do funcional linear. Inicialmente, ele introduz um conceito de regularidade para os funcionais definidos no campo das funções localmente analíticas. Mesmo não fazendo referência a seu trabalho de doutoramento, conjecturamos que esse artigo tenha correlação com sua tese, defendida em 1942. Na Introdução do artigo, o Prof. Cândido Lima da Silva Dias cita obras publicadas por L. Fantappiè[19] e diz o seguinte:

> O trabalho que apresentamos se ocupa com o conceito e os fundamentos da teoria dos funcionais analíticos. O ponto de partida de nossas considerações é a seguinte propriedade que podemos chamar de continuidade dos funcionais analíticos lineares: um funcional linear, F, aplicado à uma série de funções $\sum_1^\infty n y_n(t)$ uniformemente convergente numa região $\bar{A}$, que contém no interior todos os pontos do conjunto A no qual está definida a indicatriz, dá como resultado a soma da série dos valores que o funcional assume para cada um dos termos $y_n(t)$ da série. (DIAS, 1943b, p. 1)

E acrescenta o seguinte:

> Essa propriedade é demonstrada pelo Prof. L. Fantappiè utilizando a fórmula fundamental dos funcionais analíticos lineares. Posteriormente a mesma propriedade enunciada sob a forma de sucessão foi demonstrada diretamente numa nota de O. Teichmüller. (DIAS, 1943b, p. 1)

Na página 2 desse artigo, o Prof. Cândido Lima da Silva Dias define entorno linear e região funcional linear, definição que transcrevemos a seguir, e cita um teorema demonstrado por Catunda (1939, p. 15).

> **Definição.** Dada uma função $y_0(t)$ analítica localmente definida numa região R da esfera complexa, chamamos entorno linear (T) de $y_0(t)$ o conjunto de todas as funções localmente analíticas y(t) definidas num conjunto fechado T, contido em R. (DIAS, 1943b, p. 2)

> **Definição.** Chamamos região funcional, um conjunto H de funções localmente analíticas y(t) tal que:
>
> I – Dada uma função $y_0(t)$ de H, existe em H todo um entorno linear de $y_0(t)$
>
> II – Dadas duas funções quaisquer $y_1(t)$ e $y_2(t)$ de H, existe e está contida em H também a função soma $y_1(t) + y_2(t)$. (DIAS, 1943b, p. 2)

> **Teorema.** A toda a região funcional linear H está associado um conjunto fechado A da esfera complexa, de tal modo que a região H é formada pelas funções localmente analíticas regulares em A e somente por tais funções. (DIAS, 1943b, p. 2)

[19] Para informações sobre trabalhos publicados por L. Fantappiè, ver *ZbMath Open*. A resenha de seu artigo "I funzionali analitici" pode ser lida em *ZbMath* (DOETSCH, s.d.).

A partir da página 6, o autor aborda e demonstra a fórmula há pouco referida. Na página 6, o Prof. Cândido Lima da Silva Dias diz que a demonstração da fórmula fundamental dos funcionais lineares é uma consequência da fórmula integral de Augustin Louis Cauchy (1789-1857) para as funções de variáveis complexas, e da condição de regularidade do funcional que ele introduziu anteriormente.

Seja $f: D \rightarrow \mathbb{C}$ uma função analítica definida sobre uma região simplesmente conexa D no plano complexo $\mathbb{C}$. A fórmula integral de A. L. Cauchy é dada por:

$$f(p) = \frac{1}{2\pi i} \int_K \frac{f(z)}{z-p} dz,$$

em que K é um caminho fechado inteiramente contido em D e p é um ponto no interior de K.

Para a demonstração da fórmula integral de A. L. Cauchy, ver Medeiros (1972, p. 115-119).

Com a fórmula integral de A. L. Cauchy pode-se obter a primeira derivada de uma função analítica. O leitor que tenha uma boa cultura em Matemática sabe que, nos estudos das funções de variáveis complexas, se uma função f possui a primeira derivada contínua, então ela possui também derivadas contínuas de todas as ordens. Para obtenção dessas derivadas, basta usar a fórmula integral de A. L. Cauchy.

A título de ilustração, lembramos que a derivada de ordem n de uma função f é dada por:

$$f^{(n)}(p) = \frac{n!}{2\pi i} \int_K \frac{f(z)}{(z-p)^{n+1}} dz.$$

Na continuação do artigo, o Prof. Cândido Lima da Silva Dias faz considerações e, utilizando a fórmula integral de A. L. Cauchy, demonstra a fórmula pretendida, que é a seguinte:

$$F_t(y(t)) = \frac{1}{2\pi i} \int_{C'} y(\tau) u(\tau) d\tau.$$

em que C' é o contorno da curva C, curva que envolve a região R_1, e os τ são pontos sobre C' (DIAS, 1943b, p. 6-9).

No segundo artigo, o Prof. Cândido Lima da Silva Dias tem por objetivo demonstrar que o funcional F definido a seguir é analítico. Para tal, o autor usa a definição devida a L. Fantappiè para os funcionais analíticos lineares e considera G o campo de definição dos funcionais F definidos por L. Fantappiè. Assim, G é o conjunto das funções localmente analíticas (uniformes) de uma variável x(z), definida em conjuntos abertos contendo o mesmo conjunto fechado A da esfera complexa. E acrescenta o seguinte: se o ponto no infinito pertence ao campo de definição de x(z), define-se x(∞) = 0.

O autor define o funcional F por:

1) F é linear, logo, $F(\alpha y_1 + \beta y_2) = \alpha F(y_1) + \beta F(y_2)$,

   em que y_1, y_2 pertencem a G e α, β são números complexos.

2) Se x(z) e y(z) são elementos de G e se x(z) coincide com y(z) sobre um aberto que contém A, então F(x) = F(y).

3) O funcional é regular para $y = y_0(z)$, em que $y_0 \in G$, isto é, qualquer que seja a sucessão de funções localmente analíticas $y_n(z)$, em que $y_n(z) \in G$, convergente uniformemente para $y_0(z)$ em um aberto que contém o conjunto característico A, tem-se que:

$$\lim_{n\to\infty} F(y_n) = F(y_0).$$

O funcional linear analítico que fora definido por L. Fantappiè goza das propriedades há pouco citadas.

Na continuação, o autor demonstra que a função $u(z) = F\left(\frac{1}{z-t}\right)$, com z no complementar de A, é a indicatriz do funcional F. A seguir, o Prof. Cândido Lima da Silva Dias diz que a fórmula a seguir,

$$F(x(t)) = \frac{1}{2\pi i}\int_C x(z)u(z)dz,$$

coincide com a fórmula de L. Fantappiè para funcionais lineares analíticos. Segue daí que F com a indicatriz u(z) acima definida coincide com o funcional analítico da mesma indicatriz.

Na parte do artigo referente à continuidade dos funcionais analíticos lineares, o autor demonstra o seguinte.

Teorema. Todo funcional analítico linear é contínuo em todos os pontos do seu campo de definição.

Por fim, o Prof. Cândido Lima da Silva Dias informa que grande parte do que ele aborda nesse artigo foi apresentado por ele no Seminário Weil, realizado em 1949 na University of Chicago, nos Estados Unidos.

Posteriormente, o Prof. Dr. Cândido Lima da Silva Dias foi aprovado em concurso para provimento da cátedra de Geometria, da Escola Politécnica da USP, concurso realizado em 9 de outubro de 1944, defendendo a tese intitulada *Estudos sobre as homografias*. Encontramos apenas o Resumo dessa tese, que reproduzimos:

> Dois estudos sobre homografia. A teoria destas transformações forma um capitulo clássico da geometria e sobre o qual dificilmente podemos apresentar uma contribuição rigorosamente original. Entretanto, considerando atentamente, esta situação, percebemos que a dificuldade não se limita ao assunto escolhido, mas e comum a qualquer argumento que, de alguma forma, possa ser enquadrado no programa da cadeira em concurso, o qual abrange somente a parte fundamental da geometria. Na primeira parte, que constitui o primeiro estudo, nos ocupamos com a classificação das homografias no espaço projetivo de n dimensões. Este problema, no caso da reta, do plano e do espaço e estudado em qualquer bom tratado de geometria projetiva; entretanto, não conhecemos nenhum que o resolva aplicando meios puramente geométricos. Este interessante aspecto do problema já nos despertara interesse quando lemos uma carta do matemático Stephan Cohn-Vossen a B. L. Van der Waerden que este, em homenagem ao primeiro, publicou em 1937 na revista Mathematische Annalen sob o titulo Die Kollineationen des n-Dimensionalen raum. Os princípios do método de Cohn-Vossen constituem o fundamento do primeiro estudo desta tese. Explicitamos algumas demonstrações de Cohn-Vossen, dando uma forma mais geométrica a outras e num ponto importante, eliminando uma lacuna no trabalho de Cohn-Vossen, assinalada por Van der Waerden. (DIAS, 1944, p. 1)

No ano de 1951, em concurso para provimento da cátedra de Complementos de Geometria Superior do Departamento de Matemática da FFCL-USP, concurso que foi realizado no período de 20 a 24 de novembro de 1951, o Prof. Dr. Cândido Lima da Silva Dias foi aprovado ao defender a tese *Espaços vetoriais topológicos e sua aplicação nos espaços funcionais analíticos.*

Nesse trabalho, o autor apresenta resultados que obteve na teoria dos espaços funcionais analíticos, ao aplicar a teoria dos espaços vetoriais topológicos.

A tese do Prof. Dr. Cândido Lima da Silva Dias contém o seguinte:

- Introdução.
- Capítulo 1 – Preliminares sobre espaços vetoriais topológicos.
- Capítulo 2 – Topologia vetorial convexa nos espaços funcionais analíticos. Dualidade definida pela fórmula de Fantappiè.
- Apêndice.
- Bibliografia.

Na Introdução da tese, o Prof. Dr. Cândido Lima da Silva Dias informa que na teoria dos funcionais analíticos, que foi criada por L. Fantappiè, faltava a identificação de um espaço topológico com estrutura bem definida e simples. Diz também que, desde 1940, o Prof. Dr. L. Fantappiè havia mostrado a possibilidade da introdução de uma estrutura de espaço T_0 no conjunto das funções localmente analíticas. Contudo, segundo o autor, essa teoria é geral e não se prestava como solução do problema em pauta. Ainda segundo o autor, o Prof. L. Fantappiè trabalhara no estudo e desenvolvimento de uma estrutura de espaço vetorial topológico para fundamentar a teoria dos funcionais analíticos lineares, usando os conceitos de região linear e de linha analítica.

Mas, segundo o autor da tese, esse conceito utilizado por L. Fantappiè poderia ser substituído pelo conceito de sucessão uniformemente convergente de funções analíticas em um conjunto aberto que se adaptasse melhor aos métodos da Topologia Geral. Segundo o Prof. Cândido Lima da Silva Dias, ele já utilizara essa modificação em sua tese de doutorado, já mencionada, defendida em 1942.

Em resumo, podemos dizer que, nesse trabalho, o autor resolve o problema da introdução de uma estrutura localmente convexa sobre o espaço [F], independentemente de se considerar o espaço dual [0], com o uso da noção de espaço envoltório de espaços localmente convexos.

O Prof. Cândido Lima da Silva Dias também mostra nesse trabalho a relação íntima entre os funcionais lineares analíticos e os funcionais lineares contínuos sobre o espaço [0], sendo [0] com a topologia da convergência uniforme sobre os seus compactos. A respeito dessa relação, havia à época uma controvérsia entre Luigi Fantappiè e Renato Cacciopoli (1904-1959), ressaltada por José Sebastião e Silva em seu artigo de 1950 (SILVA, 1950, p. 6).

Também nesse artigo, o Prof. José Sebastião e Silva (1914-1972) informa que Salvatore Pincherle (1853-1936) e Ugo Amaldi (1875-1957) foram os primeiros a definir o conceito de espaço funcional analítico (PINCHERLE; AMALDI, 1901).

O matemático português José Sebastião e Silva fez, nesse artigo de 1950, restrições a alguns conceitos introduzidos por L. Fantappiè no estudo da Análise Funcional no campo das funções analíticas. Uma delas refere-se ao seguinte:

> Que L. Fantappiè procurou suprir a falta de um conveniente conceito de limite, com o conceito de função analítica dependente analiticamente de um parâmetro que, assim lhe permitiu estabelecer os principais resultados da sua teoria dos funcionais analíticos. (SILVA, 1950, p. 2)

Outra restrição citada por José Sebastião e Silva é a seguinte:

> Outra dificuldade apresenta-se com o problema da definição de uma conveniente estrutura topológica no conjunto das funções localmente analíticas. O conceito de vizinhança, introduzido por Fantappiè no seu espaço funcional, não parece susceptível de utilização profícua: toda a teoria dos funcionais analíticos se pode desenvolver, no que tem de essencial, sem a intervenção de tal conceito. (SILVA, 1950, p. 4)

O Prof. Cândido Lima da Silva Dias também resolveu em sua tese, pela negativa, a questão apresentada por J. Sebastião e Silva, apresentada nesse mesmo artigo de 1950 (SILVA, 1950, p. 6). Nesse texto, o matemático português formula a seguinte pergunta: "São os espaços funcionais analíticos espaços de Banach complexos?". Foi essa a questão respondida pela negativa por Cândido Lima da Silva Dias na tese em pauta (DIAS, 1951).

No Apêndice da tese, o Prof. Cândido Lima da Silva Dias aplica a teoria desenvolvida no Capítulo 2 para demonstrar o clássico teorema de Runge, que se apresenta sob seu aspecto geométrico. Na verdade, o autor demonstra a seguinte proposição, que é, segundo ele, equivalente ao clássico teorema de Runge. Vejamos uma definição, antes da proposição:

Definição. Seja E um espaço vetorial topológico. Um subconjunto A de E é total se o subespaço vetorial gerado por A coincide com todo o espaço.

Proposição. O conjunto A constituído pelas funções: $1, z^n, \frac{1}{(z-z_j)^n}$; em que j = 1, 2, 3,..., k e n ∈ ℕ é um conjunto total no espaço $[0]_\beta$.

Para demonstrar essa proposição, o autor recomenda usar a proposição 22 do Capítulo I (DIAS, 1951, p. 18), o que, segundo ele:

Equivale a dizer que uma condição necessária e suficiente para que o conjunto A seja total, é que a relação $<\dot{x},u>=0$, para todo u ∈ A, implica $\dot{x}=0$. Em particular, para $u(z)=\frac{1}{(z-z_j)^{n+1}}$ vem:

$$<\dot{x},u>=\frac{1}{2\pi i}\int_\Gamma \frac{x(z)}{(z-z_j)^{n+1}}dz=\frac{1}{2\pi i}\int_{C_j'} \frac{x(z)}{(z-z_j)^{n+1}}dz=\frac{x^{(n)}(z_j)}{n!}=0,$$

(C'_j é um contorno que contém C_j no seu interior) para j = 1, 2,...,k, e n inteiro positivo qualquer, o que implica, que x(z) é identicamente nula no interior de C'_1, C'_2, ..., C'_k. Mas, por outro lado,

$$<\dot{x},z^n>=\frac{1}{2\pi i}\int_\Gamma x(z)z^n dz=\frac{1}{2\pi i}\int_{C'} x(z)z^n=0,$$

(C' contorno contido em C e que contém os contornos C'_j no seu interior) para n inteiro não negativo qualquer, arrasta x(z) = 0, para todo z exterior a C'. Em conclusão x(z) é nula num aberto que contém o complementar de 0, logo $\dot{x}=0$". (DIAS, 1951, p. 55)

Para relembrar, reproduzimos a seguir o teorema de Runge. Mas, antes, vejamos algumas informações que fornecerão noções indispensáveis ao leitor não familiarizado com a Análise Matemática. O estudo do teorema de Runge consta da disciplina Análise Matemática no corpo $\mathbb{C}$, ofertada em um bom curso de graduação em Matemática, quando são estudadas as funções analíticas.

No corpo $\mathbb{R}$, o teorema da aproximação de Weierstrass afirma que toda função f contínua em um intervalo compacto pode ser aproximada uniformemente por polinômios.

Este teorema foi posteriormente generalizado por Marshall Stone e passou a se chamar teorema de Weierstrass-Stone. Esse resultado é válido no corpo $\mathbb{C}$ dos números complexos? Vejamos o que segue. Inicialmente, reproduzimos o teorema de Weierstrass.

Teorema de Weierstrass (da Aproximação). Seja [a, b] intervalo fechado de $\mathbb{R}$ e f: [a, b] $\mapsto \mathbb{R}$ uma função contínua. Então, para cada $\varepsilon > 0$ existe um polinômio p(x) tal que: $|f(x)-p(x)| < \varepsilon$, para todo $x \in [a, b]$.

O teorema de Carl D. T. Runge (1856-1927) afirma que para todo compacto K existe uma aproximação uniforme por funções racionais com singularidades (polos) estabelecidas em um subconjunto arbitrário no complementar de K.

Segundo o teorema de Runge, as funções racionais são globalmente definidas, ao passo que a função f é dada apenas na vizinhança de K. Em particular, f poderia ser definida independentemente em diferentes componentes de K, tornando a conclusão do teorema ainda mais surpreendente.

Dado um compacto $K \subset \mathbb{C}$, denotaremos por H(K) a família de todas as funções que são holomorfas em alguma vizinhança aberta de K.

Teorema de Runge. Seja K um compacto de $\mathbb{C}$, e seja A um subconjunto de $\mathbb{C}_{\infty} \setminus K$ que intercepta cada componente conexa de $\mathbb{C}_{\infty} \setminus K$. Então, dada a função $f \in H(K)$, existe uma sequência $(\mathbb{R}_n)$ de funções racionais, com todos seus polos em A, que converge uniformemente sobre K.

Segundo o Prof. Dr. Cândido Lima da Silva Dias, dizer que a proposição anteriormente citada é equivalente ao teorema de Runge é dizer que o conjunto A é total, e que toda função regular em O pode ser uniformemente aproximada sobre todo compacto contido em O por uma combinação linear de funções racionais com polos nos pontos: $z_1, z_2, z_3, \ldots, z_k$ e ∞. Essa afirmação é demonstrada pelo autor na tese em pauta (DIAS, 1951, p. 55). Ainda segundo o autor: "Caso a região O for simplesmente conexa e não contenha o ponto ∞, segue-se a possibilidade de aproximação uniforme sobre todo o compacto contido em O de qualquer função regular em O, por meio de polinômios" (DIAS, 1951, p. 55).

Em agosto de 1951, o Prof. Dr. Cândido Lima da Silva Dias foi nomeado diretor do Setor de Pesquisas Matemáticas do recém-criado CNPq. Nesse cargo, ele foi um dos apoiadores e incentivadores da criação do IMPA como um órgão do CNPq, a qual foi efetivada em 1952. A ideia da necessidade de criação, na cidade do Rio de Janeiro, de um órgão do CNPq formador de ambiente científico dedicado à pesquisa em Matemática foi de Lélio Gama, Leopoldo Nachbin e Maurício Peixoto, tendo como premissa a boa iniciativa de criação do Núcleo Técnico Científico de Matemática da FGV, na época já extinto, e onde eles e outros matemáticos trabalharam como pesquisadores. O Prof. Dr. Cândido L. da Silva Dias desenvolveu uma bem-sucedida vida acadêmica. Ele desempenhou funções administrativas, publicou vários trabalhos científicos e orientou diversos alunos.

2. O Prof. Omar Catunda obteve, em 3 de setembro de 1944, o título de doutor em Ciências (Matemática) ao defender tese, para provimento da cátedra de Análise Matemática, no Departamento de Matemática da FFCL-USP, intitulada *Sobre os fundamentos da teoria dos funcionais analíticos*. Lembramos que, nessa época e por muitos anos depois, o concurso público para provimento de cátedra em universidades brasileiras concedia ao candidato aprovado o título de doutor. A tese do Prof. Omar Catunda contém o seguinte:

- Introdução.
- Capítulo I – Preliminares.
- Capítulo II – Espaço Funcional Analítico.
- Capítulo III – Funcionais de Funções de uma Variável.
- Conclusão.
- Bibliografia.
- Índice.
- Errata.

Essa tese do Prof. Omar Catunda tem por objetivo o estudo sistemático da parte fundamental da teoria dos funcionais analíticos. No período em que o autor desenvolveu esse trabalho, os funcionais analíticos tiveram sucesso nas aplicações à teoria das funções de matrizes e de operadores, na resolução de certos tipos de equações diferenciais, na fundamentação rigorosa do Cálculo Simbólico etc. Segundo o autor, esses resultados são obtidos naturalmente a partir de conceitos que se apresentam no estudo dos funcionais analíticos.

O autor também nos informa que o conceito de indicatriz de um funcional linear e a fórmula fundamental do Prof. L. Fantappiè são ricos de consequências para as aplicações referidas.

Ainda segundo o Prof. Omar Catunda, as maiores dificuldades no estudo da teoria dos funcionais analíticos estavam em seus fundamentos.

Nos Capítulos I e II da tese, o autor fez um estudo do espaço funcional analítico, aplicando a esse espaço os resultados da Análise Matemática da época, obtidos por Maurice Fréchet (1878-1973), Felix Hausdorff (1868-1942), Kazimierz Kuratowski (1896-1980), Waclaw Sierpinski (1882-1969) e Stefan Banach (1892-1945), dentre outros matemáticos. Segundo o autor, esse problema apresentava grandes dificuldades, pois ao espaço funcional analítico quase não se aplicavam as definições mais conhecidas introduzidas por M. Fréchet. Ainda segundo o autor, o próprio L. Fantappiè, em vista das dificuldades surgidas nos primeiros de seus trabalhos em que considerava elementos do espaço funcional as funções analíticas no sentido de Karl Weierstrass (1815-1897), desistiu dessa ideia e passou a considerar como pontos desse espaço as funções analíticas localmente, definidas em regiões do plano complexo ampliado (isto é, o plano complexo ampliado com o ponto ∞), admitindo nessa definição regiões não conexas. O Prof. Omar Catunda continua nos informando que:

> Esta alteração, porém, se por um lado simplificou os estudos sobre continuidade nas linhas e variedades analíticas, por outro lado introduziu uma complicação fundamental. Com efeito, enquanto que para as funções analíticas no sentido de Weierstrass, dado um elemento, está completamente individualizado tanto o campo natural de existência como o valor da função em todo esse campo, para as funções analíticas localmente é preciso considerar como ponto um complexo constituído pela função e pela região em que esta se supõe definida. Assim, uma mesma função analítica em sentido restrito, dá origem a uma infinidade de pontos, que se obtém tomando todas as regiões possíveis contidas no seu campo natural de existência [...]. (CATUNDA, 1944a, p. 1-2)

No Capítulo III do trabalho, o autor introduziu o conceito de funcional contínuo, adaptando a definição de continuidade para sucessões, ao conceito geral de continuidade de um funcional definido em um espaço de entornos. Segundo o autor, esta adaptação foi sugerida pelo Prof. Cândido Lima da Silva Dias. Segundo o Prof. O. Catunda:

> Entre os funcionais contínuos definidos no espaço funcional analítico, se apresentam como os mais simples os lineares que satisfazem também à condição de homogeneidade em relação ao fator i, os quais podem ser definidos também pela condição de "aditividade complexa", segundo o sr. Cândido Dias [...]. (CATUNDA, 1944a, p. 3)

Ainda no Capítulo III da tese, o autor também aborda o problema da mudança de variáveis nos funcionais analíticos, porém ele se limita aos funcionais lineares, cujo estudo é facilitado pela fórmula fundamental de L. Fantappiè. Por fim, o autor informa que esse estudo só é possível pela fórmula generalizada, pois a condição de nulidade imposta pelo Prof. L. Fantappiè às funções regulares no infinito não se conserva na grande maioria das transformações.

À página 57 da tese, o Prof. Omar Catunda demonstra o seguinte teorema de sua autoria, referente a funções analíticas. Segundo o autor, trata-se de um teorema de grande importância e não conhecido pela comunidade matemática.

> **Teorema.** Se uma função $\vartheta(t)$ regular e monódroma em todos os pontos de um contorno regular simples C é tal que para qualquer função g(t) analítica nesse contorno e na parte interna R, temos:
>
> $\int_C g(t)\vartheta(t)dt = 0,$
>
> a função $\vartheta(t)$ pode ser prolongada por uma função monógena em toda a região R.

O Prof. Omar Catunda também obteve, em 1944, o título de livre-docente em Análise Matemática, pelo Departamento de Matemática da FFCL da USP, ao defender a tese intitulada *Teoria das formas diferenciais e suas aplicações*. A livre-docência concedia, então, o título de doutor ao candidato aprovado.

Relembramos ao leitor que, nessa época e até 10 de setembro de 1972, o concurso para livre-docência era aberto a qualquer professor universitário que preenchesse as condições exigidas. A partir de 11 de setembro de 1972, só poderiam se candidatar a esse concurso professores já portadores do título de doutor (ver Lei n. 5.802, de 11 de setembro de 1972). A livre-docência é um concurso sem vínculo empregatício do candidato com a instituição promotora do concurso. A tese do Prof. Omar Catunda contém o seguinte:

- Introdução – Na página 2 da Introdução, o autor cita as referências bibliográficas utilizadas.
- Capítulo I – Introdução das Formas Diferenciais e suas Aplicações.
- Capítulo II – As Formas Diferenciais sobre as Variedades Imersas no S_n.
- Capítulo III – Formas Derivadas.
- Capítulo IV – Equações Diferenciais.
- Bibliografia.
- Errata.

Na Introdução da tese, assim se expressa o autor:

> O cálculo das formas diferenciais, que na sua parte algébrica pode ser considerado como simples aplicação da álgebra de Grassmann surgiu naturalmente na matemática por intermédio de dois tipos de problemas bem distintos: um, que se liga ao estudo das equações diferenciais, outro, ao estudo das integrais múltiplas sobre variedades quaisquer. O primeiro problema é o conhecido "problema de Pfaff", que na sua generalização devida a Frobenius, Goursat, Cartan etc., requer um algoritmo de cálculo mais eficiente que compreenda como caso particular o estudo dos covariantes bilineares de Frobenius e Darboux. O segundo problema a que nos referimos surge naturalmente quando se faz a discussão sobre o sinal de uma integral p-upla estendida a uma variedade de p dimensões, apresentando-se aí espontaneamente a ideia de introduzir o sinal no próprio elemento, fazendo-o depender da ordem em que se escrevem as diferenciais [...]. (CATUNDA, 1944b, p. 1)

Nesse trabalho, o Prof. Omar Catunda expõe a parte básica dessa teoria. Ele define as formas diferenciais e suas operações e dá as suas principais aplicações na teoria das integrais múltiplas e na introdução dos funcionais harmônicos, buscando evidenciar a significação do problema resolvido por W. V. D. Hodge (1903-1975). Esse matemático, partindo de um conceito de V. Volterra na teoria dos invariantes integrais, estudou, por meio do cálculo das formas diferenciais, os funcionais harmônicos de variedades p-dimensionais fechadas, estabelecendo para eles um princípio análogo ao "princípio de Dirichlet". Ao matemático J. P. G. L. Dirichlet (1803-1859) devemos a moderna definição formal de função.

Relembramos ao leitor o chamado "princípio de Dirichlet", que é um problema variacional com integrais múltiplas. Esse problema surgiu assim: como "Minimizar o funcional $\Phi(u) = \int_\Omega |\nabla u|^2 \, dx$, com u variando na classe das funções admissíveis $\mathcal{S} = \{u \in C^2(\Omega) \cap C^0(\overline{\Omega}) : u = f \text{ em } \partial\Omega\}$".

No Capítulo IV, após fazer a introdução ao problema mais geral das equações diferenciais sob o ponto de vista local, o Prof. Dr. Omar Catunda apresenta alguns resultados obtidos no estudo de interpretação geométrica de uma equação da forma: $w = 0$, em que w é uma forma de grau p em n variáveis. Nesse contexto, o Prof. Omar Catunda aborda o chamado "Problema de Pfaff" (J. F. Pfaff [1765-1825]), que consiste em determinar as variedades de dimensão máxima sobre as quais a equação de Pfaff, $w = \sum a_i dx_i = 0$, esteja satisfeita.

O Prof. Dr. Omar Catunda publicou vários artigos, dentre os quais citamos o seguinte: "Sobre os sistemas de equações de variações totais em mais de um funcional incógnito" (CATUNDA, 1942).

Nesse artigo, o autor demonstra um teorema de existência e unicidade das soluções dos sistemas de equações de variações totais, análogo aos sistemas de diferenciais totais para as funções de mais de uma variável. Segundo o autor:

> Um dos problemas fundamentais da teoria dos funcionais não lineares consiste no cálculo da variação de um funcional, correspondente a variações dadas da função ou das funções de que o mesmo depende; este é um problema fundamental, por exemplo, no cálculo das variações, onde se estuda as condições para os estremos de funcionais particulares [...]. (CATUNDA, 1942, p. 109)

O problema que o Prof. Omar Catunda abordou nesse artigo foi proposto a ele pelo Prof. L. Fantappiè, que o identificou ao abordar, por meio da teoria dos funcionais analíticos, o estudo dos grupos contínuos infinitos, considerados como grupos contínuos de transformações que dependem de funções arbitrárias, em lugar de parâmetros numéricos, como fizera E. J. Cartan (1869-1951), que considerou grupos definidos por equações de derivadas parciais.

Assim, o autor demonstra para tais sistemas, e sob certas condições, o teorema de existência e unicidade das soluções, seguindo para tal um método análogo ao de A. Mayer (1839-1907) para a resolução dos sistemas completos de equações diferenciais totais.

3. O Prof. Benedito Castrucci obteve em 8 de abril de 1945 o título de doutor em Ciências (Matemática) pela FFCL-USP, ao defender a tese intitulada: *Sobre uma nova definição de cúbica plana* (subárea: Geometria Projetiva; orientador: Prof. Dr. Omar Catunda). Segundo o autor, esse trabalho fora fortemente influenciado pelos ensinamentos científicos do Prof. Dr. Giacomo Albanese. A tese do Prof. Benedito Castrucci contém o seguinte:

- Introdução.
- § 1º – Polaridade quadrática plana.

- § 2º – Definição de cúbica e propriedades principais.
- § 3º – Singularidades das cúbicas.
- § 4º – Teorema de Hermite.
- § 5º – Determinante cúbico.
- Obras consultadas.
- Resumo e conclusões.

Na introdução de sua tese, diz o Prof. Benedito Castrucci:

> Antecipando o desenvolvimento das considerações que nos propusemos fazer sobre uma nova definição das curvas planas de terceira ordem (cúbicas planas), achamos necessário dar algumas explicações a respeito de nossa pesquisa, bem como uma síntese dos resultados conseguidos.
>
> É sabido que, para estudar as curvas de segunda ordem (cônicas), há duas vias: a analítica e a geométrica. Esta última, por sua vez, pode ter como base dois tipos de definição: a) a Steineriana; b) a Staudtiana.
>
> O método analítico, usado nos tratados de geometria analítica, parte da definição de que a cônica é o lugar dos pontos de um plano cujas coordenadas homogêneas projetivas (x_1, x_2, x_3) satisfazem a uma equação algébrica homogêneas do segundo grau (ou cujas coordenadas cartesianas não homogêneas x e y satisfazem a uma equação algébrica do segundo grau). [...].
>
> A pergunta que surge espontaneamente depois das considerações anteriores, é saber se possuem os mesmo caminhos de estudo as curvas planas de ordem superior a dois [...]. (CASTRUCCI, 1945, p. 1-5)

Na seção "Resumo e Conclusões" da tese, assim se expressa o autor:

> As curvas planas de terceira ordem podem ser definidas analítica ou geometricamente. Por via geométrica, a definição conhecida é do tipo Steineriano.
>
> A falta de uma definição, tipo Staudtiano, foi o motivo que levou o prof. Giacomo Albanese a sugerir-nos uma pesquisa nesse sentido. A razão desta tese é a exposição dos resultados conseguidos a esse respeito.
>
> Assim obtivemos uma definição das cúbicas, como lugar dos pontos autoconjugados de uma polaridade quadrática plana (reciprocidade involutória quadrática plana). A seguir as primeiras propriedades foram obtidas elementarmente por esse caminho. Conseguimos também, um interessante processo geométrico para exame das singularidades das cúbicas. Outrossim, reputamos bastante proveitosa a demonstração fácil e elementar do conhecido teorema de Hermite, sobre as cúbicas.
>
> Finalmente, ligamos um determinante cúbico simétrico (um só valor) aos coeficientes da equação da curva de terceira ordem. Verificamos que a anulação deste determinante não

> está ligada às singularidades da curva, como poderia parecer numa rápida analogia com as cônicas.
>
> A teoria assim construída pode ser estendida às curvas planas de ordem superior a três. Porém, nesta tese, não procuramos estudar esta possibilidade, limitando-nos unicamente ao caso das curvas de terceira ordem. (CASTRUCCI, 1945, p. 37)

O Prof. Dr. Benedito Castrucci foi aprovado em concurso, com as provas realizadas no período de 20 a 24 de novembro de 1951, para provimento da cátedra de Geometria Analítica, Projetiva e Descritiva, do Departamento de Matemática da FFCL-USP, ao defender a tese intitulada *Fundamentos da geometria projetiva finita n-dimensional.*

Segundo o autor, esse seu trabalho também foi fortemente influenciado pelo Prof. Dr. G. Albanese. Como esse professor já estava na Itália, Benedito Castrucci concluiu o trabalho correspondendo-se com G. Albanese. O conteúdo da tese do Prof. Dr. Benedito Castrucci é o seguinte:

- Introdução.
- Capítulo I – Conceitos preliminares.
- Capítulo II – Colineações e propriedades fundamentais.
- Bibliografia.

Na Introdução de seu trabalho, diz o Prof. B. Castrucci:

> As questões relativas à Geometria Finita surgiram, segundo nos parece, com os trabalhos de G. Fano [1] em 1892 e B. Levi [2] em 1904, de que temos notícia apenas pelos comentadores.
>
> A seguir, vêm as publicações de Veblen e Bussey [3 e 4], em 1906 e 1907, de B, Levi [5] em 1907 e as referências sobre o assunto contidas no excelente tratado de Geometria Projetiva de Veblen and Young [6], em 1910. [...].
>
> As aplicações à estatística, nos delineamentos de experimentos, apareceram nos estudos de Fisher [26] e Yates [27] em 1937; R. C. Bose [28], em 1938 W. L. Stevens [29], em 1939; R. C, Bose e K. R, Nair [30], em 1941; W. L. Stevens [30'], em 1949.
>
> Esta intensificação de estudos nesse domínio da Geometria é que nos animou a apresentar uma exposição pessoal dos fundamentos da Geometria Projetiva N-dimensional, onde tivemos oportunidade de obter alguns resultados [...]. (CASTRUCCI, 1951, p. i)

O Prof. Benedito Castrucci publicou em 1943, nos *Anais da Academia Brasileira de Ciências*, o artigo: "Sobre uma geração de uma curva plana de terceira ordem, segundo o tipo staudtiano" (CASTRUCCI, 1943). Nesse artigo, o autor tem por objetivo apresentar uma definição elementar e geométrica das cúbicas, seguindo um método análogo ao método de K. G. C. von Staudt (1798-1867) – ele expandiu a Geometria Projetiva – para cônicas, isto é, via elementos auto conjugados em uma certa correspondência recíproca em um plano.

Mais à frente, o autor informa que: "O método usado por nós pode ser estendido às quárticas planas e às curvas de ordem qualquer, havendo observações que merecem ser postas em relevo [...]" (CASTRUCCI, 1943, p. 109). Na continuação, o autor destaca várias observações a respeito do desenvolvimento lógico do tema abordado no artigo.

4. O Prof. Edison Farah obteve em 1950, o título de doutor em Ciências (Matemática) pela FFCL-USP, ao defender a tese intitulada *Sobre a medida de Lebesgue* (área: Análise Matemática; orientador: Prof. Dr. Omar Catunda). Eis o teor da tese do Prof. Edison Farah:

- Introdução.
- Capítulo I – Conjuntos de elementos quaisquer, espaços topológicos.
- Capítulo II – Medida de Lebesgue.
- Bibliografia.

Na Introdução da tese, assim se expressa o Prof. Edison Farah:

> Para introduzirmos a medida de Lebesgue no espaço R^n, de modo construtivo e elementar, surgiu-nos a questão de formar uma classe de partes do R^n, para as quais a medida fosse definida de maneira espontânea, mas que todas as possíveis reuniões finitas de conjuntos (interiormente disjuntos) da referida classe constituíssem o que se chama um anel sobre o R^n. [...].
>
> Quanto à definição de conjunto mensurável-L para o caso de L-medida finita, mostramos que a nossa definição é equivalente à habitual (na qual se empregam somente os conjuntos abertos e os fechados). Estendemos, também, por meio das sequências $\mathcal{H}$, a L-mensurabilidade a certos conjuntos do R^n, vindo, assim, os conjuntos mensuráveis-L de L-medida infinita; e a extensão é feita de tal modo que os conjuntos mensuráveis-L do R^n formam uma tribo perfeita nesse espaço. [...]. (FARAH, 1950, p. i)

Em 1954, o Prof. Dr. Edison Farah defendeu tese em concurso para provimento da Cadeira LI – Análise Superior, da FFCL-USP. Título da tese: *Proposições Equivalentes ao Axioma da Escola*. Essa tese contém:

- Introdução.
- Capítulo I – Noções sobre os conjuntos de elementos quaisquer.
- Capítulo II – Espaços topológicos.
- Capítulo III – o Axioma da Escolha e certas proposições que lhe são equivalentes.
- Bibliografia.
- Errata.

5. O Prof. João Batista Castanho obteve, em 30 de novembro de 1950, o título de doutor em Ciências (Matemática) pela FFCL-USP, ao defender a tese *Sobre o teorema de Pascal na geometria hiperbólica* (área: Geometria; orientador: Prof. Fernando Furquim de Almeida).[20] A tese do Prof. João Batista Castanho contém o seguinte:

- Preâmbulo.
- Capítulo I – Os Extremos de uma Reta.
- Capítulo II – Movimentos.
- Capítulo III – Cálculo dos Extremos.
- Capítulo IV – Equações dos Movimentos.
- Capítulo V – Posições Relativas das Retas.
- Capítulo VI – Equações dos Pontos.
- Capítulo VII – Teorema de Pascal.
- O autor usa notas de rodapé para indicar as referências utilizadas.

No Preâmbulo da tese, assim se expressa o Prof. João Batista Castanho:

> Toda a Geometria de Lobachevsky pode ser construída, tendo como base exclusiva, os postulados dos quatro primeiros grupos: o da pertinência, o da congruência, o da ordem e o das paralelas.
>
> Propusemo-nos, também, construir a Geometria Hiperbólica, a partir daqueles quatro grupos de postulados. Em uma primeira etapa, conseguimos a demonstração, por processos elementares, por meio de uma como que Geometria Analítica, no plano hiperbólico, a demonstração do teorema de Pascal, o qual é enunciado em sua forma clássica, e que constitui, no fundo, a tese ora apresentada.
>
> Os postulados dos três primeiros grupos a que nos referimos, juntamente com as consequências deles advindas, constituem o que se convencionou chamar de Geometria Plana Absoluta. Em nosso trabalho, que é dividido em sete capitulos, admitimos essa Geometria, com exceção da parte referente a movimentos [...]. (CASTANHO, 1950, p. i)[21]

---

[20] À época o Prof. Fernando Furquim de Almeida era o responsável interino pela Cátedra de Crítica dos Princípios e Complementos de Matemática, do Departamento de Matemática da FFCL-USP. Assim, ele orientou a tese em pauta.

[21] Ao leitor interessado na Geometria de N. I. Lobachevski (1792-1856), sugerimos a leitura de Kagán (1986).

6. O Prof. Geraldo dos Santos Lima Filho obteve, em novembro de 1950, o título de doutor em Ciências (Matemática) pela FFCL-USP, ao defender a tese *A respeito das projetividades planas sobre o corpo primo de característica 2* (área: Geometria; orientador: Prof. Dr. Benedito Castrucci).

A tese do Prof. Geraldo dos Santos Lima Filho contém o seguinte:

- Prefácio.
- Capítulo I – Axiomas de pertinência.
- Capítulo II – Projeção, secção, perspectividade.
- Capítulo III – Projetividades.
- Capítulo IV – Coordenadas não homogêneas nas formas de segunda espécie.
- Capítulo V – Definições diversas.
- Não há bibliografia. No Prefácio, o autor relaciona algumas das referências utilizadas no trabalho.

No Prefácio de seu trabalho, assim se expressou o Prof. Geraldo dos Santos Lima Filho:

> Têm-se desenvolvido sobremaneira nos últimos tempos os estudos de Geometria Finita. Alguns autores já têm feito referências e apontado certos resultados que se obtêm, ao tratar a Geometria Projetiva sobre um corpo de característica p qualquer.
>
> Dentre tais corpos, o primo de característica 2 apresente um comportamento separado dos demais, motivo pelo qual resolvemos fazer um estudo sistemático no caso da reta e do plano. [...].
>
> Julgamos de particular interesse a continuação deste estudo no caso geral do corpo de característica 2. [...]. (LIMA FILHO, 1950, p. i)

7. A Profª. Elza Furtado Gomide obteve, em 27 de novembro de 1950, o título de doutora em Ciências (Matemática) pela FFCL-USP, ao defender a tese *Sobre o teorema de Artin-Weil* (área: Análise Matemática; orientador: Prof. Dr. Omar Catunda; coorientador: Prof. Dr. Jean A. F. Delsarte, da Universidade Nancy, França, professor visitante, no início dos anos 1950, no Departamento de Matemática da FFCL-USP). O teor da tese da Profª Elza F. Gomide é o seguinte:

- 1 – Introdução: Caracteres de um grupo abeliano finito.
- 2 – Sobre o número de pontos racionais de uma variedade em um corpo k finito e suas extensões.
- Bibliografia.

Em sua tese, a Profª. Elza F. Gomide nos informa o seguinte:

> O estudo das variedades algébricas sobre um corpo finito conduziu à seguinte conjectura (Artin-Weil):
>
> Seja V uma variedade, sem pontos singulares, definida sobre um corpo finito k. Seja N_υ o número de pontos racionais de V sobre a extensão k_υ de grau υ de k e consideremos a série de potências formal $\sum_{\upsilon=1}^{\infty} N_\upsilon Z^{\upsilon-1}$.
>
> Então teremos $\sum_{\upsilon=1}^{\infty} N_\upsilon Z^{\upsilon-1} = \frac{d}{dZ} \log R(Z)$, onde R(Z) é uma função racional de Z. (GOMIDE, 1950, p. 1)

Para desenvolver seu trabalho, a Profª Elza F. Gomide considerou as equações do tipo: $\sum_{i=1}^{r} a_i x_1^{m_{1i}} \ldots x_s^{m_{si}} = 0$, com $a_i \in k, a_i \neq 0, (i = 1,2,\ldots,r)$ e os m_{ji} inteiros positivos. A Profª Elza F. Gomide resolveu um caso particular da conjectura de Artin-Weil.

A conjectura de Artin-Weil fora resolvida, em 1948, por A. Weil para o caso de curvas algébricas (ver WEIL, 1948); e também resolvida por ele em 1949, para variedades definidas por uma equação do tipo:

$$a_0 x_0^{n_0} + a_1 x_1^{n_1} + \ldots + a_r x_r^{n_r} = b, \qquad (*)$$

sobre um corpo finito k, com q elementos, com $a_i \in k$, n_i inteiros positivos (i = 1,2,...,r) (WEIL, 1949).

Em seu artigo, A. Weil fez inicialmente um histórico a respeito do problema que remonta a trabalhos de C. F. Gauss (1777-1855) contidos na obra *Disquisiones Arithmeticae*, que determina as somas gaussianas (os chamados "períodos" ciclotômicos) de ordem 3, para um número primo da forma p = 3n + 1, e ao mesmo tempo obtém os números de soluções para todas as congruências $ax^3 - by^3 \equiv 1 (mod\ p)$. Em seu artigo, A. Weil inicialmente discute a equação (*) para b = 0.

8. O Prof. Luiz H. Jacy Monteiro obteve o título de doutor em Ciências (Matemática) pela FFCL-USP em 19 de abril de 1950, ao defender a tese intitulada: *Sobre as potências simbólicas de um ideal primo de um anel de polinômios* (área: Geometria Algébrica; orientador: Prof. Dr. Oscar Zariski; coorientador: Prof. Dr. Cândido Lima da Silva Dias). O Prof. L. H. Jacy Monteiro fez os estudos de pesquisa para sua tese sob orientação do Prof. Dr. Oscar Zariski, na Harvard University, nos Estados Unidos, e defendeu a tese na FFCL-USP. A tese do Prof. L. H. Jacy Monteiro contém:

- Introdução.
- Capítulo I – Anéis noetherianos e anéis de quocientes.

- Capítulo II – Teorema dos zeros de Hilbert.
- Capítulo III – Teoria da dimensão.
- Capítulo IV – Derivações.
- Capítulo V – Pontos simples de uma variedade algébrica.
- Capítulo VI – Sobre as potências simbólicas de um ideal primo de um anel de polinômios.
- Bibliografia.

Os principais resultados deste trabalho estão no Capítulo VI. Na Introdução desse capítulo, assim se expressou o autor:

> Estudaremos neste capítulo o seguinte problema, sugerido pelo prof. O. Zariski: seja V uma variedade algébrica irredutível do espaço linear S_n^k; determinar o conjunto de todos os polinômios f de $R_n = k[X_1, X_2, \ldots, X_n]$ que verificam a condição: a) todo ponto de V é um ponto múltiplo de ordem pelo menos ρ, $\rho \geq 1$, da hipersuperfície algébrica $\mathrm{H} = \mathcal{V}(\mathrm{R_n.f})$. Se $\rho = 1$ o problema se reduzirá ao seguinte: dada uma variedade algébrica irredutível V, determinar o conjunto de todos os polinômios que se anulam sobre V. O teorema dos zeros de Hilbert (cap. II, §2) nos diz que este conjunto é o ideal primo que determina a variedade algébrica V. Se $\rho > 1$ demonstraremos o seguinte resultado: f satisfaz à condição a) quando, e somente quando, $f \in \mathfrak{p}^{(\rho)}$, onde $\mathfrak{p} = \mathcal{J}(V)$. Portanto, o conjunto de todos os polinômios f de R_n que satisfazem à condição a) é a potência simbólica $\rho - \textit{ésima de } \mathfrak{p}$, onde $\mathfrak{p} = \mathcal{J}(V)$. Notando que $\mathfrak{p}^{(\rho)} \neq \mathfrak{p}^{(\rho+1)}$ (cap. I, teorema 19) seguir-se-á, em particular, o resultado: dada uma variedade algébrica irredutível V do espaço linear S_n existe, para cada inteiro $\rho, \rho \geq 1$, uma hipersuperfície algébrica H tal que
>
> a) H contém V;
>
> b) todos os pontos de V são pontos múltiplos de ordem pelo menos ρ de V;
>
> c) existe, pelo menos, um ponto de V que é um ponto múltiplo de ordem ρ de H. (MONTEIRO, 1950, p. 96)

O Prof. Dr. Jacy Monteiro foi bem-sucedido em sua vida acadêmica. Ele participou de várias reniões do CBM, foi membro de diretorias da Sociedade Matemática de São Paulo.

9. Em concurso para provimento da cátedra de Crítica dos Princípios e Complementos de Matemática, do Departamento de Matemática da FFCL--USP, realizado no período de 20 a 24 de novembro de 1951, o Prof. Fernando Furquim de Almeida foi aprovado e obteve o título de doutor com a tese intitulada *Fundamentos da geometria absoluta no plano.*

Lembramos ao leitor que o concurso para provimento de cátedra concedia ao candidato aprovado o título de doutor, nesse caso especificamente o título de doutor em Ciências (Matemática). A tese do Prof. Fernando Furquim de Almeida contém o seguinte:

- Introdução.
- Capítulo I – Noções primitivas. Postulados da pertinência e da ordem. Teoremas de separação.
- Capítulo II – Congruências.
- Capítulo III – Soma de segmentos e de ângulos. Produto de ângulo por segmento. Teoremas de Pascal e de Desargues.
- Em lugar da Bibliografia, o autor usa notas de rodapé para informar as obras utilizadas em seu trabalho.

Na Introdução da tese, assim se expressa o autor:

> Uma das primeiras e mais importantes questões a respeito da "Geometria Elementar", após a descoberta das geometrias não euclidianas, foi a de saber quais as proposições em cuja demonstração se fazia necessário o uso de postulado da continuidade. [...].
>
> Nesta tese desenvolvemos a geometria absoluta no plano até a demonstração dos teoremas de Desargues e Pascal. Pelos resultados dos trabalhos de Hilbert, que enunciamos acima, a completabilidade linear pode ser abandonada no estudo de muitas questões, entre as quais, somente o segundo teorema de Legendre exige o postulado de Arquimedes. Como não vamos abordá-Io, abandonamos completamente o grupo da continuidade e estudamos a geometria absoluta que pode ser construída exclusivamente com os postulados de pertinência, ordem e congruência.
>
> O teorema de Desargues, como se sabe, é consequência direta dos postulados da pertinência e da ordem, se estes incluírem postulados da geometria espacial de modo que sua demonstração não oferece dificuldade na geometria no espaço. Por outro lado, Hilbert e Moulton (4) deram exemplos de geometrias baseadas nos postulados planos da pertinência e da ordem que são não desarguianas, de modo que o teorema de Desargues não é consequência desses axiomas.
>
> No entanto, a importância da demonstração daquele teorema mediante postulados da geometria plana, foi posta em relevo por Hilbert (5), demonstrando que a condição necessária

e suficiente para que uma geometria plana construída axiomaticamente coincida com a geometria subordinada nesse plano por uma geometria espacial é que se verifique na geometria plana, o teorema de Desargues. Essa é a razão pela qual nos limitamos à geometria absoluta no plano.

Nos dois primeiros capítulos estudamos os teoremas clássicos seguindo de perto os "Grundlagen der Geometrie".

No primeiro enunciamos os postulados da pertinência e da ordem e demonstramos os teoremas de separação e principais consequências enunciados apenas por Hilbert. A demonstração do Teorema de Jordan para polígonos simples foi orientada pelo método de Veblen (6), com algumas modificações. Em nossa exposição, foi também de grande utilidade o livro de Forder "Euclidean Geometry"' (7).

No segundo capítulo, expusemos a teoria da congruência. Na primeira edição dos "Grundlagen der Geometrie" a transitividade da congruência de ângulos era tomada como postulado. Rosenthal (8) mostrou que ela era consequência dos demais, e, modificando os postulados conseguiu também demonstrar a reflexividade da congruência de ângulos, também tomada por Hilbert como postulado. Sua demonstração é longa, e preferimos seguir Hilbert conservando entre os axiomas a reflexividade e demonstrando a transitividade. O método de Hilbert nessa demonstração é mais simples que o de Rosenthal. Consiste em demonstrar primeiramente o chamado "terceiro caso de congruência de triângulos", para depois aplica-lo à dedução da propriedade transitiva da congruência de ângulos. Em 1940, Reidemeister (9) simplificou ainda mais a teoria, demonstrando previamente que todos os ângulos retos são congruentes (um dos postulados de Euclides) e depois a transitividade.

No terceiro capítulo consideramos a soma dos segmentos e ângulos e demonstramos os teoremas de Desargues e Pascal com o auxílio do conceito de produto de um ângulo por um segmento, introduzido por Hilbert nos "Grundlagen der Geometrie" (10) [...]. (ALMEIDA, 1951, p. I-V)

10. O Prof. Chaim Samuel Hönig obteve o título de doutor em Ciências (Matemática) pela FFCL-USP, em 1952, ao defender a tese intitulada *Sobre um método de refinamento de topologias* (área: Análise Matemática; orientador: Prof. Dr. Edison Farah). A tese do Prof. Chaim S. Hönig contém o seguinte:

- Introdução.
- Capítulo I – Noções preliminares.
- Capítulo II – Topologias $\mathfrak{J}_{\mathcal{A}}$ e topologias semirregulares.
- Capítulo III – Espaços absolutamente fechados, espaços extremamente desconexos, espaços irresolúveis.
- Capítulo IV – Formação de teratopologias e outras aplicações.

- Apêndice I – Topologias semi-regulares e o Θ– homeomorfismo de Fomin.
- Apêndice II – Imersão em espaços separados.
- Apêndice III – Notas sobre topologias associadas a topologias regulares.
- Bibliografia.
- Errata.

Na Introdução da tese, assim se expressou o autor:

> Na presente tese estudamos um método ou processo pelo qual obtemos, a partir de uma topologia dada, novas topologias mais finas do que a primeira (refinamento); consiste este método em acrescentar ao anel de conjuntos fechados de uma topologia $\mathfrak{J}$, dada, um anel $\mathcal{A}$ de conjuntos sem $\mathfrak{J}$ – interior. As novas topologias $\mathfrak{J}_A \geq \mathfrak{J}$ assim obtidas são, em geral, teratopologias permitindo formar de modo muito simples exemplos e contraexemplos de muitas situações topológicas; a importância primordial deste método reside, porém, no fato de que ele vai servir para estabelecer relações existentes entre determinadas topologias (entre topologias quaisquer e topologias semi-regulares) e vai caracterizar completamente determinadas topologias a partir de outras mais simples (as topologias absolutamente fechadas a partir das topologias separadas minimais; as topologias separadas extremamente desconexas a partir das topologias completamente regulares e extremamente desconexas); segue-se também a existência de topologias irresolúveis. [...].
>
> Terminando esta introdução queremos deixar aqui os nossos agradecimentos aos professores E. Farah, Cândido L. da Silva Dias, Luiz Henrique Jacy Monteiro e Leopoldo Nachbin pelo apoio e estímulo que sempre deram nas nossas pesquisas. (HÖNIG, 1952, p. I)

No Capítulo II de sua tese, o Prof. Chaim S. Hönig apresenta os principais resultados obtidos no processo $\mathfrak{J} \rightarrow \mathfrak{J}_A$. O autor mostra por meio do teorema 2 e do corolário 2, que o anel $\mathcal{A}$ de conjuntos $\mathfrak{J}$ - interior, pode ser sempre tomado de modo que todo conjunto $\mathfrak{J}_A$ - aberto seja da forma $0 \cap CA$ (base de conjuntos abertos de uma topologia), em que 0 é $\mathfrak{J}$ - aberto e A $\in \mathcal{A}$.

No Capítulo III, o autor, ao aplicar o processo $\mathfrak{J} \rightarrow \mathfrak{J}_A$ ao estudo das topologias absolutamente fechadas, conseguiu, por meio desse processo, caracterizá-las completamente. O autor mostra que uma topologia $\mathfrak{J}$ é absolutamente fechada se, e somente se, sua topologia semirregular associada é separada minimal – resultado que, articulado ao teorema 7, fornece o seguinte:

> **Teorema 10**. Uma topologia $\mathfrak{J}$ é absolutamente fechada se, e somente se, ela for da forma $\mathfrak{J} = \mathfrak{J}^*_A$, onde $\mathfrak{J}^*$ é separada minimal; $\mathfrak{J}^*$ é a topologia semirregular associada à topologia $\mathfrak{J}$. (HÖNIG, 1952, p. 23).

Ainda no Capítulo III, o autor estuda o seguinte problema que foi proposto pelo Prof. Dr. Leopoldo Nachbin: "Nosso processo nos permite resolver se toda topologia separada extremamente desconexa é regular ou não?".

O autor resolveu o problema pela negativa, com a demonstração do seguinte:

Teorema 13. As topologias separadas extremamente desconexas são as topologias obtidas a partir das topologias quase stonianas pelo processo $\mathfrak{I} \rightarrow \mathfrak{I}_{\mathcal{A}}$. (HÖNIG, 1952, p. 25)

No capítulo IV, o autor apresenta outras aplicações do processo $\mathfrak{I} \rightarrow \mathfrak{I}_{\mathcal{A}}$.

No início de 1959, foi aberta inscrição para concurso público, com encerramento em 19 de março de 1959, no Departamento de Matemática da FNFi-UB, para provimento da cátedra de Complementos de Matemática. Seis candidatos se inscreveram, dentre eles o Prof. Dr. Chaim S. Hönig. Para esse concurso, ele apresentou a tese intitulada *Sobre uma generalização dos números reais e sua aplicação na classificação dos grupos sem torção*. Por algum motivo desconhecido, o concurso não foi realizado na época programada. Supomos que tenha sido realizado alguns anos depois, com outros candidatos. Essa tese do Prof. Dr. Chaim S. Hönig contém o seguinte:

- Introdução.
- Capítulo I – Noções preliminares.
- Capítulo II – Anéis de números reais generalizados.
- Capítulo III – Grupos sem torção de posto 1.
- Capítulo IV – Classificação dos grupos sem torção.
- Índice de notações.
- Índice terminológico
- Referências bibliográficas.

Na Introdução do trabalho assim se expressou o autor:

Os números reais são obtidos completando-se o corpo dos números racionais Q relativamente à sua topologia habitual. Podemos, porém, introduzir outras topologias em Q e obter corpos completados diferentes, por exemplo, o corpo dos números p-ádicos. [...].

Temos em vista particularmente as topologias $\mathfrak{I}$ de anel sobre Q nas quais um sistema fundamental de vizinhanças de zero é formado por subgrupos de Q são os elementos do completado de Q com esta topologia que chamamos de números reais generalizados. Neste trabalho apenas precisamos de uma parte do completado, isto é, o completado do subanel Z dos inteiros e os elementos de $\hat{Z}_{\mathfrak{I}}$ nos servirão na classificação dos subgrupos de Q^n e mais geralmente dos grupos sem torção (a classificação será feita por matrizes de ordem nxn de elementos de $\hat{Z}_{\mathfrak{I}}$ ou por matrizes transfinitas no caso geral). [...].

Os números reais generalizados nos surgiram naturalmente no problema da classificação dos grupos sem torção substituindo os números p-ádicos que Kurosh havia utilizado para classificar os grupos p-primitivos. [...]. (HÖNIG, 1959, p. I-II)

Em 1965, o Prof. Dr. Chaim S. Hönig obteve a livre-docência em Análise Matemática pelo Departamento de Matemática da FFCL-USP, defendendo a tese intitulada *Análise de Fourier em espaços L_2 e teoremas do tipo de Sobolev*. Esta contém o seguinte:

- Introdução.
- Capitulo I – Noções preliminares.
- Capítulo II – Os Espaços $L_2^{\{1\}}(U)$.
- Capítulo III – O Teorema de Sobolev.
- Capítulo IV: A Existência de derivadas mistas.
- Referências bibliográficas.

Na Introdução do trabalho, assim se expressou o autor:

> Na presente tese apresentamos teoremas do tipo de Sobolev que obtivemos com o uso da Análise de Fourier em espaços L_2 de funções. (Consultar o texto para a terminologia e as notações).
>
> Já há muito tempo tínhamos constatado pessoalmente que as técnicas L_2 da Análise de Fourier, que são usadas em diferentes campos da Análise, geralmente dão resultados muito bons quer do ponto de vista dos teoremas de existência e estrutura (por exemplos por meio delas demos uma demonstração elementar do fato de que localmente toda distribuição é derivada de ordem finita no sentido das distribuições de uma função continua; ver também a observação 79 do §1, do cap. II etc.); quer para fazer avaliações de funções das quais conhecemos as derivadas; quer para fazer avaliações de funções das quais conhecemos as derivadas; quer para testar hipóteses sobre propriedades de subespaços de $L_2(U)$, analisando os casos "extremos" $L_2(R^n)$ e $L_2(T^n)$ etc. [...]". (HÖNIG, 1965, p. I)

O Prof. Dr. Chaim S. Hönig teve uma carreira acadêmica bem-sucedida. Orientou vários alunos e participou ativamente de diversas reuniões do CBM, evento que ele sugeriu que fosse criado em 1957. Publicou vários artigos e livros com os quais enriqueceu a literatura matemática em língua portuguesa.

11. O Prof. Domingos Pisanelli obteve, em 1956, o título de doutor em Ciências (Matemática) pela FFCL-USP ao defender a tese: *Alguns funcionais analíticos e seus campos de definição* (área: Análise Matemática; orientador: Prof. Dr. Omar Catunda). A tese do Prof. Domingos Pisanelli contém o seguinte:

- Introdução.
- Capítulo I – Topologia do Espaço Funcional Analítico.
- Capítulo II – Funcionais Analíticos.

- Apêndice.
- Errata.

Na Introdução da tese, assim se expressou o Prof. Domingos Pisanelli:

> A finalidade desta tese é o estudo dos funcionais analíticos n-lineares, dos funcionais homogêneos que se podem definir a partir destes e de várias questões dos fundamentos da teoria dos funcionais analíticos.
>
> A primeira fórmula que exprimia um funcional analítico bilinear, sob fórmula de integral dupla complexa, foi dada pelo prof. Fantappié ([7], pg. 512). Quanto às curvas de integração que aparecem na referida fórmula, aquela sobre a qual e feita a primeira integração é variável, dependendo da segunda variável de integração. [...].
>
> Achamos importante o estudo dos funcionais analíticos n-lineares, pois vários destes aparecem na análise: o wronskiano de n funções analíticas que exprimimos sob forma de integral e o produto simétrico de duas funções. [...].
>
> O presente trabalho se inicia com as principais definições e teoremas da teoria do espaço funcional analítico e algumas modificações de teoremas, pela introdução da região linear vazia. [...].
>
> Preferimos usar o espaço funcional analítico segundo Fantappiè ao espaço estudado pelos profs. J. Sebastião e Silva [20] e Cândido L. de Silva Dias [19]. Justificamos isto pelo exemplo do produto funcional simétrico dado no (§3,II). [...].
>
> Consignamos aqui os nossos agradecimentos à "Fondazionee Amerigo Rotelleni" que nos concedeu uma bolsa de estudos junto ao "Istituto di alta matemática" de Roma, onde tivemos a oportunidade de iniciar o estudo dos funcionais analíticos. (PISANELLI, 1956, p. 1-4)

O Prof. Dr. Domingos Pisanelli defendeu, em 1959, na FEA-USP, a tese *Contribuição ao estudo dos operadores analíticos* para o concurso de livre-docência. Em 1966 ele defendeu para concurso de provimento de cátedra na FAU-USP a tese intitulada *Operadores analíticos permutáveis e equações invariantes* (PISANELLI, 1966).

O Prof. Dr. Domingos Pisanelli foi um matemático bem-sucedido. Sua produção científica é vasta. Para suas publicações, sugerimos a leitura de *ZBMath Open*. Durante o 11º Colóquio Brasileiro de Matemática (CBM), realizado no período de 11 a 23 de julho de 1977, na cidade de Poços de Caldas (MG), o Prof. Dr. Domingos Pisanelli realizou a conferência intitulada "Uma teoria dos grupos de Lie infinitos".

12. O Prof. Carlos Benjamin de Lyra obteve, em 1958, o título de doutor em Ciências (Matemática), pela FFCL-USP, ao defender a tese intitulada: *Sobre os espaços de mesmo tipo de homotopia que o dos poliedros* (área: Topologia Algébrica; orientador: Prof. Dr. Cândido Lima da Silva Dias). A tese do Prof. Carlos B. de Lyra contém o seguinte:

- Introdução.
- Capítulo 1 – Retratos absolutos de vizinhança.
- Capítulo 2: Complexos celulares.
- Capítulo 3 – O Politopo singular.
- Capítulo 4: Resultados principais.
- Apêndices A e B.
- Bibliografia.
- Errata.
- Corrigenda.

Na Introdução do trabalho, assim se expressou o Prof. Carlos B. de Lyra:

> Este trabalho trata do problema geral da caracterização dos espaços que têm o mesmo tipo de homotopia dos poliedros, e apresenta uma contribuição para a solução deste problema.
>
> Um dos objetivos originais da Topologia Algébrica foi o de exibir um sistema completo de invariantes topológicos que permitisse a classificação do tipo topológico dos espaços. Diante das enormes dificuldades já constatadas pelos pioneiros, substitui-se gradualmente aquele objetivo por outro mais modesto, embora ainda difícil, de classificar os espaços segundo seu tipo de homotopia. [...].
>
> Historicamente, os poliedros foram os espaços estudados inicialmente na Topologia Algébrica. Têm eles definição geométrica simples e intuitiva por meio da colagem de simplexos. No entanto, não se conhece uma caracterização topológica intrínseca desta classe de espaços. [...]. Um dos objetivos deste trabalho é o de esclarecer precisamente, do ponto de vista da teoria da homotopia, a relação existente entre estas duas classes de espaços. O principal resultado deste trabalho é a caracterização dos espaços conexos por caminhos, simplesmente conexos, que têm o mesmo tipo de homotopia que um poliedro finito (veja § 14). Em consequência, segue-se, por exemplo, que um ANR compacto, simplesmente conexo, é do mesmo tipo de homotopia que um poliedro finito [...]. (LYRA, 1958, p. 1-2)

No Capítulo 4, que contém os principais resultados desse trabalho, o autor demonstra, dentre outros resultados, os seguintes:

Teorema 13.1 (A. N. Whitehead [1861-1947]). Seja X um espaço conexo por caminhos, então $f : |S(X)| \to X$ é uma equivalência de homotopia se, e somente se, $X \in \alpha$.

Na sequência, o autor informa que a classe α pode ser descrita como a classe dos espaços conexos por caminhos que são do mesmo tipo de homotopia que um CW-complexo. Esses CW-complexos não são em geral localmente finitos.

Teorema 13.2 Seja X um espaço conexo por caminhos. Então as seguintes condições são equivalentes:

1) X é do mesmo tipo de homotopia que um poliedro localmente finito;
2) $X \in \alpha$, e $\Pi_q(X)$ são grupos enumeráveis para todo $q \geq 0$;
3) X é dominado por um CW-complexo enumerável.

Teorema 14.1 Seja X um ANR simplesmente conexo, tal que os grupos $H_q(X)$ sejam finitamente gerados para $q \geq 2$. Então os grupos de homotopia $\Pi_q(X)$ são finitamente gerados para $q \geq 2$.

O Prof. Dr. Carlos B. de Lyra realizou em 10 de março de 1968 concurso para livre-docência à cadeira de Complementos de Geometria e Geometria Superior, do Departamento de Matemática da FFCL-USP, onde defendeu a tese intitulada *H-equivalência de grupos topológicos* (LYRA, 1968). Esse trabalho contém o seguinte:

- No Capítulo I, o autor inclui breves exposições dos principais resultados e construções necessárias ao trabalho. Nele são abordados: H-espaços e seus morfismos, terminologia de homotopia e fibrados, construção de Milnor, construção de H. Samelson que, segundo o autor, foi o ponto de partida das pesquisas que comparam grupos topológicos com espaços de laços e com H-espaços.
- No Capítulo II encontramos algumas aplicações.
- O Capítulo III contém os seguintes tópicos: classificação dos grupos que são esferas de homotopia. Classificação do tipo de homotopia dos espaços simplesmente conexos com a co-homologia de K^{∞}. H-equivalência entre espaços de laços.
- Bibliografia.

O resultado principal desse trabalho está nos seguintes teoremas do Capítulo II:

- **Teorema (B)**. Seja $\varphi : G \to G'$ uma H-equivalência entre CW-grupos G e G'. Então os grupos G e G' são equivalentes no sentido de Milnor: existe um CW-grupo $\tilde{G}$ e homomorfismos de grupo topológico $h : \tilde{G} \to G$, $h' : \tilde{G} \to G'$ que são equivalências de homotopia.
- **Teorema (B')**. Sejam G e G' grupos topológicos cujos espaços subjacentes pertencem a ω_0. Se existe uma H-equivalência $\varphi : G \to G'$, então G e G' são M-equivalentes.

O Prof. Dr. Carlos B, de Lyra foi um acadêmico bem-sucedido, publicou vários artigos e participou de várias reuniões do Colóquio Brasileiro de Matemática (CBM), ministrando cursos ou realizando conferências.

Destacamos mais uma vez um fato muito importante no processo do início do ensino da Matemática na FFCL-USP nos anos 1930 e 1940, que foi a boa qualidade dos cursos de graduação bacharelado e licenciatura em Matemática ofertados por aquela instituição. Os cursos tinham uma grade curricular com disciplinas contendo programas atualíssimos para a Matemática da época e ministrados por professores qualificados.

Chamamos a atenção do leitor para o fato de que alguns dos alunos dos cursos – os mais talentosos, que desejavam se dedicar ao ensino superior e à pesquisa científica – elaboraram suas teses de doutorado e as defenderam, sem a necessidade de estudos complementares, como costuma ocorrer hoje em dia por meio do mestrado.

Como efeito da causa que foi o bem-sucedido processo de ensino e pesquisa em Matemática instituído pelo Departamento de Matemática da FFFCL-USP nos anos 1930 e 1940, aconteceu que, a partir dos anos 1950 e 1960, algumas instituições situadas no interior do estado de São Paulo, como a Escola de Engenharia de São Carlos (USP), atual ICMC-USP, o Instituto Tecnológico de Aeronáutica (ITA), a UNICAMP e a FFCL de Rio Claro, também contrataram como professores visitantes bons matemáticos do exterior, ofertaram bons cursos de graduação em Matemática e realizaram eventos científicos em Matemática. Essas foram ações administrativas que produziram bons resultados na qualidade dos cursos de graduação bacharelado e licenciatura em Matemática ofertados por essas instituições.

Julgamos oportuno dar breves informações ao leitor sobre as origens e o desenvolvimento da Geometria Algébrica, por sua importância no contexto da pesquisa mundial, e pelo fato de que Oscar Zariski, André Weil e Alexander Grothendieck (1928-2014), matemáticos que trabalharam nos anos 1940 e 1950 no Departamento de Matemática da FFCL da USP, como professores visitantes, tinham interesse nessa subárea da Matemática.

Falaremos mais adiante sobre o ensino e a influência científica desses matemáticos no período em que estiveram trabalhando no Departamento de Matemática da FFCL-USP.

BREVES INFORMAÇÕES SOBRE AS ORIGENS DA GEOMETRIA ALGÉBRICA

Para os primórdios da Geometria Algébrica devemos relembrar as contribuições dadas por George Salmon (1819-1904) a partir da Irlanda. Ver por exemplo, seus livros:

- *A treatise on conic sections* (1848);
- *A treatise on higher plane curves: intended as a sequel to a treatise on conic sections* (1852);

- *Lessons introductory to the modern higher algebra* (1859);
- *A treatise on the analytic geometry of three dimensions* (1862).

Alguns desses livros foram traduzidos para as línguas francesa e alemã.

Nessa primeira fase dos estudos da Geometria Algébrica, também se juntaram a G. Salmon, os ingleses A. Cayley (1821-1895) e J. J. Sylvester (1814-1897). Na França, o matemático C. Hermite (1822-1901) mostrou interesse pelos trabalhos desenvolvidos por G. Salmon.

Na Alemanha, Max Noether (1844-1921), Felix Klein (1849-1925), R. Dedekind (1831-1916), H. M. Weber (1842-1913), Alexander von Brill (1842-1935), dentre outros matemáticos, também mostraram interesse pela Geometria Algébrica e pelos trabalhos de G. Salmon.

Por exemplo, nos anos 1870, Max Noehter introduziu métodos algébricos geométricos para estudar funções e curvas algébricas. São esclarecedores para essa fase inicial da Geometria Algébrica os artigos de Brill e Noether (1874) e de Dedekind e Weber (1882). Um dos problemas existentes à época e resolvido por Brill-Noether foi o seguinte: "Dadas as curvas algébricas f (x, y) = 0 e g (x, y) = 0, encontrar condições em que um polinômio F(x, y) é representado na forma F = Af + Bg, em que A e B são polinômios em x e y" (BRILL; NOETHER, 1874).

Em geral, a Geometria Algébrica estuda: curvas, superfícies algébricas e seus equivalentes em dimensão superior, definidos por sistemas de equações polinomiais, e relaciona suas propriedades com as propriedades algébricas dos anéis de polinômios que eles determinam. Estuda também feixes vetoriais; espaços de módulos de fibrados vetoriais em uma superfície (S,H) polarizada; a noção de superfícies K3 genéricas de Brill-Noether; correspondências entre espaços de módulos de feixes coerentes de diferentes postos em S. A Geometria Algébrica é uma subárea da Matemática muito desenvolvida nos dias atuais e interage com várias subáreas da Matemática, como Álgebra Abstrata, Geometria, Topologia Geral, Topologia Diferencial, e com outras ciências, como Estatística, Ciência Computacional.[22]

A Escola Italiana de Geometria Algébrica dos anos 1920, formada por C. Segre (1863-1924), B. Segre (1903-1977), G. Castelnuovo (1865-1952), F. Enriques (1871-1946) e F. Severi (1879-1961), construiu para a Geometria Algébrica da época uma admirável estrutura, apesar de que seus fundamentos lógicos não fossem estáveis.

Nos anos 1920 e 1930, a Geometria Algébrica estava em efervescência. Alguns matemáticos demonstravam forte interesse em seus estudos e pesquisa. Matemáticos italianos lideravam seus estudos, e Roma era o melhor local para quem estivesse interessado em estudar Geometria Algébrica. Assim, para Roma se dirigiram André Weil e Oscar Zariski, conforme informaremos mais adiante.

22 Ver, por exemplo, Leyenson (2012).

As noções sobre Geometria Algébrica criadas e desenvolvidas pela Escola Italiana não possuíam alicerces sólidos; os resultados existentes eram insuficientes. Assim, a Geometria Algébrica, apesar de sua beleza e importância no contexto da Matemática, caíra em descrédito por parte de muitos matemáticos, pela falta de fundamentações lógicas consistentes.

Para que o leitor relembre a importância dos dois matemáticos A. Weil e O. Zariski, que trabalharam nos anos 1940 na FFCL-USP, informamos que eles e A. Grothendieck, que também trabalhou nos anos 1950 na FFCL-USP, como professor visitante, muito fizeram pela Matemática mundial. Por exemplo, A. Grothendieck é considerado um dos mais importantes matemáticos da segunda metade do século XX.

Os matemáticos aqui mencionados e o matemático francês Jean-Pierre Serre fizeram excelentes trabalhos sobre a Geometria Algébrica. Foi P. Serre que, na segunda metade dos anos 1950, relacionou a Geometria Algébrica à Geometria Analítica (ver SERRE, 1956). Em 1954, J. P. Serre foi agraciado com a Medalha Fields; em 2003, recebeu o Prêmio Abel.

Mas coube a A. Grothendieck (1928-2014) fazer uma reconstrução completa da Geometria Algébrica. A sistemática reconstrução da Geometria Algébrica e seus métodos, feita por A. Grothendieck, permitiu a solução de vários problemas importantes em Teoria dos Números. Dentre eles, citamos o passo final que resultou na demonstração, feita por Pierre René Deligne[23] em 1973, da conjectura de André Weil sobre os autovalores do endomorfismo de Ferdinand Georg Frobenius (1849-1917). Em 1978, Deligne recebeu a Medalha Fields; em 2013, recebeu o prestigiado Prêmio Abel.

Para orientar o leitor não familiarizado com o assunto, citamos o seguinte. O endomorfismo de Frobenius é a função que leva cada elemento na sua p-ésima potência:

$$\phi(x) = x^p$$

Essa função é um endomorfismo em corpos[24] de característica p, porque, nesses corpos, vale a expressão:

$$(x + y)^p = x^p + y^p .$$

[23] A tese de doutorado de Pierre Deligne, intitulada *Théorème de Lefschetz et critères de dégénérescence de suites spectrales* (área: Geometria Algébrica), foi defendida em 1968 na Université Libre de Bruxelas. O trabalho foi orientado por A. Grothendieck. Sua tese de *doctorat d'état des Sciences Mathématiques*, intitulada *Théorie de Hodge* (área: Geometria Algébrica), foi defendida em 1972 na Université Paris-Sud XI – Orsay. Esse trabalho também foi orientado por A. Grothendieck.

[24] Para relembrar ao leitor, podemos dizer que um corpo é um anel com divisão comutativo. Em outras palavras, um corpo é um anel comutativo com elemento unidade no qual todo elemento não nulo possui um inverso multiplicativo no anel.

Os trabalhos de A. Grothendieck permitiram também a solução, entre 1993-1994, do teorema conhecido como "Último Teorema de Fermat" pelo matemático britânico Andrew J. Wiles.[25] Esse teorema, que se chamava o "Último Teorema de Fermat" por sua importância, passou depois a se chamar "Teorema de Fermat-Wiles".

A título de informação ao leitor, dizemos que esse teorema afirma que não existe nenhum conjunto de inteiros positivos x, y, z e n, com $n > 2$, que satisfaça a equação:

$$x^n + y^n = z^n.$$

Para n = 1, o caso é evidente. Para n = 2, o caso é conhecido como teorema de Pitágoras, que é muito conhecido pelos alunos do ensino médio. Os números que satisfazem o teorema de Pitágoras são chamados ternos pitagóricos. Nesse caso, uma solução clássica é:

$$3^2 + 4^2 = 5^2.$$

Em geral, podemos dizer que, em seu trabalho, A. Wiles provou um caso particular para curvas ditas semiestáveis da conjectura de Shimura-Taniyama-Weil, como constava na literatura matemática da época. Atualmente, esse resultado é conhecido na literatura matemática como teorema de Shimura-Taniyama-Wiles ou teorema da modularidade.

O teorema da modularidade estabelece uma importante relação entre as formas modulares e certas funções holomórficas que são estudadas pela Teoria dos Números e pelas Curvas Elípticas, que são objetos da Geometria Algébrica.

A grande importância desse teorema reside no fato de que ele permite que certos problemas da Geometria Algébrica sejam resolvidos com técnicas da Teoria dos Números, além de unir duas subáreas distintas da Matemática: a Geometria Algébrica e a Teoria dos Números.

Em 1966, A. Grothendieck foi um dos ganhadores da prestigiada Medalha Fields. A vinda de A. Grothendieck para o Departamento de Matemática da FFCL-USP, em 1952, foi graças, além do interesse da administração da instituição, à intervenção de seu amigo Prof. Paulo Ribenboim, que fez contato com o Prof. Cândido Lima da Silva Dias, da USP, sugerindo que a Universidade de São Paulo convidasse A. Grothendieck para passar algum tempo na USP, como professor visitante no Departamento de Matemática da FFCL-USP.

Observamos, nesse episódio ocorrido na FFCL-USP, que foi a contratação nos anos 1950, como professores visitantes, de vários matemáticos de outros países que

[25] A Academia Norueguesa de Ciências e Letras concedeu o Prêmio Abel de 2016 a *Sir* Andrew J. Wiles por sua demonstração do "Último Teorema de Fermat", trabalho que foi realizado por meio da conjectura de modularidade para curvas elípticas semiestáveis. Esse trabalho abriu uma nova era da pesquisa em Teoria dos Números.

propiciou a continuidade da internacionalização da ciência e da pesquisa científica e a mobilidade acadêmica de pesquisadores em nosso país.

Nos dias atuais, a FAPESP tem o Programa SPRINT para a internacionalização da ciência, que é exclusivo para os pesquisadores que trabalham em instituições sediadas no estado de São Paulo. A CAPES mantém, desde 2017, o Programa CAPES-PRINT destinado à internacionalização da ciência. Esse é um programa de âmbito nacional.

A. Grothendieck lecionou na FFCL-USP um curso sobre espaços vetoriais topológicos. Permaneceu no Brasil durante dois anos e meio. Suas atividades científicas no país estão relacionadas em "Grothendieck no Brasil", de Azevedo (2008, p. 40-41), no qual podemos ler o seguinte:

> Segundo Karl Otto Stöhr, pesquisador titular do IMPA: "Como ficou documentado na referência" [10], o "turning point" na vida matemática do Grothendieck aconteceu em 1953, quando ele recebeu o trabalho de Cartan-Serre sobre a finitude das dimensões dos grupos de cohomologia de feixes coerentes sobre variedades analíticas compactas [...]. A teoria dos espaços vectoriais nucleares de Grothendieck é, precisamente, uma extensão da teoria dos espaços vectoriais topológicos e uma consequência da noção do produto tensorial ([5, 8,11]) [...].

Ao leitor interessado em informações técnicas sobre a Geometria Algébrica, sugerimos os textos de Abhyankar (2002), van der Waerden (1971; 1975); Milne (2008); Samuel (1959). O leitor também encontrará valiosas informações sobre um plano de estudos em Geometria Algébrica proposto por J. Dieudonné (1906-1992) a Paulo Ribenboim em "Uma carta de Dieudonné", publicada na *Revista Matemática Universitária* (DIEUDONNÉ, 2008).

Para dar continuidade no Departamento de Matemática da FFCL-USP aos estudos sobre temas avançados da Matemática, no período de julho a agosto de 1942, a convite, o Prof. Achille Bassi (1907-1973), matemático italiano, ministrou um curso sobre topologia combinatória. Ele trabalhara na FNFi-UB e ficou no Brasil durante o período da Segunda Guerra Mundial. Posteriormente, o Prof. A. Bassi se fixou, em 7 de março de 1953, como professor contratado do Departamento de Matemática da EESC-USP, depois transformada em ICMC-USP, na cidade de São Carlos.

Com visão de futuro para a criação de bons cursos de graduação em Matemática e para prosseguir com a manutenção de um bom ambiente destinado à pesquisa científica em São Paulo e no Brasil, os professores Omar Catunda, Cândido Lima da Silva Dias, Fernando Furquim de Almeida e Benedito Castrucci trabalharam a partir do início dos anos 1940 junto à Direção da FFCL-USP para que fossem contratados pelo Departamento de Matemática da FFCL-USP, como professores visitantes, renomados matemáticos do exterior. Aliás, desde sua nomeação para a chefia do Departamento de Matemática da FFCL-USP no início dos anos 1940, o Prof. Omar Catunda se empenhou em manter a boa qualidade do corpo docente do Departamento de Matemática.

Assim, como efeitos dos esforços desenvolvidos, foram contratados em fins de 1944, como professores visitantes para o Departamento de Matemática da FFCL-USP, os Profs. Drs. André Weil (1906-1998) e Oscar Zariski (1899-1986), que nessa época estavam trabalhando em universidades dos Estados Unidos e tinham interesses em Geometria Algébrica, Análise Matemática e Teoria dos Números. Chegaram à FFCL--USP em janeiro de 1945, com a Segunda Guerra Mundial ainda em curso.

A contratação desses dois professores aconteceu pelo fato de que foi aproveitada uma viagem de estudos aos Estados Unidos que faria em 1944 o diretor da FFCL-USP, Prof. André Dreyfus (1897-1952). Assim, com a anuência da Direção da FFCL-USP, o Prof. Omar Catunda, o Prof. Cândido Lima da Silva e outros professores pediram que André Dreyfus fizesse contato, em Nova York, com seu amigo Prof. Claude Lévi-Strauss (1908--2009), que já trabalhara na USP como professor visitante e apresentou André Dreyfus a André Weil,[26] matemático francês que estava trabalhando para o Exército dos Estados Unidos. A. Weil ministrava aulas no Army Science Training Program.

André Weil estava nos Estados Unidos com bolsa de estudos da Rockefeller Foundation, que fazia parte de um programa de acolhimento a cientistas judeus refugiados. Em 1944, essa bolsa estava terminando.

André Dreyfus, ao fazer contato com André Weil,[27] o convidou para trabalhar na USP. O convite foi aceito, e o contrato de trabalho foi esboçado. Conjecturamos que A. Weil tenha sugerido a André Dreyfus que convidasse também o matemático Oscar Zariski, que trabalhava na Johns Hopkins University. Dessa forma, ambos foram contratados para o Departamento de Matemática da FFCL-USP como professores visitantes.

BREVES INFORMAÇÕES SOBRE OSCAR ZARISKI

De 1937 a 1947 Oscar Zariski esteva interessado em estender para corpos arbitrários os conceitos da Geometria Algébrica moderna, a partir da Geometria Algébrica clássica da Escola Italiana. Ele então reorientou seus interesses em pesquisa para essa área. Como citamos anteriormente, Oscar Zariski estudou em Roma nos anos de 1920, onde obteve seu doutorado.

Em Roma, O. Zariski floresceu como um matemático, sob a influência de três membros da Escola Italiana de Geometria Algébrica: G. Castelnuovo, F. Enriques e F. Severi. Para a tese de doutorado de O. Zariski, G. Castelnuovo deu-lhe um problema

---

[26] Cf. Weil (1992, p.185)

[27] André Weil foi um dos principais membros do grupo francês Nicolas Bourbaki. Ele obteve o doutorado em Matemática em 1928, pela Université de Paris, ao defender a tese *On diofontine equations*, trabalho que foi orientado por J. Hadamard e C. Émile Picard. Para informações sobre o trabalho de pesquisa para a preparação dessa tese, ver Weil (1992, p. 56-57). A. Weil foi um matemático puro que fez notáveis avanços nas seguintes áreas da Matemática Pura e da Matemática Aplicada: Álgebra, Teoria dos Números e Geometria Algébrica Aritmética, Geometria Algébrica, Geometria Diferencial e Análise Global, Topologia, Grupos de Lie e Álgebras de Lie, Análise Matemática e História da Matemática.

que versava sobre a solução de equações por radicais, um tópico da Teoria de Galois.[28] Oscar Zariski completou seu doutorado em 1924.

Após a obtenção do doutorado, O. Zariski morou alguns anos na Itália, mas decidiu fixar-se nos Estados Unidos. A partir desse momento G. Castelnuovo fez contatos com Solomon Lefschetz (1884-1972), matemático russo radicado nos Estados Unidos, que trabalhava em Topologia Algébrica e suas aplicações à Geometria Algébrica e na teoria de equações diferenciais ordinárias não lineares.

S. Lefschetz concordou em apoiar a aplicação de Oscar Zariski para uma bolsa de estudos na *Johns Hopkins University*. Assim, nos anos 1930 Oscar Zariski já havia conseguido uma posição acadêmica nos Estados Unidos. O conjunto dos trabalhos desenvolvidos por O. Zariski nessa época já estava transformando em bases sólidas os fundamentos da Geometria Algébrica. Relembramos que a Escola Italiana dos anos 1920 não conseguira estabelecer os fundamentos sólidos para a Geometria Algébrica.

O. Zariski faleceu em 1986 aos 87 anos de idade. Seu último trabalho publicado foi: "On the problem of irreducibility of the algebraic system of irreducible plane curves of a given order and having a given number of nodes" (ZARISKI, 1983).

Para uma visão panorâmica comentada sobre as subáreas da Matemática nas quais trabalhou Oscar Zariski, ver Parikh (2009, Appendix A, p. 137-181). No Apêndice A há comentários feitos por Michael Artin, Barry Mazur, David Mumford, Heisuke Hironaka, Joseph Lipman e Bernard Teissier.

Com a colaboração de B. L. van der Waerden (1903-1996) e André Weil, Oscar Zariski empreendeu o processo para reescrever os fundamentos da Geometria Algébrica, sem o uso de métodos topológicos e sem métodos analíticos. Um dos grandes avanços nessa área foi dado por Oscar Zariski de 1920 a 1930, quando ele fez uso de ferramentas algébricas para a abordagem dos problemas geométricos. Como resultado desse seu trabalho, surgiu a caracterização do tipo topológico das curvas planas em termos de invariantes discretos.

Ao compartilhar esse interesse de pesquisa com André Weil, Oscar Zariski estabeleceu com ele estreito contato logo após a chegada de Weil aos Estados Unidos, em janeiro de 1941.

BREVES INFORMAÇÕES SOBRE ANDRÉ WEIL

André Weil conheceu Oscar Zariski em Roma, quando de sua visita à Itália, entre 1925 e 1926, para participar de conferências e cursos realizados por F. Severi e F. Enriques sobre a Teoria das Superfícies Algébricas. André Weil havia ido à Itália estudar também Cálculo Funcional com Vito Volterra.

---

[28] Ao leitor interessado na teoria de Galois sugerimos, como primeira leitura, o texto de I. Kaplansky *Introdução à teoria de Galois* (1966).

Nos anos 1940, André Weil iniciou com suas pesquisas e resultados obtidos o rápido avanço da Geometria Algébrica e da Teoria dos Números, lançando as bases para a Geometria Algébrica abstrata e para a teoria moderna de variedades abelianas.

Em Geometria Algébrica, em Análise Complexa e em Teoria dos Números, uma variedade abeliana é uma variedade algébrica[29] projetiva que também é um grupo algébrico; ou seja, existe uma lei de grupo que pode ser definida por funções regulares. As variedades abelianas estão, ao mesmo tempo, entre os objetos mais estudados em Geometria Algébrica e entre as ferramentas indispensáveis para muitas pesquisas em outros tópicos da Matemática, por exemplo, em Teoria dos Números.

Quando estava trabalhando na USP, André Weil concluiu o livro *Foundations of algebraic geometry* (WEIL, 1946; 2. ed. 1962). Ainda no Brasil, ele publicou o artigo "Sur quelques résultats de Siegel" (WEIL, 1945-1946).

O interesse de André Weil era em Teoria dos Números, especialmente em teoria das equações diofantinas. Uma equação diofantina é uma equação polinomial que permite a duas ou mais variáveis assumirem apenas valores inteiros. Uma equação linear diofantina é uma equação entre duas somas de monômios de grau zero ou um, da forma:

$$mx + ny = c, \text{ com } m, n, c \in \mathbb{Z}.$$

Exemplos de equações exponenciais diofantinas:

$$x^n + y^n = z^n, \text{ com } n \in \mathbb{Z} \text{ e } n > 2. \quad (*)$$

$$2^n - 7 = x^2, \text{ com } n \in \mathbb{Z}. \quad (**)$$

A equação (**) é conhecida como equação de Ramanujan-Nagell, em homenagem aos matemáticos Srinivasa Ramanujan (1887-1920) e Trygve Nagell (1895-1988).

Em Teoria dos Números, a conhecida equação de Pell, em homenagem a John Pell (1611-1685), é uma equação diofantina da forma:

$$x^2 - ny^2 = \pm 1, \text{ em que n é um inteiro dado.}$$

O leitor interessado nos estudos das equações diofantinas pode consultar Mordell (1969) e Schmidt (2000).

[29] Uma variedade algébrica é o conjunto de zeros de uma família de polinômios. Variedade algébrica constitui o principal objeto de estudos da Geometria Algébrica. Pelo seu conceito, é possível constituir uma relação entre a Álgebra e a Geometria que permita reformular problemas geométricos em termos algébricos e vice-versa.

Os problemas diofantinos possuem menos equações que variáveis desconhecidas e se resumem a achar inteiros que deverão funcionar corretamente para todas as equações. As equações diofantinas definem uma curva algébrica, uma superfície algébrica ou um objeto mais genérico.

A palavra "diofantina" se refere ao matemático helenístico do século III d.C. Diofanto de Alexandria, que nasceu em Alexandria, Egito, entre 201 e 214 e faleceu entre 284 e 298. Seus interesses de estudos eram Matemática e Astronomia. Diofanto de Alexandria estudou tais equações e foi um dos primeiros a introduzir o uso de símbolos na Álgebra clássica. O estudo matemático de problemas diofantinos é chamado nos dias atuais de Análise Diofantina.

Apesar de equações individuais apresentarem um certo nível de desafio e terem sido estudadas ao longo da história, a formulação de teorias gerais para as equações diofantinas, além da teoria da forma quadrática, foi realizada apenas no século XX. Diofanto de Alexandria contribuiu para um grande avanço na Álgebra clássica e inspirou vários matemáticos a trabalharem na Teoria dos Números.

A geometria diofantina, que resulta do estudo das equações diofantinas, é uma aplicação dos conceitos da Geometria Algébrica nessa subárea. Ela tem continuado a crescer como resultado, pois, como tentar resolver equações arbitrárias não funciona, deve-se pensar em equações que também possuam significado geométrico. A ideia central da geometria diofantina é de um ponto racional, dito a solução para um problema polinomial, ou para a solução de um sistema de equações polinomiais, que é um vetor presente no corpo K, quando K não é fechado algebricamente. É nesse contexto que se inclui André Weil.

André Weil, ao perceber a ligação de parte do trabalho que Oscar Zariski estava realizando em Geometria Algébrica com seus próprios estudos em teoria das equações diofantinas, ou análise diofantina, e em geometria diofantina, concluiu que era necessário reconstruir os fundamentos da Geometria Algébrica, que era o que Oscar Zariski estava fazendo à época.

No período em que ambos estavam nos Estados Unidos, Oscar Zariski e André Weil trocaram várias cartas sobre o assunto (nessa época não existia internet).[30]

Conjecturamos que tenha sido o interesse comum de ambos pela renovação e pela reconstrução dos fundamentos da Geometria Algébrica o motivo pelo qual André Weil tenha provavelmente sugerido a André Dreyfus que também convidasse Oscar Zariski para trabalhar na USP. Na FFCL-USP eles poderiam conversar muito sobre o assunto. E de fato o fizeram, principalmente quando de suas frequentes caminhadas juntos pelo *campus* da USP.

[30] Ver o que disse Oscar Zariski a esse respeito em Parikh (2009, p. 72). Ainda sobre o período extremamente produtivo na carreira matemática de Oscar Zariski, ver Parikh (2009, p. 67).

Ambos chegaram a São Paulo em janeiro de 1945,[31] em período de férias acadêmicas. Oscar Zariski permaneceu na USP apenas durante o ano acadêmico de 1945. Na USP eles deram continuidade, ampliaram e introduziram novos estudos e pesquisas em Teoria dos Números, Álgebra Abstrata, Geometria Algébrica e Análise Matemática. Os estudos de alguns desses tópicos haviam sido iniciados e incentivados por L. Fantappiè e G. Albanese.

Em 1945, André Weil ministrou na USP um curso (em francês) sobre formas diferenciais, teoremas de De Rham e espaços de Hilbert.[32] Em 1946 ele ministrou na USP um curso sobre topologia geral e grupos topológicos. Em 1947, antes de regressar aos Estados Unidos, A. Weil ministrou na USP um curso sobre integrais abelianas. Julgamos importante ressaltar que os temas abordados nesses cursos ministrados por A. Weil eram tópicos novos para os professores da USP e de outras instituições.

No ano de 1945, Oscar Zariski ministrou um curso em italiano, a pedido da direção do Departamento de Matemáticas da FFCL-USP, sobre Álgebra Moderna (atualmente Álgebra Abstrata) e Introdução à Geometria Algébrica. As notas de aulas desse curso foram redigidas pelo Prof. L. H. Jacy Monteiro, que as publicou com o apoio do Departamento de Matemática da FFCL-USP em forma de textos intitulados: 1) *Introdução à teoria dos ideais;* 2) *Anéis locais generalizados e o Conceito de Ponto Simples de uma Variedade Algébrica.*

Quando estava trabalhando na USP, Oscar Zariski publicou o artigo "Generalized semilocal rings" (ZARISKI, 1946). Nesse artigo ele apresentou um novo conceito de anéis especiais, que depois foram denominados anéis de Zariski (ver a literatura apropriada).

Ao retornar para os Estados Unidos, em 1946, para assumir uma posição acadêmica na University of Illinois at Urbana, onde permaneceu no período de 1946-1947, Oscar Zariski antes foi para Lima, no Peru, onde fez conferências a convite. Quando estava trabalhando na Harvard University, a partir de fins de 1947, Oscar Zariski indicou o Prof. L. H. Jacy Monteiro para uma bolsa de estudos da Rockfeller Foundation. Ao ganhar a bolsa, L. H. Jacy Monteiro foi para os Estados Unidos a fim de prosseguir na Harvard University seus estudos de doutorado com O. Zariski, estudos esses que haviam sido iniciados na USP.

O Prof. L. H. Jacy Monteiro completou as pesquisas de seu doutorado na Harvard University e regressou ao Brasil 1949, para reassumir suas funções na FFCL-USP. Ele defendeu, como já dissemos, sua tese de doutorado em 19 de abril de 1951, na FFCL-USP, intitulada *Sobre as potências simbólicas de um ideal primo de um anel de polinômios.*

Ainda como efeito da estada de Oscar Zariski na USP, nos anos 1960 o Prof. Alberto Azevedo foi estudar com ele na Harvard University para obter seu doutorado, trabalho

[31] Quando da criação da Sociedade de Matemática de São Paulo (SMSP), em abril de 1945, André Weil e Oscar Zariski compareceram à sessão solene de instalação. Ambos foram eleitos sócios honorários da SMSP.

[32] Para informações a respeito das atividades de André Weil na USP, sugerimos Weil (1992, p. 185-192).

que foi completado sob a orientação do Prof. Dr. Sheeram Sankhar Abhyankar (1930-2012), que também foi aluno de doutorado de Oscar Zariski na Harvard University. O título da tese de Alberto Azevedo era *The Jacobian ideal of a plane algebroid curve* e foi defendida na Purdue University, em 11 de agosto de 1967.

Nos anos 1950, Oscar Zariski e André Weil já eram os principais expoentes mundiais da Geometria Algébrica. André Weil regressou aos Estados Unidos em 13 de setembro de 1947.[33]

Quando André Weil faleceu, em Princeton, Estados Unidos, em 6 de agosto de 1998, já havia produzido resultados notáveis em várias subáreas da Matemática Pura e da Matemática Aplicada, conforme citamos.[34]

Talvez a contratação de André Weil para a USP em 1945 tenha sido um fato do acaso, acaso esse motivado pelas condições mundiais durante e após a Segunda Guerra Mundial e por Claude Lévi-Strauss, que ajudou seu amigo André Dreyfus a procurar nos Estados Unidos um bom matemático para trabalhar no Departamento de Matemática da FFCL-USP.

Sabe-se que A. Weil não estava contente com seu emprego nos Estados Unidos. De 1943 a 1944, ele lecionou Álgebra e Geometria Analítica para recrutas do Exército dos Estados Unidos em um curso que fazia parte do Army Science Training Program, com uma carga horária de quatorze horas semanais.

Ele estava afastado do ambiente de pesquisa das universidades norte-americanas, o que o angustiava. Além disso, sua bolsa de estudos da Rockfeller Foundation estava para terminar. Em sua busca por melhores condições de trabalho, em 1944, A. Weil conseguiu uma bolsa de estudos da Guggenheim Foundation, mas desistiu dela para trabalhar na FFCL-USP.

Na verdade, a USP, desde sua criação em 1934, tinha recebido três missões de professores franceses. É provável que esse fato tenha pesado também na decisão de André Weil para decidir trabalhar na USP (ver PETIJEAN, 1996).

Sob a influência científica de André Weil no período de 1945 a 1947, verificou-se na FFCL-USP e em outras universidades do país uma metamorfose no ensino em Matemática. Análise Funcional, Álgebra Abstrata, Álgebra Linear, Geometria Algébrica, Geometria Diferencial e Topologia Geral passaram a ser ministradas dentro do espírito mais atualizado da época.

Quando trabalhava no Institute for Advanced Study, em Princeton, nos Estados Unidos, André Weil retornou ao Brasil em maio de 1966. Permaneceu durante quatro semanas como professor visitante, a convite da ABC e do IMPA. Realizou uma conferência na ABC, intitulada *Le concept de Nobre et l'arithmétique moderne*, e duas conferências no IMPA, ambas intituladas *Distributions et équations fonctionnelle de la*

[33] Para a relação dos trabalhos publicados por Oscar Zariski, ver Parikh (2009, Appendix B, p. 183-187).

[34] Para uma relação de trabalhos publicados por André Weil, ver Weil (1979).

fonction Dzeta. Realizou também uma conferência na USP, intitulada *Sur la loi de reciproccité quadratique*, uma conferência na UFBA e uma conferência na UFPE.

Ao citarmos alguns detalhes sobre esses dois matemáticos, O. Zariski e A. Weil, desejamos chamar a atenção do leitor para a visão de planejamento estratégico de futuro e de internacionalização da ciência por parte dos gestores do Departamento de Matemática da FFCL-USP. Eles tinham em mente a construção e a manutenção de um bom ambiente em ensino, estudos e pesquisa em Matemática na USP. Esse ambiente teve continuidade após 1947, com a chegada à USP de diversos matemáticos franceses como professores visitantes. Vislumbramos nessas atividades acadêmicas a continuidade do processo de formação da comunidade matemática brasileira.

Nos anos 1950 e 1960 chegaram à USP como professores visitantes matemáticos franceses e não franceses, como: Jean Dieudonné, Jean F. A. Delsarte, A. Grothendieck (nascido em Berlim, Alemanha, mas radicado na França), Jean Louis Koszul, S. Eilenberg (polonês radicado nos Estados Unidos), C. Ehresmann, L. Schwartz, Paulette Liebermann.

Os matemáticos citados, alguns dos quais membros do grupo N. Bourbaki, ministraram cursos na USP e realizaram conferências sobre os seguintes assuntos: Álgebra Moderna (Álgebra Abstrata); Geometria Algébrica; Topologia Geral; Formas Diferenciais; Teoremas de Rham; Espaços de Hilbert; Grupos Topológicos; Teoria de Galois; Integrais Abelianas; Teoria das Distribuições; Espaços Vetoriais Topológicos; Teoria da Integração; Hipergrupos; Álgebras de Lie; Topologia Algébrica; Funções Médio-Periódicas; Grupos Clássicos; Espaços Fibrados; Estruturas Algébricas; Estruturas Topológicas; Estruturas de Ordem; Teoria dos Conjuntos; Topologia Plana.

Foi importante para o Brasil a influência do grupo francês Nicolas Bourbaki no ensino, nos estudos, na pesquisa e na formação de vários matemáticos, Alguns deles ministraram cursos, seminários e palestras em instituições sediadas na cidade do Rio de Janeiro, como na FNFi-UB, no Núcleo Técnico Científico de Matemática da FGV e no IMPA.

Vários bourbakistas também exerceram influência científica sobre diversos matemáticos que residiam em outras cidades, como Porto Alegre, Curitiba, Rio de Janeiro, Brasília, Fortaleza e Recife.

Como resultado da fase de convívio científico com os matemáticos, citados em ordem aleatória, Oscar Zariski, André Weil, Jean Dieudonné,[35] Jean F. A. Delsarte, A.

[35] Em 1946, J. Dieudonné ministrou um curso de extensão universitária na FFCL-USP intitulado Teoria dos Corpos Comutativos. As notas de aulas desse curso foram redigidas por L. H. Jacy Monteiro e publicadas em dois volumes pela Sociedade de Matemática de São Paulo. O volume I, com três capítulos, continha os seguintes assuntos: noções preliminares sobre a teoria dos grupos, dos anéis e dos corpos; espaços vetoriais e anéis de polinômios; estudo geral das extensões de um corpo. O volume II, com três capítulos, continha os seguintes assuntos: isomorfismos das extensões algébricas de um corpo; teoria das extensões normais e teoria de Galois; aplicações da teoria de Galois.

Grothendieck, Jean Louis Koszul, S. Eilenberg, C. Ehresmann, L. Schwartz, que trabalharam na USP, os professores Cândido Lima da Silva Dias, Omar Catunda, Fernando Furquim de Almeida, Elza Gomide, Chaim S. Hönig, L. H. Jacy Monteiro, José de Barros Neto e outros, foram influenciados cientificamente por eles. Por exemplo, a tese de doutorado defendida pela Profª Elza F. Gomide, em novembro de 1950, no Departamento de Matemática da FFCL da USP foi orientada por Jean F. A. Delsarte. Para informações sobre os trabalhos desses matemáticos, ver Silva (2022b).

A respeito do grupo N. Bourbaki, encontramos em *ZBMath* uma resenha de H. K. Kaiser sobre o artigo de Cartan (1980), na qual o autor diz:

> [...] O objetivo deste grupo (refere-se ao grupo Nicolas Bourbaki) era – e ainda é – publicar um estudo abrangente de todos os ramos importantes da matemática do século XX, um estudo que não assumisse nada como dado e que tornasse compreensíveis as inter-relações básicas [...]. (KAISER, s.d.)

Em 1942, foram iniciados na FFCL-USP os estudos pós-graduados em Matemática. Relembramos que nessa época não estava institucionalizada a pós-graduação *stricto sensu* no Brasil. Mas os gestores da USP com visão de futuro perceberam a necessidade de serem iniciados estudos pós-graduados para formar recursos humanos qualificados em várias ciências, inclusive em Matemática – pessoas que deveriam continuar com os trabalhos especializados de seus mestres.

O pioneirismo dos estudos pós-graduados em Matemática no Brasil está na FFCL-USP, nos anos de 1940. Relembramos que foi nos anos de 1960 que o governo federal institucionalizou os programas de pós-graduação *stricto sensu* por meio do Conselho Federal de Educação.

Nos dias atuais, os professores que trabalham no IME-USP desenvolvem pesquisa nas seguintes linhas:

- Análise Matemática;
- Álgebra Abstrata;
- Sistemas Dinâmicos;
- Geometria e Topologia Algébrica;
- Lógica, Conjuntos, Topologia Geral e Combinatória.

Os primórdios da internacionalização da ciência e da pesquisa científica no Brasil, iniciados na cidade de São Paulo por meio da USP, logo se espraiaram, nos anos 1950 e 1960, para o interior do estado de São Paulo. Assim, na Escola de Engenharia de São Carlos da USP, atual ICMC-USP, no Instituto Tecnológico de Aeronáutica[36] (ITA),

[36] Em seus primeiros anos de existência, o ITA funcionou na cidade do Rio de Janeiro, em um prédio militar situado na Praia Vermelha (Urca).

trabalharam alguns matemáticos estrangeiros, dentre os quais citamos: Achille Bassi, J. P. Cecconi, Ubaldo Richard, K. T. Chen e F. D. Murnagham.[37] Eles contribuíram para a fase de formação de pesquisadores brasileiros, ministrando cursos em nível de graduação e de pós-graduação, orientando seminários de formação, estimulando jovens talentosos para os estudos em Matemática.

No início dos anos 1960, foi criada na cidade de Campinas a UNICAMP. Em 1966 passou a funcionar seu Departamento de Matemática, e em 1968 foi criado o Instituto de Matemática, Estatística e Ciência da Computação (IMECC). Nessa unidade da UNICAMP, seus gestores também aderiram ao incipiente processo de internacionalização da ciência e da pesquisa. Sobre a UNICAMP, daremos detalhes no Capítulo 2.

No contexto da comunidade acadêmica brasileira, com predominância das instituições sediadas no eixo São Paulo-Rio de Janeiro, na segunda metade da década de 1950 a comunidade matemática brasileira já dava sinais de progressos. Os gestores do sistema universitário brasileiro e os líderes da diminuta comunidade matemática perceberam que havia terminado a fase de esforços para a contratação de matemáticos estrangeiros com o propósito de formar recursos humanos qualificados em Matemática.

No início dos anos 1960, era propósito dos dirigentes do sistema universitário brasileiro implantar políticas públicas para consolidar a pesquisa científica no país, dando continuidade à formação de recursos humanos qualificados em várias áreas do conhecimento humano. Lembramos que, nessa época, era muito forte no país a ideia para consolidar estudos e pesquisa em Física Nuclear.

Lembramos que nos anos 1950 foi criado o CNPq, com os objetivos preconizados pela Academia Brasileira de Ciências (ABC). Também foram criados a CAPES, o IMPA, o Colóquio Brasileiro de Matemática (CBM), além de incentivos para selecionar e treinar jovens talentosos para realizar estudos de doutorado em boas universidades do exterior.

Com essas iniciativas, os gestores do sistema universitário brasileiro visavam transformar o ambiente científico nacional, criar massa crítica de doutores e criar ambiente no país para que as pesquisas científicas florescessem e fossem consolidadas. Preconizavam que, paralelamente a esse esforço, o Brasil adquiriria competência em C&T e em Ensino Superior.

Nos anos 1960, os gestores do sistema universitário, em conjunto com líderes da comunidade acadêmica brasileira, decidiram que, para a criação do formato de programas e cursos de pós-graduação *stricto sensu* no Brasil, seria necessário elaborar um documento para tal objetivo. Assim, foi aprovado o Parecer CFE-CES n. 977/65, de 3 de dezembro de 1965, que definiu as características dos cursos dos Programas de Pós-graduação e dos cursos doutorado e mestrado a serem ofertados no país.

---

[37] F. D. Murnagham, antes de vir trabalhar no ITA, foi colega de O. Zariski no Departamento de Matemática da Johns Hopkins University.

Surgiram no Brasil, e particularmente na FFCL-USP, depois IME-USP, na FNFi da UB, depois no IM-UFRJ, UnB e IMPA, a partir dos Programas de Pós-graduação *stricto sensu*, novas gerações de matemáticos que, por sua vez, ampliaram os ideais de seus mestres e os passaram a seus discípulos, mantendo acesa a chama do ideal de formação de discípulos e de uma produção autônoma de pesquisa em Matemática.

Dessa forma, foram estimuladas e criadas condições ideais para o surgimento de centros de ensino, estudos e pesquisa em Matemática, com o apoio do governo federal e de agências de fomento, fora do eixo São Paulo-Rio de Janeiro, que foram inicialmente as instituições: UFPE, UFMG, UnB, UFC, UFRGS, UFBA, UFPB, entre outras instituições.

Entre as subáreas da Matemática Pura, a Análise Matemática, com suas especialidades, foi a que mais cedo se consolidou nos estudos universitários e na pesquisa científica no Brasil, seguida, não necessariamente nessa ordem, de Geometria Diferencial, Teoria dos Sistemas Dinâmicos e Teoria Ergódica, Álgebra Abstrata.

Julgamos que a grande aplicação da Análise Matemática em outras subáreas da Matemática Pura, na Matemática Aplicada e em outras ciências justifica o interesse primeiro em seus estudos e em pesquisas.

O atual ritmo adotado pelos que fazem pesquisa em Matemática no Brasil nos permite antever, mesmo sem forte apoio financeiro por parte do governo federal, os melhores augúrios sobre o futuro da pesquisa em Matemática em nosso país. O Brasil já está incluído no Grupo V da International Mathematical Union (IMU).

Os desejos e as ações dos líderes da comunidade matemática brasileira das décadas de 1940, 1950 e 1960 encontraram guarida em estudantes talentosos que se dispuseram a seguir suas orientações, de modo que com essas ações surgissem novas gerações de talentosos matemáticos.

Contribuíram para o estágio inicial de formação de discípulos os seminários realizados nos anos de 1950, na cidade do Rio de Janeiro, na FNFi-UB, no CBPF, nos primórdios do IMPA e no Núcleo Técnico Científico de Matemática da FGV. As primeiras reuniões do Colóquio Brasileiro de Matemática, realizadas nas décadas de 1950 e 1960, exerceram forte influência para despertar nos estudantes talentosos o desejo de prosseguir seus estudos em Matemática.

Os eventos científicos especializados a partir dos anos 1970 – como Escola de Álgebra; Escola de Geometria Diferencial; Seminário Brasileiro de Análise; Encontro de Álgebra Comutativa e Geometria Algébrica (ALGA); Escola Brasileira de Probabilidade (EBP) etc. – foram atividades que faziam parte do conjunto de ações e metas criadas pelos líderes da incipiente comunidade matemática brasileira da época, para estimular a formação de jovens cientistas e fazer circular a informação verbal entre aqueles que desenvolviam pesquisa científica em especialidades de mesmo interesse. Esses eventos científicos germinaram, cresceram, produziram e continuam rendendo bons frutos.

Os eventos científicos aqui citados fizeram parte dos esforços dos líderes da diminuta comunidade matemática brasileira da época para a internacionalização da ciência e da pesquisa científica no Brasil. Observa-se claramente que essas foram metas estabelecidas desde os anos 1940 pelos líderes da diminuta comunidade matemática brasileira de então.

Lamentavelmente, somente a partir de 2017 é que os gestores do sistema universitário do país iniciaram oficialmente o processo para o estímulo de internacionalização da ciência no Brasil.

CAPÍTULO 2
Centros de ensino e pesquisa em Matemática no Brasil

Neste capítulo, voltaremos a falar sobre a cidade do Rio do Janeiro. Daremos informações sobre os centros de ensino, estudos e pesquisa em Matemática que foram criados naquela cidade a partir de 1939, com a criação da Faculdade Nacional de Filosofia da Universidade do Brasil (FNFi-UB).

Mencionaremos, na continuação, instituições sediadas em cidades pertencentes às demais regiões do país que abrigaram e abrigam os principais centros de ensino, estudos e pesquisa em Matemática dessas regiões. Todas as instituições que mencionaremos tiveram uma característica comum, qual seja, o ensino, os estudos e a pesquisa em Matemática foram influenciados pelas iniciativas dos gestores das instituições sediadas no eixo São Paulo-Rio de Janeiro.

A partir dos anos 1950 passaram a existir outros centros de ensino e pesquisa em Matemática sediados nas regiões Sul, Sudeste, Centro-Oeste e Nordeste. Por exemplo, no início dos anos 1960 a UnB criou o Departamento de Matemática que foi o germe do Instituto Central de Matemática (ICM), criado posteriormente. No ICM-UnB colaboraram, dentre outros, os professores Leopoldo Nachbin, Elon Lages Lima, Manfredo do Carmo e Luis Adauto da Justa Medeiros. Ainda na primeira metade dos anos 1960, a UnB passou por uma fase de turbulência administrativa e de mudanças (SALMERON, 2007).

Nas instituições sediadas nas regiões citadas devemos reconhecer e homenagear os abnegados professores, os pioneiros, que muito fizeram com o pouco existente à época para iniciar o processo de ensino, estudo e pesquisa em Matemática em suas instituições.

Neste capítulo, o leitor perceberá a consolidação, a partir dos anos 1980, da comunidade matemática brasileira.

CIDADE DO RIO DE JANEIRO

Retornemos à cidade do Rio de Janeiro a partir de 1939. Em 1937, o governo federal criou a Universidade do Brasil[38] (UB) na cidade do Rio de Janeiro, instituição que substituiu a Universidade do Rio de Janeiro.[39] Com o Decreto n. 1.190, de 4 de abril de 1939, o governo federal criou a FNFi-UB. Nessa data, por meio de acordo entre o governo federal e o governador do Distrito Federal, foi extinta a Universidade do Distrito Federal (UDF). Professores e alunos do curso de bacharelado em Matemática da Escola de Ciências da UDF foram transferidos para o Departamento de Matemática da FNFi-UB.

O bom nível do curso de graduação bacharelado em Matemática ofertado pela Escola de Ciências da UDF, que foi mantido pelos professores Lélio Gama e Francisco Mendes de Oliveira Castro, exerceu posteriormente forte influência no processo de criação do Departamento de Matemática da FNFi-UB. Nesse departamento foi instalada uma atmosfera de pesquisa e ensino de bom nível em Matemática.

Para essa unidade da UB foram contratados, no final de 1939 e início dos anos 1940, alguns matemáticos italianos como professores visitantes:

- Prof. Achille Bassi (1907-1973) para a cátedra de Geometria. Ele introduziu no Brasil as primeiras noções de Topologia Algébrica.
- Prof. Gabrielle Mamanna (1893-1942) para a cátedra de Análise Matemática e Superior. Seus cursos em Análise compreendiam: Equações Diferenciais Ordinárias, Cálculo das Variações, Equações Integrais e Funções Complexas. Mamanna publicou alguns artigos nos *Anais da ABC* sobre Cálculo das Variações.
- Prof. Luigi Sobrero (1909-1979), físico matemático que trabalhava em Teoria Matemática da Elasticidade Linear (Mecânica do Contínuo).

Houve, a partir de então, a introdução sistemática, por meio das aulas e das pesquisas desses professores, de aspectos da Análise Matemática clássica, em particular em Equações Diferenciais Ordinárias e em Cálculo das Variações, e os primeiros cursos de Topologia Combinatória.

O decreto que criou a FNFi da UB também instituiu a seguinte grade curricular para o curso bacharelado em Matemática, com duração de três anos:

- 1º ano: Análise Matemática, Geometria Analítica e Projetiva, Física Geral e Experimental;

[38] Cf. Lei n. 452, de 5 de julho de 1937.

[39] Esta instituição federal foi criada pelo Decreto n. 14.343, de 7 de setembro de 1920.

- 2º ano: Análise Matemática, Geometria Descritiva e Complementos de Geometria, Mecânica Racional;
- 3º ano: Análise Superior, Geometria Superior, Física Matemática, Mecânica Celeste.

Essa grade curricular perdurou de 1939 a 1946. A partir de 1947, foi criado o curso licenciatura em Matemática, com grade curricular de quatro anos. Esse curso era destinado à formação de professores para o ensino médio.

A respeito da fase inicial do Departamento de Matemática da FNFi-UB, assim se expressaram L. A. Medeiros e A. Gomes:

> A atividade docente voltava-se para o ensino universitário associado à pesquisa básica, atitude herdada da UDF, refletindo a concepção de Anísio Teixeira e outros educadores da época. O Governo Brasileiro para a realização de tais objetivos contratou vários professores estrangeiros [...]. (MEDEIROS; GOMES, 1996, p. i, ii)

Com a deflagração da Segunda Guerra Mundial, os professores italianos tiveram seus contratos de trabalho rescindidos pelo reitor da UB e regressaram à Itália. Exceto Achille Bassi, que conseguiu permanecer no Brasil e depois se fixou na USP-São Carlos.

Após a Segunda Guerra Mundial, foi contratado pela Universidade do Brasil, como professor visitante, para trabalhar no Departamento de Matemática-FNFi, o matemático português António Aniceto Monteiro (1907-1980). Ao chegar à cidade do Rio de Janeiro, ele trabalhou incialmente no Núcleo Técnico Científico de Matemática da FGV, que foi criado em 1945 e sobre o qual falaremos mais adiante. Com a extinção desse Núcleo, António Monteiro foi trabalhar no Departamento de Matemática da FNFi, como professor visitante.

António Monteiro foi formado em Matemática pela escola francesa. Ele obteve o Doctorat d'Etat, em 1936, pela Faculté des Sciences, Sorbonne Université, com a tese intitulada *Sur l'additivité des noyaux de Fredholm*, trabalho que foi orientado por René Maurice Fréchet. Sua tese foi publicada com o mesmo título em *Portugaliae Mathematica* (MONTEIRO, 1937).

Ao fazer contato com vários jovens professores e com estudantes brasileiros por meio de cursos e seminários, Monteiro contribuiu para o processo de formação da comunidade matemática na cidade do Rio de Janeiro e no Brasil.

Até então, a pesquisa em matemática desenvolvida na cidade do Rio de Janeiro era voltada para aspectos clássicos da Análise Matemática, em especial EDO e cálculo das Variações. Entre os que assistiam os cursos e seminários ministrados por António Monteiro estavam: Alvércio Moreira Gomes, José Abdelhay, Leopoldo Nachbin, Maria Laura Mouzinho Leite Lopes, Marília Chaves Peixoto, Maurício Matos Peixoto, Paulo Ribenboim, F. M. de Oliveira Castro, Luis Adauto da Justa Medeiros, Carlos Alberto Aragão de Carvalho, dentre outros.

António Monteiro introduziu seus alunos em assuntos da Matemática que eram atuais para a época, como: espaços de Hilbert, análise funcional, conjuntos ordenados, reticulados e álgebra de Boole, filtros e ideais, topologia geral. Seus seminários influenciaram cientificamente muitos dos estudantes. Essas atividades acadêmicas foram uma salutar novidade para os estudiosos da Matemática residentes na cidade do Rio de Janeiro.

Ele fundou a coleção *Notas de Matemática,* textos que eram publicados pela FNFi-UB com o objetivo de atenuar a inexistência de boa literatura matemática em língua portuguesa. As *Notas de Matemática* passaram a ser publicados a partir do n. 7 pelo IMPA, sob a direção de Leopoldo Nachbin. A partir do n. 48 essa coleção passou, ainda sob a direção de L. Nachbin, a ser publicada pela North Holland Publ. Co. António Monteiro permaneceu na UB até 1949, quando seu contrato de trabalho não foi renovado pelo reitor da UB. Ele então se transferiu para a Argentina.[40]

Abramos um parêntese para falarmos sobre uma unidade da Fundação Getulio Vargas (FGV), que existiu na cidade do Rio de Janeiro. Havia entre os engenheiros matemáticos que trabalhavam na Universidade do Brasil no início dos anos 1940 o desejo de que fosse criado na cidade do Rio de Janeiro um Centro de Pesquisas Científicas em Matemática, que fosse atrativo para todo o país.

O projeto dessa instituição, que era liderado pelo Prof. Dr. Lélio Gama, era para a organização e criação de uma unidade de bom nível, dedicada aos estudos e também à coordenação da pesquisa científica em Matemática em todo o país, e que mantivesse ampla comunicação com centros de pesquisas em Matemática da América Latina e Estados Unidos. Não era uma unidade da FGV para ofertar cursos de graduação nem de pós-graduação.

Assim, em 16 de julho de 1945, foi criado na cidade do Rio de Janeiro o Núcleo Técnico Científico de Matemática da FGV, que teve vida efêmera. O Prof. Dr. Lélio Gama foi nomeado chefe dessa unidade, que passou a contar de imediato com o auxílio de Leopoldo Nachbin, Francisco Mendes de Oliveira Castro, António Monteiro, Cândido Lima da Silva Dias, Maurício Peixoto, Omar Catunda, dentre outros matemáticos.

Essa unidade da FGV passou a editar o periódico *Summa Brasiliensis Matematicae*, que publicava, em fascículos, os resultados das pesquisas realizadas por membros da comunidade matemática nacional e internacional. Tinha como objetivo promover o desenvolvimento, a sistematização e a divulgação dos conhecimentos de Matemática Pura e Matemática Aplicada no Brasil e em outros países, e fomentar a colaboração internacional nesse domínio.[41] Havia na cidade do Rio de Janeiro da época desejos, esforços e ações por parte da diminuta comunidade matemática para continuar com

---

[40] Para detalhes sobre o período de permanência de António Monteiro na UB, ver Silva (2022b).

[41] Seus fascículos constituem excelente fonte de informações sobre a produção matemática da comunidade acadêmica brasileira da época.

o processo de internacionalização da ciência no país e também com o processo de mobilidade acadêmica internacional de pesquisadores. Relembramos que esse processo fora iniciado pela FFCL-USP em 1934.

O primeiro fascículo da *Summa Brasiliensis Matematicae* publicou um trabalho de António Monteiro e Hugo Ribeiro (MONTEIRO; RIBEIRO, 1945-1946).[42]

Voltemos à Universidade do Brasil. Sob a influência e sugestão de António Monteiro, estiveram como professores visitantes no Departamento de Matemática da FNFi-UB, na segunda metade dos anos 1940 alguns matemáticos norte-americanos, como Abraham Adrian Albert, da University of Chicago, que chegou ao Rio de Janeiro em 1948 e permaneceu na FNFi durante o ano acadêmico de 1948. Ministrou nessa instituição o primeiro curso de Álgebra Abstrata, à época chamada Álgebra Moderna, usando como texto seu livro *Modern Higher Algebra* (Chicago: The University of Chicago Press, 1948).

A. A. Albert obteve seu Ph. D. em Matemática pela University of Chicago em 1928, ao defender a tese intitulada *Álgebras e seus radicais e álgebras de divisão (Algebras and their radicals and division álgebras)*, trabalho orientado por Leonard Eugene Dickson.

Em 1939 A. A. Albert recebeu o primeiro prêmio Cole, da American Mathematical Society, por seu trabalho sobre matrizes de Riemann (*Riemann matrices)*. Ele é conhecido, sobretudo, por seu trabalho como um dos principais colaboradores para o desenvolvimento da *teoria* das *álgebras lineares associativas* e como um pioneiro no desenvolvimento da *álgebra linear não associativa*.

A. A. Albert também deu contribuições sobre *Endomorfismo de álgebras de variedades abelianas*. Publicou no Brasil o artigo "On the power-associative of rings" (*Summa Brasiliensis Mathematicae*, v. 2, fasc. 2, p. 1-32, 1948). Ele também deu contribuições para a teoria dos Quase grupos e suas representações. Ver seus artigos intitulados: "Quasigroups I", *Trans. Amer. Math. Soc.*, v. 54, p. 507--519, 1943; "Quasigroups II", *Trans. Amer. Math. Soc.*, v. 55, p. 401-419, 1944.

A. A. Albert sugeriu a vinda para o Departamento de Matemática da FNFi, como professor visitante, do matemático Marshall H. Stone, da University of Chicago, que chegou em 1949 e permaneceu na FNFi durante três meses. Ministrou na FNFi um curso intitulado *Anéis de Funções Contínuas*, assunto muito atual para a época, com o seguinte conteúdo:

- o teorema da aproximação (teorema de Weierstrass-Stone);
- compactificações (teorema de Stone-Cech);
- teorema de Stone sobre anéis de Boole.

[42] Para detalhes sobre o Núcleo Técnico Científico de Matemática da FGV, ver Medeiros (2004).

Esse curso estimulou diversos professores e alunos para os estudos e pesquisa nessa área. As notas de aulas desse curso lamentavelmente se perderam, segundo nos informou o Prof. Dr. Luis Adauto da Justa Medeiros.

Relembramos que Stone generalizou o teorema clássico da aproximação de Weierstrass. Esse teorema foi criado por K. Weierstrass (1815-1897) em 1885. Citaremos o teorema em duas de suas versões em análise real.

Teorema de Weierstrass (da aproximação). Toda função contínua f no intervalo fechado [a, b] de $\mathbb{R}\left(f:\left[a,b\right]\mapsto \mathbb{R},\right)$, é limite uniforme de uma sucessão de polinômios.

Para uma demonstração desse teorema usando os polinômios de Bernstein, ver Figueiredo (1975, p. 233-235). Existe, e é muito utilizada, outra formulação desse teorema, que é a seguinte.

Teorema de Weierstrass (da aproximação). Seja [a, b] intervalo fechado de $\mathbb{R}$ e f:[a, b] $\mapsto \mathbb{R}$ função contínua. Então para cada $\varepsilon > 0$ existe um polinômio p(x) tal que: $\left|f\left(x\right)-p\left(x\right)\right|<\varepsilon$, para todo $x\in\left[a,b\right]$.

Outra demonstração muito simples desse teorema é devida a H. Lebesgue (1898). Ela está reproduzida em Abdelhay (1985, p. 178-180).

Em 1938, Marshall Stone havia generalizado esse teorema de Weierstrass. Ele simplificou sua prova em 1948 e generalizou esse teorema para álgebras de Banach C(K; $\mathbb{R}$). Assim, seu teorema diz respeito à densidade de subálgebras A em álgebras de Banach C(K, $\mathbb{R}$), com K espaço topológico compacto de Hausdorff. Seu resultado é conhecido, desde então, na literatura matemática como teorema de Weierstrass-Stone (STONE, 1976).

A seguir daremos algumas informações gerais. O teorema de Weierstrass-Stone afirma que toda função real contínua cujo domínio é um intervalo compacto, ou seja, fechado e limitado, pode ser aproximado uniformemente por polinômios.

Em outras palavras, o teorema diz que toda função $f\in C\left(\left[a,b\right];\mathbb{R}\right)$, no espaço das funções reais contínuas no intervalo fechado [a,b], se aproxima uniformemente por uma sucessão de polinômios p(x).

$C\left(\left[a,b\right];\mathbb{R}\right)$ é uma álgebra de Banach das funções reais contínuas sobre o intervalo fechado [a,b], e os polinômios p(x) formam uma subálgebra da álgebra $C\left(\left[a,b\right];\mathbb{R}\right)$. Representando por A[x] a subálgebra dos polinômios, podemos dizer, de modo resumido, que o teorema clássico da aproximação de Weierstrass afirma que a subálgebra A[x] é densa na álgebra $C\left(\left[a,b\right];\mathbb{R}\right)$ das funções reais contínuas no intervalo fechado [a,b].

Pelo fato de os polinômios estarem entre as funções mais simples dentre as funções contínuas, eles são regulares e bem comportados no universo das funções contínuas. E, também pelo fato de que os computadores, a partir dos anos de 1960, passaram a avaliar diretamente polinômios, esse teorema, na versão atual, tem relevância e utilidade prática e teórica, especialmente em interpolação polinomial e em estudo geral de álgebras de Banach. Sua utilidade nas aplicações se deve ao fato de que ele permite construir explicitamente a sucessão de polinômios que converge uniformemente para cada função contínua f.

Para o estudo do teorema de Weierstrass-Stone utilizando-se álgebras de Banach, inicia-se substituindo o intervalo compacto [a,b] por um espaço topológico compacto K, de Hausdorff. Considera-se ainda a álgebra de Banach C(K, $\mathbb{R}$) e funções reais definidas em K. Para informação ao leitor não familiarizado com a Análise Matemática, citamos o enunciado do teorema de Weierstrass-Stone, que está em Medeiros (1966b, p. 25).

> **Teorema de Weierstrass-Stone.** Seja A uma subálgebra de C(K, $\mathbb{R}$) contendo a unidade $\underline{e}$. Para que A seja densa em C(K, $\mathbb{R}$) é necessário e suficiente que A seja separadora.

Antes de demonstrar, de modo elegante e didático, o teorema citado, Medeiros (1966b) define, na página 25, o que é uma álgebra separadora. Para detalhes técnicos, remetemos o leitor à referida obra.

Continuemos falando a respeito do período de professores visitantes para o Departamento de Matemática da FNFi-UB. Em 1949, foi contratado o Prof. Dr. Warren A. Ambrose, do MIT, nos Estados Unidos. Ele realizou várias conferências sobre representação de grupos localmente compactos. As notas de aulas foram redigidas por José Abdelhay (MEDEIROS, 1996, p. 56-103).

No ano de 1966, o Prof. W. A. Ambrose voltou ao Brasil como professor visitante do IMPA. Nesse Instituto, ele realizou a conferência intitulada *A geometric foundation for the simplest theorem in partial differential equations.* O Prof. Dr. W. A. Ambrose publicou o texto "Six lectures in Riemannian geometry" (*Notas de Matemática*, n. 25, 1961).

Em 1952, foi contratado como professor visitante do Departamento de Matemática da FNFi-UB o matemático francês Jean Dieudonné, da Université de Nancy, na França. Em anos anteriores, ele estivera trabalhando como professor visitante no Departamento de Matemática da FFCL da USP.

Na FNFi-UB, J. Dieudonné ministrou, durante o segundo semestre de 1952, um curso sobre Resultados Recentes da Análise Harmônica. As notas de aulas desse curso foram redigidas pelo Prof. José Abdelhay e foram publicadas em forma de livro, intitulado *Análise harmônica* (DIEUDONNÉ,1952).

Ainda nos anos de 1952 e 1953, estiveram como professores visitantes no Departamento de Matemática da FNFi-UB, os matemáticos franceses, da Université de Paris Charles Ehresman, um dos idealizadores dos espaços fibrados, e Laurent Schwartz, que foi ganhador, em 1950, do prêmio Medalha Fields, pela criação da teoria das distribuições.[43]

---

[43] O leitor interessado em informações não técnicas sobre a teoria das distribuições pode consultar Lützen (1982).

As notas de aulas do curso ministrado por C. Ehresman sobre Geometria Diferencial foram incorporadas em um fascículo organizado por C. Ehresman, denominado *Esquises d'un folklore de géometrie différentielle* (Paris: Institut Henri Poincaré, 1965). Medeiros (1983) traz mais detalhes sobre artigos publicados por professores da FNFi-UB que foram estimulados pelo curso ministrado por C. Ehresman.

O Prof. Dr. Laurent Schwartz ministrou um curso sobre Teoria das Distribuições. As notas de aulas desse curso não foram publicadas. Ele publicou o artigo "Division par une fonction holomorphe sur une variété analitique complexe" (*Summa Brasiliensis Mathematicae*, v. 3, fasc. 9, p. 181-209, 1955). Também fez uma conferência sobre o ensino de Matemática. O auditório onde foi realizada essa conferência ficou superlotado por professores e alunos. Várias pessoas sentaram no piso do auditório por falta de cadeiras.

No dizer do Prof. Dr. Luis Adauto da Justa Medeiros, em correspondência particular a nós enviada, que vivenciou essa época como aluno e depois como docente da FNFi-UB: "Esta fase da FNFi foi extremamente importante para o desenvolvimento da Matemática no Brasil [...]".

No final dos anos 1940 e início dos anos 1950, já se destacavam como matemáticos na cidade do Rio de Janeiro, os Profs. Leopoldo Nachbin, Maurício Matos Peixoto e, posteriormente, Paulo Ribenboim. A partir da segunda metade dos anos 1940, o Leopoldo Nachbin passou a ter uma carreira científica muito produtiva e internacionalmente reconhecida, com trabalhos em várias subáreas da Análise Matemática, como:

- Topologia dos Espaços de Aplicações Holomorfas;
- Teoria da Aproximação Ponderada;
- Sistemas Ordenados;
- Espaços Vetoriais Topológicos;
- Análise Harmônica e Holomorfia em Dimensão Infinita.

Muitos de seus resultados obtidos em Análise Matemática foram incorporados à literatura matemática internacional. Ele foi um matemático diferenciado e de nível internacional. Além de profundo conhecedor de seu campo de pesquisa e ensino, o Prof. L. Nachbin possuía a característica de orientar jovens matemáticos em busca de suas formações e de ajudar na criação de bons centros de ensino e pesquisa em Matemática. O Prof. Dr. L. Nachbin tinha o dom de bem transmitir seus conhecimentos. Ele foi um expositor de qualidade excepcional.

Entre os anos de 1947 e 1948, Leopoldo Nachbin realizou concurso no Departamento de Matemática da FNFi-UB para a obtenção do título de livre-docente em Análise Matemática, defendendo a tese intitulada *Combinação de topologias pseudo-metrizáveis e metrizáveis*. Esse trabalho foi publicado em 1947 em *Notas de Matemática*, n. 1 (NACHBIN, 1947).

A tese do Prof. L. Nachbin contém o seguinte:

- Prefácio.
- Introdução.
- Capítulo I – Combinação de topologias pseudo-metrizáveis: Parte I. Estudo de $S(E^P)$, $IS(E^P)$, $SIS(E^P)$, $ISIS(E^P)$. Parte II. Estudo de $I(E^P)$, $SI(E^P)$, $ISI(E^P)$.
- Capítulo II – Combinação de topologias metrizáveis: Parte I. Estudo de $S(E^M)$, $IS(E^M)$, $SIS(E^M)$. Parte II. Estudo de $I(E^M)$, $SI(E^M)$.
- Notas.
- Bibliografia.

Em seu trabalho, o autor explicita:

A comparação de topologias é a introdução de relações, geralmente binárias, entre topologias. Um exemplo de uma das tais relações é dado pela noção de homeomorfismo entre espaços topológicos. Outro exemplo, mais importante para o presente trabalho, é fornecido pela noção de uma topologia sobre um conjunto abstrato ser menos fina que outra topologia sobre o mesmo conjunto; sem ser explicitada, essa noção estava já essencialmente contida em muitas definições conhecidas desde o início da Topologia, como por exemplo, a de função contínua [...]

A combinação de topologias é a obtenção de novas topologias a partir de topologias dadas. Entre as operações que podemos usar para combinar topologias, as mais importantes são as seguintes:

1 - A formação do produto cartesiano de espaços topológicos;

2 - A formação de um subespaço topológico;

3 - A formação de um espaço topológico quociente por uma relação de equivalência;

4 - A formação de espaços de funções;

5 - A formação de supremo e de ínfimo de uma família de topologias [...].

Neste trabalho desejamos determinar as topologias que podem ser obtidas a partir das topologias pseudo-metrizáveis e metrizáveis por meio das operações indicadas em 5 [...].

Considere um conjunto infinito E, e o conjunto das topologias sobre E, ordenado pela relação de uma topologia ser menos fina que outra topologia.

Para todo conjunto Z de topologias sobre E, indiquemos S(Z) e I(Z), respectivamente, o conjunto das topologias sobre E que podem ser expressas como supremo e ínfimo de topologias pertencentes a Z.

Tem-se: SS(Z) = S(Z), II(Z) = I(Z). Trata-se então de estudar as classes: S(Z),IS(Z),SIS(Z), ... e I(Z),SI(Z),ISI(Z), [...], supondo que Z é a classe das topologias pseudo-metrizáveis ou das metrizáveis.

> Este trabalho foi redigido no primeiro semestre de 1946 quando o autor pertencia ao Núcleo de Matemática da Fundação Getúlio Vargas. O autor deseja testemunhar seus agradecimentos ao professor António Monteiro, não só pela leitura e crítica do manuscrito deste trabalho como também pelo estímulo que o mesmo sempre lhe dispensou. [...]. (NACHBIN, 1947, p. 1-3)

Em seu primeiro trabalho, nos anos de 1940, sobre teoria da aproximação, L. Nachbin obteve um importante resultado análogo ao resultado já obtido para funções diferenciáveis (NACHBIN, 1949). Outro resultado obtido pelo Prof. L. Nachbin é o conhecido teorema do tipo do teorema de Hahn-Banach para transformações lineares. Ele diz respeito ao teorema de Hahn-Banach com valores vetoriais (NACHBIN, 1950).

Antes de obter esse importante teorema, o Prof. L. Nachbin havia conjecturado e depois conseguiu provar que:

> Se $\mathcal{F}$ é um espaço de Banach com a propriedade da interseção binária, então a bola unitária fechada de $\mathcal{F}$ tem pelo menos um ponto extremal. (MUJICA, 1994, p. 25)

Na continuação do trabalho, ele também provou que:

> Se $\mathcal{F}$ um é um espaço de Banach com a propriedade da interseção binária, então a bola unitária fechada de $\mathcal{F}$ é a envoltória convexa e fechada de seus pontos extremais. (MUJICA, 1994, p. 26)

No conjunto de suas demonstrações para esse teorema, o Prof. L. Nachbin provou ainda que:

> Se $\mathcal{F}$ é um espaço de Banach reflexivo com a propriedade da interseção binária, então $\mathcal{F}$ tem dimensão finita. (MUJICA, 1994, p. 27)

Ao leitor interessado nos detalhes técnicos desse resultado obtido por L. Nachbin sugerimos a leitura de Nachbin (1950). Em Mujica (1994, p. 25-31) encontram-se resenhas dos trabalhos mais relevantes publicados por L. Nachbin. Por fim, Horváth (1986) e Mujica (1994) trazem uma bibliografia de Leopoldo Nachbin.

Os trabalhos publicados por Prof. Dr. Leopoldo Nachbin contribuíram para o avanço do ensino, dos estudos e da pesquisa em Matemática no Brasil e no exterior. L. Nachbin, além de publicar importantes resultados em Análise Matemática, também tinha grande interesse na construção, organização e divulgação de uma correta grade curricular para os cursos de graduação em Matemática (bacharelado e licenciatura) e de pós-graduação ofertados por instituições brasileiras.

O Prof. Dr. L. Nachbin atuou também no sentido de criar, por parte do governo federal, incentivos à pesquisa científica no país e à construção de ambientes adequados para o florescimento da pesquisa científica em Matemática no Brasil. Seu apoio à ideia do Prof. Dr. Chaim S. Hönig (FFCL-USP) para a criação, em 1957, do Colóquio Brasileiro de Matemática (CBM) foi decisivo. Ele também apoiou a ideia e o trabalho do Prof. Luiz Freire para criar, nos anos 1950, um bom centro de ensino e pesquisa em Matemática e Física na Universidade de Recife, atual UFPE.

O Prof. Dr. Leopoldo Nachbin foi um dos principais incentivadores no país para a internacionalização da ciência e da pesquisa científica. A atividade profissional de Leopoldo Nachbin foi exercida no Brasil e no exterior. Na cidade do Rio de Janeiro, ele exerceu o cargo de professor na Universidade do Brasil, depois transformada em Universidade Federal do Rio de Janeiro. Nessa instituição ele chegou ao cargo de professor titular.

L. Nachbin foi um dos fundadores e pesquisador titular do Centro Brasileiro de Pesquisas Físicas (CBPF); foi um dos fundadores e pesquisador titular do Instituto Nacional de Matemática Pura e Aplicada (IMPA). Nessa instituição ele trabalhou desde sua criação, no início dos anos 1950, até seu afastamento, em fins dos anos 1960.

Nos primórdios da UnB, o Prof. Dr. L. Nachbin trabalhou em Brasília como coordenador do Instituto Central de Matemática da UnB. A partir do ano de 1964, L. Nachbin passou a ter uma posição acadêmica permanente na University of Rochester, Estados Unidos, que acumulava com suas obrigações acadêmicas no Brasil. Ele foi professor visitante, dentre outras, nas seguintes instituições estrangeiras: nos Estados Unidos, University of Chicago; University of Rochester; Institute for Advanced Study, Princeton; na França, Institut Henri Poincaré, em Paris.

Outro matemático muito ativo na cidade do Rio de Janeiro foi o Prof. Dr. Maurício Matos Peixoto, que se transferiu, no início dos anos 1950, da ENE-UB para o IMPA, onde trabalhou como pesquisador titular até sua aposentadoria. Mais adiante, ao abordarmos considerações sobre o IMPA, daremos informações detalhadas sobre a atividade profissional do Prof. Dr. Maurício Peixoto.

Também foram ativos a partir do Departamento de Matemática da FNFi-UB, dentre outros, os professores José Abdelhay (1917-1996), Alvércio Moreira Gomes (1916-2003), Carlos Alberto Aragão de Carvalho (1924-1982), Luis Adauto da Justa Medeiros e Maria Laura M. L. Lopes (1917-2013).

A Profª Maria Laura M. L. Lopes obteve, em 1949, o título de livre-docente em Geometria, pelo Departamento de Matemática da FNFi-UB, ao defender a tese intitulada *Espaços projetivos, reticulados de seus subespaços* (área: Geometria; orientador: Prof. Dr. António Monteiro). Ela foi a primeira mulher brasileira a obter o título de doutora em Ciências (Matemática) por meio de concurso para livre-docência. Lembramos que, à época, o candidato aprovado em concurso para obtenção do título de livre-docente também recebia o título de doutor.

A tese da Profª Maria Laura M. L. Lopes contém o seguinte:

- Introdução.
- Capítulo I – Espaços projetivos e seus subespaços.
- Capítulo II – Reticulados dos subespaços de um espaço projetivo.
- Capítulo III – Os átomos de um reticulado modular.
- Capítulo IV – Caracterização do reticulado dos subespaços de um espaço projetivo.

- Bibliografia.
- Errata.

Na Introdução de sua tese, assim se expressou a Profª Maria Laura M. L. Lopes:

> No século XIX dava-se à Geometria Projetiva o nome de Geometria da união e da interseção. Segundo Karl Menger ((10)), nessa denominação estava implícito uma sugestão para fundamentar a Geometria Projetiva nas duas operações de união e interseção, como a Álgebra dos números pode ser baseada nas duas operações de adição e multiplicação. [...].
>
> Neste trabalho fomos levados a estudar o problema da caracterização ordinal dos espaços projetivos de dimensão arbitrária, conseguindo demonstrar que:
>
> **Teorema 14**. Para que um reticulado $\mathfrak{R}$ seja isomorfo à família de todos os subespaços de um espaço projetivo (ε, Γ), ordenados pela relação de inclusão, é necessário e suficiente que $\mathfrak{R}$ seja: completo, atômico, modular, complementado e com a propriedade da dependência finita.
>
> Para facilitar a leitura deste trabalho damos aqui, em geral, todas as noções necessárias ao seu desenvolvimento que foi feito nas seguintes etapas:
>
> 1) [...].
>
> 2) [...].
>
> 3) Estudamos algumas propriedades dos átomos dos reticulados modulares, com primeiro elemento, para chegarmos a um importante resultado, que é o seguinte:
>
> **Teorema 11**. Se $\mathfrak{R}$ é um reticulado modular, com primeiro elemento, considerando:
>
> 1) O conjunto ε de todos os átomos de $\mathfrak{R}$;
>
> 2) A família Γ das partes de ε cada uma das quais é constituída por todos os átomos de $\mathfrak{R}$ que precedem o supremo de dois átomos distintos de $\mathfrak{R}$, então, o sistema (ε, Γ) é um espaço projetivo.
>
> Considerando o reticulado ϕ dos filtros de um reticulado modular $\mathfrak{R}$, cujos átomos são os ultra filtros de ϕ, obtemos, como caso particular do Teorema 11, uma extensão do teorema de Frink ((7)).
>
> 4) Finalmente, obtemos uma caracterização ordinal dos subespaços de um espaço projetivo arbitrário. [...]. É com grata satisfação que aqui expressamos os nossos mais sinceros agradecimentos ao professor António Monteiro, pela orientação e estímulo que o mesmo nos dispensou na execução deste trabalho. [...]. (LOPES, 1949, p. I-III)

Em suas pesquisas para a elaboração da tese, a Profª Maria Laura M. L. Lopes estendeu os resultados obtidos por Frink (1946) e demonstrou o teorema 14, já citado.

A Profª Maria Laura M. L. Lopes foi nomeada em 1953 professora interina para a cátedra de Geometria do Departamento de Matemática da FNFi-UB. Em 1967, ela foi nomeada para o cargo de professora titular do IM-UFRJ. Em 1969, foi aposentada compulsoriamente pelo AI-5. Em 1980 foi anistiada e reintegrada ao IM-UFRJ. Daí em diante ela se dedicou ao Projeto Fundão do SPEC/CAPES/PADCT, um projeto multidisciplinar que envolvia Matemática, Química, Física, Biologia etc. Foi presidente de honra da SBEM. Em correspondência particular, a Profª Maria Laura M. L. Lopes nos deu valiosas informações sobre a comunidade acadêmica da FNFi-UB dos anos 1940 e 1950, inclusive sobre o imbróglio que acontecera, provocado por um dos membros da banca examinadora de sua defesa de tese.[44]

Em 1950, o Departamento de Matemática da FNFi-UB abriu inscrições para o concurso de provimento da cátedra de Análise Matemática e Superior. Dois candidatos se inscreveram: o Prof. José Abdelhay, que era o catedrático interino, e o Prof. Dr. Leopoldo Nachbin. A história sobre a não realização desse concurso conforme estava programado pode ser encontrada em Medeiros (2001).

Para esse concurso, o Prof. José Abdelhay apresentou a tese *Bases para os espaços de Banach*, trabalho que foi fortemente influenciado pelo Capítulo VII do livro de S. Banach *Theory of linear operations* (New York: Hafner, 1932), que trata da existência de bases em espaços de Banach.

A tese do Prof. José Abdelhay contém o seguinte:

- Introdução.
- Capitulo I – Bases absolutas e regulares.
- Capítulo II – Complementos e aplicações.
- Capítulo III – Bases para subespaços.
- Capítulo IV – Bases para espaços conjugados.
- Capitulo V – Bases para os espaços de Banach complexos.
- Bibliografia.

O Prof. Dr. Leopoldo Nachbin apresentou para esse concurso a tese *Topologia e ordem*. Esse trabalho foi posteriormente publicado em forma de livro, *Topology and order*, pela D. Van Nostrand Company, em 1965.[45]

Durante a realização do 6º Colóquio Brasileiro de Matemática, de 2 a 22 de julho de 1967, na cidade de Poços de Caldas (MG), evento que teve como coordenador o Prof. Dr. Luis Adauto da Justa Medeiros, do IM-UFRJ, foram planejadas quatro reuniões a serem realizadas com a participação de matemáticos brasileiros e estrangeiros enviados pela OEA, para a criação da primeira Escola Latino-americana de Matemática

---

[44] Parte desse desagradável incidente, que inclui a não renovação do contrato de trabalho do Prof. Dr. António Monteiro pelo reitor da UB, está descrito em nosso livro *Início e consolidação da pesquisa em Matemática no Brasil* (SILVA, 2022b, p. 181-182).

[45] Para informações técnicas sobre esse trabalho, ver Medeiros (2001, p. 19-27).

(ELAM). Ao leitor interessado, sugerimos a leitura do resumo do relatório sobre a criação da ELAM (em *Noticiário Brasileiro de Matemática*, n. 26, p. 10-14, ago. 1967).

Esse evento científico teve origem em 1967, quando o Departamento de Assuntos Científicos da Organização dos Estados Americanos (OEA) convidou um grupo de matemáticos latino-americanos para organizar um evento concebido como atividade de pós-graduação, do qual pudessem participar pesquisadores, professores e estudantes em estudos avançados, provenientes de todos os países membros da OEA. O objetivo desse evento seria criar reuniões científicas com a finalidade de estimular a pesquisa científica em Matemática na América Latina.

A ELAM deveria ser uma organização científica autônoma, que periodicamente realizaria suas sessões de modo alternado nos diversos países da América Latina membros da OEA. A principal finalidade da ELAM era estimular as atividades de pesquisa científica, tanto dos estudantes avançados como dos pesquisadores já formados e residentes na América Latina. A ELAM procuraria estabelecer contatos os mais estreitos possíveis com as instituições internacionais e locais dos países latino-americanos, para o melhor desempenho de suas funções.

Esse evento foi idealizado por Heitor Gorgolino de Souza, da OEA, e por Leopoldo Nachbin, do IMPA. A ELAM passou a ser realizada sob a responsabilidade da OEA. Vemos, assim, mais uma iniciativa para a internacionalização da ciência na América Latina e, particularmente, no Brasil.

O que se seguiu à primeira reunião, de um total de quatro reuniões, para a criação da ELAM, durante a realização do 6º Colóquio Brasileiro de Matemática, realizado no período de 2 a 22 de julho de 1967, gerou um péssimo ambiente para o desenvolvimento das pretensões de trabalho de Leopoldo Nachbin e de sua equipe no IMPA. Na verdade, a partir dessa época foi planejada a exclusão de L. Nachbin do quadro de pesquisadores do IMPA, fato que ocorreu em fins da década de 1960 e início da de 1970. Vejamos as palavras do Prof. Dr. Luis Adauto da Justa Medeiros:

> Foi incluída entre as atividades do Colóquio uma reunião, por nós coordenada, para acertar as bases da organização da ELAM, na presença de vários representantes de países latino-americanos. Foi uma surpresa observarmos o surgimento de divergências entre alguns colegas do IMPA com Leopoldo Nachbin, o que criou um clima tenso, difícil. Numa segunda reunião foi possível superar o impasse e chegar a uma conclusão satisfatória: a primeira ELAM realizou-se no IMPA.
>
> Mas aquelas divergências colocadas sob o tapete em Poços de Caldas ressurgiram mais fortes na Luis de Camões,[46] passando a envolver, além de Leopoldo Nachbin, seus alunos e colaboradores. O clima de difícil convivência gerado induziu-nos a deixar o IMPA. Nós, em particular, fomos para o CBPF, enquanto outros, inclusive Leopoldo Nachbin, foram acolhidos pelo Programa de Engenharia Matemática da COPPE-UFRJ, então coordenado por Guilherme Maurício de La Penha [...]. (MEDEIROS, 2010, p. 30-31)

[46] À época, o IMPA estava sediado na rua Luis de Camões, na cidade do Rio de Janeiro.

Segundo nos informou em correspondência pessoal o Prof. Dr. Luis Adauto da Justa Medeiros, testemunha ocular do episódio mencionado, o mal-estar que envolveu L. Nachbin e alguns outros pesquisadores do IMPA remontava a incidentes ocorridos na UnB nos anos 1960. Quando os militares assumiram o poder no país em 1964, quase todos os professores da UnB, inclusive do Departamento de Matemática, pediram demissão de seus cargos, exceto Leopoldo Nachbin, que coordenava a Matemática e que, à época, estava no exterior. Esse fato, segundo o Prof. Dr. Luis Adauto da Justa Medeiros, criou uma divergência de um grupo de pesquisadores do IMPA com L. Nachbin, motivando a referida discussão, que, de certo modo, foi uma continuação de discussões sobre o que anteriormente se passara na UnB, e que já ocorria em reuniões realizadas nas instalações do IMPA à rua Luis de Camões, na cidade do Rio de Janeiro.

O ambiente hostil a L. Nachbin culminou com sua saída do IMPA no início dos anos 1970. Esse acontecimento, segundo nos relatou o Prof. Dr. Luis Adauto da Justa Medeiros, que participou da equipe de trabalho de L. Nachbin como pesquisador assistente, abalou muito L. Nachbin. Lembramos que ele foi o mais importante analista brasileiro contemporâneo e um dos fundadores e organizadores do IMPA.

Eis um trecho de uma das cartas do Prof. Dr. Luis Adauto da Justa Medeiros a nós enviada:

> A não demissão do Leopoldo, que aliás estava no exterior [ele se refere à UnB], foi o motivo, penso eu [...]. Foi uma surpresa, mas a razão foi esta demissão. A permanência do Leopoldo coordenando a Matemática na UnB continuou. Eu tomei parte na permanência do Departamento. Passei um período indo a Brasília organizar o Departamento para evitar um grupo de professores que gostavam de ocupar o vazio deixado pelo afastamento, justo, dos professores [...]. Foi mantido o Departamento até a chegada do Geraldo Ávila, Djairo, Marco Antonio Raupp, Adilson Gonçalves etc.

Voltemos às informações sobre as reuniões da ELAM. A 1ª ELAM foi realizada em julho de 1968 no IMPA, na cidade do Rio de Janeiro; em 1971, no México; em 1976, no Brasil; em 1978, na Universidad Mayor de San Marcos, Lima, Peru, de 1 a 21 de junho de 1978. Um de seus coordenadores foi o Prof. Dr. Pedro Humberto Rivera Rodrigues. Em 1980 a ELAM foi realizada em Mar del Plata, Argentina, de 28 de julho a 8 de agosto de 1980; em 1982, no México; em 1984, na Venezuela; em 1988, no Chile

Em 1991, a ELAM foi realizada de 12 a 23 de agosto de 1991 em Tanti, Córdoba, Argentina. Os temas da Escola foram: Análise Harmônica e Análise Funcional. Ao leitor interessado, sugerimos a leitura da *Revista de la Unión Matemática Argentina* (v. 37, n. 1 e 2, 1991).

Em 1993 a ELAM foi realizada no México; em 1999, no Peru; em 2002, na Colômbia; em 2005, no Uruguai; em 2011, na Argentina; em 2018, no Brasil, na UFABC. Essa reunião foi estruturada para desenvolver trabalhos em: Álgebra; Probabilidade; Biomatemática; Teoria dos Grafos.

Voltemos à FNFi-UB. Infelizmente, por falta de recursos financeiros não houve continuidade no trabalho que foi desenvolvido a partir dos anos 1940, no Departamento de

Matemática da FNFi, da Universidade do Brasil. Desse modo, no início de 1958, o Departamento de Matemática da FNFi entrou em fase de estagnação. A esse respeito nos informou o Prof. Dr. Luis Adauto da Justa Medeiros:

> Provavelmente a crise no nosso sistema universitário da época fosse um fator marcante para a crise de novos objetivos dentro do próprio Departamento. Não havia, nesta fase, possibilidades de oferecer condições de trabalho semelhantes aos de outras instituições, resultando daí dificuldade em contratar novos professores de boa qualificação, os quais procuravam outros locais de trabalho com melhores condições. O nível das disciplinas lecionadas no Departamento de Matemática era excelente. Esta unidade desempenhou papel importante na preparação de matemáticos de 1939 a 1960, aproximadamente. Os efeitos deste trabalho podem ser constatados, se observarmos o grande número de docentes de algumas universidades do Estado do Rio de Janeiro, que por lá passaram, assim como de outros estados [...].(MEDEIROS, 1983, p. 14)

Com a reforma da universidade brasileira que ocorreu da segunda metade dos anos 1960[47] ao início dos anos 1970, a Universidade do Brasil passou a se denominar, em 1965, Universidade Federal do Rio de Janeiro,[48] e foi criado nela o Instituto de Matemática. Nessa unidade da UFRJ se destacaram vários matemáticos, dentre os quais citamos, em ordem aleatória, Guilherme Maurício de La Penha, Adilson Gonçalves, Leopoldo Nachbin e Luis Adauto da Justa Medeiros.

No início dos anos 1970, Leopoldo Nachbin, com sua equipe de colaboradores, se transferiu do IMPA para a COPPE-UFRJ. Foi organizado, nessa época, pelo Prof. Dr. Guilherme Maurício de La Penha, um Programa de Engenharia Matemática entre os programas ofertados pela COPPE. O diretor da COPPE era então o Prof. Dr. Alberto Luiz Coimbra.

Posteriormente, a equipe de L. Nachbin transferiu-se para o IM-UFRJ, cujo diretor era o Prof. Dr. Guilherme M. de La Penha; foi organizado o IM-UFRJ como um centro de ensino, estudos e pesquisa em Matemática, ofertando cursos de graduação (bacharelado e licenciatura) em Matemática e cursos de pós-graduação em nível de mestrado e doutorado em Ciências (Matemática).

No início do IM-UFRJ, muito trabalharam Leopoldo Nachbin e Luis Adauto da Justa Medeiros, tanto na parte acadêmica como na parte administrativa de organização de cursos de graduação e de pós-graduação, com seus respectivos programas de disciplinas, e na escolha de professores qualificados para formar o quadro de professores do IM-UFRJ.

Nessa fase de sua vida acadêmica, Leopoldo Nachbin estava desenvolvendo trabalhos de pesquisas com um Programa em Análise Complexa em Dimensão Infinita, tendo como objetivo conectar a Teoria das Distribuições à Teoria das Equações Diferenciais Lineares.

---

[47] Cf. Decreto n. 62.997, de 16 de julho de 1968.

[48] Cf. Lei n. 4.759, de 20 de agosto de 1965.

Várias teses de doutorado de seus alunos no IM-UFRJ resultaram desse programa. Augusto J. M. Wanderley, docente do IM-UFRJ, foi um de seus primeiros alunos no IM-UFRJ, nos anos 1970. O Prof. A. J. M. Wanderley passou a trabalhar para desenvolver sua tese em Análise Complexa em Dimensão Infinita. Ele defendeu no IM-UFRJ, em 1974, a tese intitulada: *Germes de aplicações holomorfas em espaços localmente convexos* (área: Análise Matemática; orientador: Prof. Dr. L. Nachbin).

Destacamos a contribuição do Prof. Dr. Luis Adauto da Justa Medeiros por seu trabalho na organização do IM-UFRJ, órgão que ajudou a estruturar o programa de pós-graduação, que foi iniciado em 1968. Ajudou também na organização da biblioteca do IM-UFRJ; na formação do corpo docente do IM-UFRJ, com a escolha de professores qualificados; ajudou na criação de cursos de graduação e de Programas de Pós-graduação *stricto sensu* (trabalho realizado em conjunto com Leopoldo Nachbin), com ênfase em Análise Matemática, na subárea equações diferenciais parciais não lineares, e na orientação de alunos. Nos anos 1970, o Prof. Dr. Luis Adauto da Justa Medeiros foi coordenador do Programa de Pós-graduação do IM-UFRJ.

Além de ministrar cursos regulares na graduação e na pós-graduação do Instituto de Matemática, Luis Adauto da Justa Medeiros também trabalhou na organização de eventos científicos especializados para o IM-UFRJ; trabalhou na criação de textos em Matemática, por exemplo, os *Textos de métodos matemáticos*; na formação de matemáticos sob sua orientação; na criação de equipes de pesquisa, como a equipe dedicada ao estudo dos espaços de Sobolev e aplicações às equações diferenciais parciais não lineares.

Nos primórdios do IMPA, no início dos anos 1950, Luis Adauto da Justa Medeiros, em conjunto com Leopoldo Nachbin, trabalhou na organização da biblioteca daquela instituição. Luis Adauto da Justa Medeiros tinha como uma de suas ações acadêmicas trabalhar para descentralizar das instituições sediadas no eixo São Paulo-Rio de Janeiro o ensino, os estudos e a pesquisa em Matemática.

Citaremos algumas das atividades do Prof. Dr. Luis Adauto da Justa Medeiros fora do IM-UFRJ.

- De 4 a 28 de julho de 1966, Luis Adauto da Justa Medeiros foi convidado para ministrar um curso sobre Funções de Variáveis Complexas no Instituto Central de Matemática da UFPB. As notas de aulas desse curso foram organizadas e publicadas no livro *Introdução às funções complexas* (São Paulo; Rio de Janeiro: McGraw-Hill, 1972).
- Luis Adauto da Justa Medeiros participou ativamente, no início dos anos 1960, da organização e manutenção das ideias e dos cursos iniciais criados no Departamento de Matemática da UnB, em conjunto com Leopoldo Nachbin. Aliás, o nome de Luis Adauto da Justa Medeiros não é mencionado nos principais textos referentes à criação e manutenção do Departamento de Matemática, depois Instituto Central de Matemática da UnB, em sua primeira fase.
- Outro exemplo de sua forte contribuição e influência para a consolidação do ensino, dos estudos e pesquisa em Matemática no país é o fato de que o Prof.

> Dr. Luis Adauto da Justa Medeiros também influenciou, com seu trabalho, sua orientação e sua amizade, a formação e o desenvolvimento do Departamento de Matemática da Universidade Estadual de Maringá (UEM), que é, nos dias atuais, um promissor centro em desenvolvimento de ensino, estudos e pesquisa em Matemática do Paraná. Mais adiante falaremos sobre essa universidade.

Em Sessão do Conselho Universitário da UEM, realizada em 20 de novembro de 2009, foi outorgado ao Prof. Dr. Luis Adauto da Justa Medeiros o título de doutor *honoris causa*. Frequentemente, ele era convidado para fazer palestras durante reuniões científicas realizadas pelo Departamento de Matemática da UEM.

Reproduzimos um pequeno trecho do discurso proferido pelo Prof. Dr. Luis Adauto da Justa Medeiros na ocasião em que recebeu o título de doutor *honoris causa* pela UEM, referindo-se ao bom trabalho desenvolvido pelos docentes do Departamento de Matemática da UEM. "Esses feitos nos deixam muito feliz porque trabalhamos sempre com os ensinamentos da parábola do semeador. As sementes que aqui caíram foram em boa terra e deram bons frutos" (MEDEIROS, 2010, p. 140).

No início dos anos 1970, o Prof. Dr. Luis Adauto da Justa Medeiros organizou uma equipe de estudos e pesquisa no IM-UFRJ, para formação de recursos humanos qualificados, que desenvolveu pesquisa com aplicações às equações diferenciais não lineares. Esse trabalho resultou na realização de projetos de pesquisa, tendo como efeito várias teses de doutorado de seus orientandos. Essa equipe de pesquisas manteve estreita colaboração com a equipe de pesquisa do matemático francês Prof. Dr. Jacques-Louis Lion, falecido em 2001.

Como fruto dessa colaboração, foi organizado, de 1 a 15 de agosto de 1977, no IM-UFRJ, o Simpósio Internacional de Mecânica do Contínuo e Equações Diferenciais Parciais, com a participação de líderes das duas áreas. As conferências foram organizadas e publicadas no volume: G. M. de La Penha; L. A. Medeiros, *Contemporary developments in continuum mechanics and partial differential equations* (New York: North Holland, 1978).

Esse Simpósio projetou ainda mais o IM-UFRJ junto à comunidade matemática internacional. Várias outras reuniões científicas foram realizadas no IM-UFRJ com o apoio de Luis Adauto da Justa Medeiros. Por exemplo, o Seminário Brasileiro de Análise, com reuniões que foram realizadas diversas vezes no IM-UFRJ.

Parte da organização da comunidade matemática brasileira também foi fruto do trabalho científico e administrativo desse matemático, que, acima de tudo, foi um exemplo de ser humano generoso, amigo, acolhedor e ético em suas ações e comportamento acadêmico. Sua descendência matemática é expressiva e está espalhada pelo país e no exterior. Ele orientou 31 teses de doutorado e 22 dissertações de mestrado.

Figura 2.1 – Participantes do Simpósio Internacional em Mecânica do Contínuo e Equações Diferenciais Parciais, realizado no IM-UFRJ de 1 a 5 de agosto de 1977. Na primeira fila, o Prof. Dr. Luis Adauto da Justa Medeiros (*blazer* escuro) e o Prof. Dr. Jacques-Louis Lion.

Fonte: cortesia do Prof. Dr. Luis Adauto da Justa Medeiros.

A consolidação e o desenvolvimento do ensino, dos estudos e da pesquisa em Matemática no país, na subárea de equações diferenciais parciais (EDP), aconteceram graças ao talento e ao competente e persistente trabalho desenvolvido pelo Prof. Dr. Luis Adauto da Justa Medeiros, a partir do IM-UFRJ. Seu trabalho foi muito importante para descentralizar do eixo São Paulo-Rio de Janeiro o ensino, os estudos e a pesquisa em Matemática em nosso país.

Com respeito aos estudos e às pesquisas em EDP, o Prof. Dr. Luis Adauto da Justa Medeiros introduziu no país, a partir do IM-UFRJ, um método moderno para encontrar soluções para as EDP, uma ferramenta que beneficiou a Matemática e a Física Teórica e Aplicada.

O Prof. Dr. Luis Adauto da Justa Medeiros, durante sua longa vida profissional na UB, no IMPA e na UFRJ, contribuiu para a construção da oferta de bons cursos de graduação (bacharelado e licenciatura) em Matemática no Brasil; para a dinamização do ensino, estudos e pesquisa em EDP; para o processo de formação da comunidade metemática brasileira; para a elaboração e publicação de livros-textos em nível de graduação e de pós-graduação em Matemática em língua portuguesa, e também para a construção e visibilidade dos programas de pós-graduação *stricto sensu* do IM--UFRJ, com a oferta de cursos de mestrado e doutorado em Ciências (Matemática).

No início dos anos 1960, o Prof. Luis Adauto da Justa Medeiros foi estudar nos Estados Unidos com o matemático Prof. Dr. F. E. Browder (1927-2016), na Yale University e depois na University of Chicago, para obter o doutorado. Após concluir seu trabalho de pesquisa, Luis Adauto da Justa Medeiros defendeu sua tese de doutorado em 1965, no IMPA, intitulada: *Temporally inhomogeneous non linear wave equations in Hilbert space* (área: Análise Matemática; orientadores: F. E. Browder e L. Nachbin).

O trabalho do Prof. Luis Adauto da Justa Medeiros contém o seguinte:

- Capítulo I. Introdução. Neste capítulo são coletados alguns resultados sobre os espaços de Banach e Hilbert, que serão utilizados no Capítulo II.
- Capítulo II. Introdução. Os principais resultados deste capítulo estão contidos na seção 2.3. No entanto, provaremos certos fatos sobre os domínios e a derivabilidade da raiz quadrada, cf. seções 2.1 e 2.2, respectivamente.
- Aplicações.
- Bibliografia.

No Prefácio de sua tese de doutorado, nos informou o Prof. Luis Adauto da Justa Medeiros o seguinte:

> O objetivo principal deste texto é generalizar os resultados de Browder contidos em [7] [BROWDER, 1962], para o caso de equações de onda com coeficientes de variação temporal. A origem deste problema pode ser apresentada da seguinte forma. Nas aplicações do método matemático à Física, muitas vezes se preocupa com o estudo de equações diferenciais parciais não lineares, por exemplo:
>
> $$\frac{\partial^2 u}{\partial t^2} - \Delta u + ku^3 = 0,$$
>
> onde k é uma constante e Δ é o operador de Laplace [...]. (MEDEIROS, 1965, p. i)

Podemos considerar este trabalho resumido assim:

> Dado um espaço de Hilbert H, seja A um operador autoadjunto e semi-limitado com domínio D(A) denso em H e variando em H, e M(u) uma aplicação não necessariamente linear de $D(A^{\frac{1}{2}})$ em H, satisfazendo certas condições (cf. Cap.II, § 2.3, M1,M2,M3,M4). Consideremos as funções $u : \mathbb{R} \to D(A)$, duas vezes fortemente continuamente diferenciáveis em H e o operador de equações diferenciais
>
> $$\frac{d^2 u}{dt^2} + Au + M(u) = 0 \qquad (*)$$

As equações (*) são tomadas como modelo para nosso estudo. A única novidade é a perturbação que deve ser introduzida nos coeficientes de (*), i. e., consideraremos equações da forma:

$$\frac{d^2u}{dt^2} + A(t)u + M(u) = 0, \qquad (**)$$

onde {A(t)} é uma família de operadores com domínio e variação em H, dependendo de um parâmetro real t. O método utilizado por Browder em [7], não pode ser naturalmente adaptado ao caso da equação (**). Então, deve-se considerar um sistema de primeira ordem equivalente a (**), e este sistema pode ser considerado como uma equação não linear de primeira ordem em um espaço de Hilbert conveniente [...]. (MEDEIROS, 1965, p. i-iii)

No grupo de pesquisa que o Prof. Dr. Luis Adauto da Justa Medeiros criou no Programa de Pós-graduação do IM-UFRJ nos anos 1970, trabalhando em Equações Diferenciais Parciais, um dos assuntos objeto de pesquisas por seus membros era a equação de Benjamin-Bona-Mahony.

Nesse contexto, um trabalho importante sobre o modelo matemático para o movimento de fluidos é a equação de Korteweg-De Vries, ou (KdV) (KORTEWEG; DE VRIES, 1895), que é uma das equações mais importantes na descrição de alguns fenômenos físicos. Ela é um modelo matemático que descreve a propagação de ondas em águas rasas e em canais, em especial para o movimento da água em canais retangulares. A equação KdV está presente na descrição de vários fenômenos da Mecânica dos Fluidos, da Física de Partículas, da Física de Plasmas etc. Esse modelo é simbolizado pela equação KdV:

$$\frac{\partial u}{\partial t} - 6u\frac{\partial u}{\partial x} + \frac{\partial^3 u}{\partial x^3} = 0.$$

Equação essa que foi desenvolvida em 1895 pelos matemáticos Diederik Johannes Korteweg (1848-1941) e Gustav de Vries (1866-1934).

O perfil da onda é dado pela função $u(x,t)$, em que x é sua posição no espaço, e t é a variável de tempo ou $-\infty < x < \infty, t > 0$.

Uma onda que foi observada em um canal e posteriormente estudada, no século XIX, por cientistas interessados no problema é uma onda solitária cujo movimento é descrito pela equação KdV. Esse tipo de onda tem uma propriedade peculiar, a saber, ao colidir (interagir) com outras ondas, ela reemerge da interação com as mesmas formas e velocidades com as quais colidiu, sendo que o único efeito residual é um deslocamento em suas fases. A importância da equação KdV reside no fato de que ela é a equação mais simples que incorpora dispersão e não linearidade, assim, ela pode ser usada para descrever um grande número de fenômenos observáveis.

Analisando esse problema, os matemáticos T. B. Benjamin, J. L. Bona e J. J. Mahony (1972) deduziram a equação:

$$u_t(x,t)+u(x,t)u_x(x,t)+u_x(x,t)-u_{xxt}(x,t)=0, \qquad (\#)$$
$$-\infty < x < \infty, t > 0.$$

chamada de equação de Benjamin-Bona-Mahony. O Prof. Dr. Luis Adauto da Justa Medeiros introduziu a equação (#) no Brasil em 1975 (MEDEIROS, 1976). A partir dessa data, vários matemáticos que trabalhavam e trabalham no Brasil publicaram diversos trabalhos sobre essa equação.

Em 1976, o Prof. Dr. Luis Adauto da Justa Medeiros realizou concurso, e foi aprovado, para o cargo de professor titular do Departamento de Métodos Matemáticos do IM-UFRJ, setor de Métodos de Matemática Aplicada. Para esse concurso ele apresentou a tese intitulada: *Alguns métodos matemáticos para o estudo da equação de Benjamin-Bona-Mahony* (MEDEIROS, 1976).

Essa tese contém o seguinte:

- Prefácio.
- Capítulo I – Notação e resultados básicos: funções grade; desigualdades de Sobolev e polinômios de Fourier; resultados de compacidade.
- Capítulo II – Existência e unicidade de soluções periódicas: existência e estimativas para as soluções do problema discreto; unicidade.
- Capítulo III – Soluções fracas do problema não periódico: resultados sobre distribuições e espaços de sobolev; existência e unicidade de soluções fracas.
- Bibliografia.

No Prefácio, o autor informa o seguinte:

Nesta tese apresentamos, de modo autossuficiente, certos resultados que obtivemos sobre uma equação não linear de evolução que aparece no estudo de Mecânica dos Fluidos [...]. Escolhemos este assunto para tema de nossa tese, porque ele reflete o trabalho que vem sendo realizado pela equipe de Equações Diferenciais Parciais do Instituto de Matemática da UFRJ. Deste modo, faz-se o estudo de alguns aspectos da equação

$$u_t+uu_x-u_{xxt}=0, \qquad (***)$$

conhecida sob a denominação de equação de Benjamin-Bona-Mahony [...]. Neste trabalho prova-se a existência e unicidade de soluções periódicas regulares, usando o método de semidiscretição e certos resultados de compacidade [...]. No Capítulo III estuda-se um tipo geral de equação não linear de evolução, usando o método de Galerkin. No Teorema 3.1 demonstra-se a existência e unicidade de soluções fracas, para através do Teorema 3.2

obter-se soluções regulares, quando se toma uma base especial no método de Galerkin, formada pelas funções próprias do operador de Laplace unidimensional. (MEDEIROS, 1976, p. i-ii; 44 e 53; ver também BENJAMIN; BONA; MAHONY, 1972)

Informamos que, na equação (***), a solução u(x, t) é considerada uma função da classe das funções reais não periódicas, definida para:

$-\infty < x < \infty, t \geq 0.$

Em uma época em que não havia no Brasil literatura matemática em nível de graduação e de pós-graduação em língua portuguesa, o Prof. Dr. Luis Adauto da Justa Medeiros também se dedicou à elaboração e publicação de bons textos em Matemática, em nível de graduação e de pós-graduação. Muitos desses livros foram publicados pela EdIM-UFRJ.

Listamos a seguir alguns de seus textos publicados, começando pelos livros em nível de graduação:

- *Álgebra vetorial e geometria analítica*;
- *Lições de Análise Matemática.*

No livro *Lições de Análise Matemática*, o Prof. Dr. Luis Adauto da Justa Medeiros apresenta ao leitor, de forma simples, elegante e rigorosa, a construção dos números reais $\mathbb{R}$, feita pelo matemático J. W. R. Dedekind (1831-1916).

- *Introdução às funções complexas*;
- *Iniciação às equações diferenciais parciais.*

No livro *Iniciação às equações diferenciais parciais*, o Prof. Dr. Luis Adauto da Justa Medeiros fez um estudo detalhado e completo das principais equações diferenciais parciais da Física Matemática.

Nessa coleção de livros didáticos, o Prof. Dr. Luis Adauto da Justa Medeiros apresenta de forma simples, clara e elegante a teoria básica da Análise Matemática Real, que trata dos estudos das propriedades geométricas e analíticas do conjunto dos números reais $\mathbb{R}$, e da análise matemática complexa, com a finalidade de aplicá-las na obtenção de soluções clássicas de equações diferenciais parciais.

Quanto aos livros em nível de pós-graduação, foram estes:

- *Tópicos de Análise Funcional*;
- *Introdução aos espaços de Sobolev e às equações diferenciais parciais*;
- *Espaços de Sobolev. Iniciação aos problemas elípticos não homogêneos*;
- *Problemas não lineares em equações diferenciais parciais*;

- *Exact controllability for wave equations, Hilbert uniqueness method;*
- *Introduction to exact control theory, Hilbert uniqueness method.*

Nessa coleção dedicada à pós-graduação, o Prof. Dr. Luis Adauto da Justa Medeiros estava interessado na obtenção de soluções fracas das EDP, especialmente soluções das equações de evolução, isto é, de EDP que depende do tempo. A maioria desses livros foi publicada pela EdIM-UFRJ.

O Prof. Dr. Luis Adauto da Justa Medeiros, durante sua longa vida profissional, muito contribuiu em estudos e pesquisa para a soluções de equações diferenciais hiperbólicas não lineares.

Citaremos como exemplo a equação em derivadas parciais:

$$\frac{\partial^2 u}{dt^2} - \frac{\partial^2 u}{dx^2} = 0.$$

Que tem a equação algébrica: $t^2 - x^2 = 0$, que é uma hipérbole no plano cartesiano de coordenadas t e x.

De 26 a 29 de julho de 2006, foi realizado no Departamento de Matemática da UFPA, na cidade de Belém (PA), o International Meeting on Differential Equations, que foi dedicado ao Prof. Dr. Luis Adauto da Justa Medeiros (CORRÊA, 2007).

As contribuições de Luis Adauto da Justa Medeiros em Análise Matemática e, em particular, seu trabalho de pesquisa em equações diferenciais parciais, no estudo de soluções de equações hiperbólicas não lineares, levaram a resultados que foram incorporados à literatura matemática mundial. Um dos seus primeiros resultados obtidos é conhecido como o *teorema da unicidade de Medeiros*, e diz respeito à unicidade de soluções de equações diferenciais ordinárias em espaços de dimensão infinita.

Citaremos o teorema da unicidade de Medeiros. Antes, vejamos o seguinte:

Teorema*. Seja f(t, u) uma função contínua de $\mathbb{R}^+ \times H_w$ em H_w. Então para cada $r > 0$, existe um número real $\propto(r)$, tal que para cada u_0 em H com $\|u_0\| < r$, existe uma solução u(t) de

$$\begin{cases} \dfrac{du}{dt}(t) = f\left(t, u(t)\right) \\ u(0) = u_0 \end{cases}, \text{ com } 0 < t \leq T,$$

em que u_0 é um vetor fixo de H, espaço de Hilbert, com produto escalar $(u,v)_H$, norma $\|u\|$ e $\mathbb{R}^+$ o conjunto dos números reais não negativos; com

$0 \leq t \leq \propto(r)$.

Teorema (da Unicidade de Medeiros). Suponha as condições do **Teorema*** satisfeitas e suponha também que é válida a desigualdade:

$2\Re\left(f(t,u)-f(t,v),u-v\right)\leq w(\|u-v\|^2), 0\leq t\leq\propto(r)$, $0\leq t\leq\propto(r)$, para alguma função admissível w, então a solução do **Teorema*** é única em

$0\leq t\leq\propto(r)$.

Para detalhes técnicos, consultar Medeiros (2005) e Silva (2020, p. 128; 2021, p. 114).

Em 12 de agosto de 1997 foi realizada uma Sessão Solene do Conselho Universitário da UFRJ para a entrega ao Prof. Dr. Luis Adauto da Justa Medeiros do título de Professor Emérito da Universidade Federal do Rio de Janeiro.

Silva (2020; 2021) traz detalhadas informações sobre os trabalhos desenvolvidos pelo Prof. Dr. Luis Adauto da Justa Medeiros a partir do IM-UFRJ. Ele foi um excelente expositor, pois explicava de forma clara e precisa conceitos difíceis para seus alunos; foi um pesquisador incansavelmente criativo e fecundo. O Prof. Dr. L. A. da Justa Medeiros sempre procurou compartilhar seus conhecimentos científicos com seus alunos talentosos e com seus colegas. Dessa forma, muitos de seus artigos e livros foram publicados em conjunto com alunos e colegas.

Quando analisamos a vida acadêmica do Prof. Dr. Luis Adauto da Justa Medeiros, que chamamos de *unreal life*, observamos claramente estas quatro características:

- A de professor universitário e orientador acadêmico para a formação de recursos humanos qualificados em Matemática, em que emerge a sua veia de educador e de pedagogo, e a constante preocupação de acompanhar o desenvolvimento profissional de seus ex-alunos.
- A de pesquisador.
- A de autor, no sentido de escrever e publicar livros didáticos e textos expositivos com a preocupação de contribuir para a criação da literatura matemática em língua portuguesa, até então inexistente.
- A de administrador universitário.

Essas características se interligaram de modo cíclico. Sem dúvida, a conjugação delas formou uma identidade profissional incomum no Brasil da época e dos dias atuais.

Não conhecemos outro exemplo de um professor universitário brasileiro que tenha exercido, ao mesmo tempo, as funções elencadas. Há vários exemplos de professores que possuíram e possuem as três primeiras características, mas não todas as quatro.

Atualmente, os professores do IM-UFRJ que trabalham com Matemática no Programa de Pós-graduação desenvolvem as seguintes linhas de pesquisa:

- Álgebra Abstrata;
- Análise Matemática/Equações Diferenciais Parciais;

- Física Matemática;
- Geometria Diferencial;
- Matemática Computacional;
- Probabilidade;
- Sistemas Dinâmicos;
- Teoria Geométrica das Folheações.

Em 2020, o IM-UFRJ titulou cinco doutores em Ciências (Matemática). O Programa de Pós-graduação do IM-UFRJ possui um programa de professor visitante. O professor visitante deve ser um pesquisador de importante trajetória, preferencialmente já com vínculos com membros do corpo docente do IM-UFRJ, residente no exterior e vinculado a uma universidade ou instituição de pesquisa estrangeira. O Programa de Pós-graduação em Matemática do IM-UFRJ obteve nota 7 na Aavaliação Quadrienal 2017, realizada pela CAPES.

PUCRIO

Ainda na cidade do Rio de Janeiro encontra-se a PUCRIO, Universidade que organizou e consolidou, no período de 1968 a 1974, seu Departamento de Matemática, com a contribuição dos seguintes professores: Prof. Dr. João Bosco Pitombeira, que trabalhava em Álgebra Abstrata; Prof. Dr. Alberto Azevedo, que trabalhava em Geometria Algébrica; Prof. Dr. Nathan M. dos Santos, que trabalhava em Geometria Diferencial, Singularidades; Prof. Dr. Paul A. Schweitzer, que trabalhava em Topologia Algébrica, dentre outros professores.

Nessa época, foi organizado e desenvolvido na PUCRIO um ousado programa que combinava graduação bacharelado em Matemática e pós-graduação mestrado em Ciências (Matemática). Alberto Azevedo foi seu principal articulador nesse período. A PUCRIO concedeu o primeiro título de mestre em Ciências (Matemática) em 4 de junho de 1971, e o primeiro título de doutor em Ciências (Matemática) em 14 de setembro de 1982. Graduaram-se e obtiveram seus mestrados em Ciências (Matemática), nessa fase inicial da PUCRIO, diversos talentosos alunos que depois completaram seus estudos em Matemática na própria PUCRIO, no IMPA, na UFRJ e em instituições estrangeiras.

Seu Programa de Pós-graduação em Matemática titulou em 2019 dois doutores em Ciências (Matemática); em 2020, sete doutores em Ciências (Matemática). O Programa de Pós-graduação em Matemática da PUCRIO obteve nota 7 na Avaliação Quadrienal 2017, realizada pela CAPES.

O Departamento de Matemática da PUCRIO consolidou um bom centro de ensino, estudos e pesquisa em Matemática Pura e em Matemática Aplicada, cujos membros atualmente têm contribuído de modo destacado para o progresso do ensino, dos estudos e da pesquisa científica no país, com linhas de pesquisas em:

- Análise Matemática/Equações Diferenciais Parciais.
- Análise Numérica e Modelagem Computacional.
- Combinatória.
- Geometria Diferencial.
- Sistemas Dinâmicos.
- Topologia.
- Probabilidade e Processos Estocásticos.

IMPA

Na cidade do Rio de Janeiro citamos a criação do IMPA no ano de 1952. Detalhes sobre a criação, desenvolvimento e consolidação dessa instituição podem ser encontrados em Palis, Camacho e Lima (2003).

O IMPA foi idealizado para ser uma instituição do CNPq dedicada à pesquisa científica em Matemática e à oferta de cursos de pós-graduação em Matemática. Inicialmente, as atividades de pós-graduação do IMPA, organizadas por Leopoldo Nachbin, Lindolpho de Carvalho Dias e Maurício Peixoto, foram estabelecidas por convênio com a Comissão Coordenadora dos Cursos de Pós-graduação da Universidade do Brasil (UB), Rio de Janeiro, compreendendo cursos, seminários e pesquisas e conduzindo à concessão do título de mestre em Ciências e de doutor em Ciências.

Dentro desse programa, o IMPA poderia admitir alunos de pós-graduação na qualidade de estagiários, os quais poderiam contar com o apoio do IMPA ao se candidatarem às bolsas de estudos oferecidas pelos órgãos competentes. Cada estagiário teria um orientador escolhido dentre os membros do corpo científico do IMPA.

Na cidade do Rio de Janeiro, foi o IMPA a instituição que iniciou a oferta de cursos de pós-graduação, adquirindo excelência em pesquisas e em ensino de pós-graduação *stricto sensu*. Tornou-se um centro de referência mundial na pesquisa científica em Sistemas Dinâmicos e outras subáreas da Matemática. O Prof. Dr. Cândido Lima da Silva Dias, da FFCL-USP, então diretor de Pesquisas Matemáticas do CNPq, foi um dos mentores para a criação do IMPA.

Citamos a seguir um trecho da entrevista com o Prof. Dr. Lindolpho de Carvalho Dias:

> Aliás, uma providência extremamente feliz, tomada após a criação do IMPA, foi separar pouco mais de dois mil dólares – hoje seriam mais de 20 mil dólares – do CNPq e entregar ao Cândido, que estava de partida para um estágio na França; com esses recursos, ele comprou o início da biblioteca do IMPA [...]. (PALIS; CAMACHO; LIMA, 2003, p. 187)

Os professores Lélio Gama, Leopoldo Nachbin, Lindolpho de Carvalho Dias, e Maurício Peixoto foram os iniciadores das atividades acadêmicas do IMPA, em 1952.

Todos eles estiveram ligados, no início de suas atividades acadêmicas, à Universidade do Brasil. Por exemplo, Maurício Peixoto iniciou nos anos de 1940, na Escola Nacional de Engenharia da Universidade do Brasil, seus estudos e pesquisas sobre o problema da estabilidade de equações diferenciais. Em 1948, o Prof. Maurício Peixoto foi aprovado em concurso para livre-docente da cadeira de Mecânica Racional da ENE-UB, ao defender a tese intitulada *Princípios variacionais de Hamilton e da menor ação*. Lembramos que esse concurso concedia ao candidato aprovado o grau de doutor (Decreto n. 8.659, de 5 de abril de 1911).

Em fins de 1948, o Prof. Dr. Maurício Peixoto prestou o concurso, e foi aprovado, para a livre-docência de Análise Matemática, no Departamento de Matemática da Universidade Rural do Rio de Janeiro, atual UFRRJ, defendendo a tese intitulada *Convexidade das curvas* (PEIXOTO, 1948a), cujo conteúdo era o seguinte:

- Capítulo I – A noção de convexidade: funções convexas e contínuas; Derivação e convexidade; Desigualdades de Jensen; Forma integral da desigualdade de Jensen; Uma aplicação à teoria das funções analíticas.
- Capítulo II – Funções convexas generalizadas: generalização da noção de convexidade; Propriedades da família {F(x)}; Propriedades das funções sub-{F(x)}.
- Capítulo III – A derivação das funções convexas generalizadas.
- Capítulo IV – Caracterização diferencial da convexidade generalizada: a família {F(x)} como soluções de uma equação diferencial; O teorema de Tchaplygin.
- Bibliografia.
- Índice.

Na Introdução do trabalho, diz o autor:

> Atualmente a noção de "convexidade" tem aplicações em vários tipos de estudos, uma das mais curiosas sendo a que Minkowski fez à Teoria dos Números (HARDY; WRIGHT, 1945).
>
> No presente trabalho fazemos, no primeiro capítulo, uma exposição da teoria das curvas convexas, conforme resulta da definição original de Jensen (JENSEN, 1906), insistindo, sobretudo, nas curvas contínuas. No segundo capitulo, estudamos o tipo de convexidade introduzido por E. F. Beckenbach (BECKENBACH, 1937; 1945). Essa generalização é muito ampla, e conserva a marcada significação geométrica de definição original de Jensen.
>
> Finalmente, no terceiro e no quarto capítulos, são apresentados resultados obtidos pelo autor relativamente à convexidade de Beckenbach, a maioria dos quais são extensões muito naturais de propriedades clássicas relativas à convexidade usual de Jensen. [...]. De um lema estabelecido no quarto capítulo, obtemos, como caso particular, um recente resultado de S. Tchaplygin, sucessivamente generalizado por V. N. Petrov e J. E. Wilkins ((6)), relativo às desigualdades diferenciais lineares de segunda ordem. (PEIXOTO, 1948a, p. i)

No Capítulo I, p. 1, o autor define função convexa. Inicialmente considera a função real f(x), com x ∈ (a, b), e apresenta a definição:

Definição. A função f(x) diz-se convexa em (a, b) quando se tem

$$f\left(\frac{x_1+x_2}{2}\right)\leq\frac{1}{2}\left[f(x_1)+f(x_2)\right], \tag{1}$$

para quaisquer x_1, x_2 tais que $a < x_1 < x_2 < b$.

A seguir, o autor acrescenta o seguinte:

Em linguagem geométrica essa definição significa que o ponto médio de uma qualquer corda da curva y = f(x) está acima da curva ou sobre ela. Quando em (1) se suprime a igualdade, obtém-se uma função estritamente convexa. Nesse caso, o ponto médio de qualquer corda está cima da curva y = f(x). (PEIXOTO, 1948a, p. 1)

Nas páginas 2 e 3, o autor enuncia e demonstra o seguinte:

Teorema 1. Uma função f(x) convexa e limitada superiormente em (a, b) é necessariamente contínua nesse intervalo. (PEIXOTO, 1948a, p. 2-3)

No capítulo IV, o Prof. Dr. Maurício Peixoto diz que:

Os resultados do presente capitulo foram, substancialmente, sugeridos pela observação, bastante simples, de que esse Teorema 4 pode ser enunciado assim: é condição necessária e suficiente afim de que f(x) seja convexa relativamente às soluções da equação y" = 0 que f"(x) ≥ 0, i.e., que, substituindo y por f na equação, o primeiro membro se torne maior do que o segundo; a condição f"(x) > 0 é suficiente para a estrita convexidade.

Sob essa forma ele sugere imediatamente a seguinte pergunta: no caso em que a família {F(x)} é formada pelas soluções de uma equação diferencial geral y" = G(x, y, y'), não será possível caracterizar a convexidade relativamente a essa família por uma desigualdade diferencial análoga? Veremos – e isso constitui o nosso principal resultado – que é possível. (PEIXOTO, 1948, p. 46)

Informamos ao jovem leitor que, à época, era usual usar a notação y' para indicar a derivada primeira de uma determinada função y, y" para a derivada segunda, e assim sucessivamente.

O interesse inicial do Prof. Maurício Peixoto era em estabilidade de equações diferenciais. Com esse objetivo, ele foi fazer estágio de pós-graduação no início da década de 1950 na Princeton University, nos Estados Unidos, onde foi discípulo do Prof. Solomon Lefschetz (1884-1972), matemático russo radicado naquele país que o estimulou a se aprofundar no problema da estabilidade de equações diferenciais.

A partir dos anos 1950, o Prof. Dr. Maurício Peixoto deu valiosas contribuições para o conceito de estabilidade estrutural, assunto que foi introduzido na literatura matemática pelos trabalhos pioneiros dos matemáticos russos A. A. Andronov (1901-1952) e L. S. Pontrjagin (1908-1988) e estudado por Solomon Lefschetz (LASALLE; LEFSCHETZ, 1961).

A conjugação de artigos de Maurício Peixoto publicados em 1959 e em 1962, um deles em colaboração com Marília Peixoto, resultou no que foi incluído na literatura matemática mundial com o nome de teorema de Peixoto, que reproduziremos no Capítulo 3 (PEIXOTO, 1959, 1962; PEIXOTO; PEIXOTO, 1959).

Esse resultado de Maurício Peixoto foi o ponto de partida para a construção de uma teoria qualitativa de fluxos e difeomorfismos em variedades de dimensão qualquer, que foi desenvolvida, a partir dos anos 1960, pelo matemático Steve Smale. Foi ele que, quando se interessou pelo assunto, deu a ele o nome de Sistemas Dinâmicos.

Trabalhando no IMPA, do qual foram fundadores, o Prof. Dr. Maurício Peixoto e o Prof. Dr. Leopoldo Nachbin organizaram um programa de pós-graduação, iniciado em 1962, que ofertava cursos de mestrado e de doutorado, com áreas de concentração em Sistemas Dinâmicos e em Análise Matemática.

Em um dos Seminários do Programa de Pós-graduação, sobre Teoria Qualitativa das Equações Diferenciais Ordinárias (TQEDO), que era ministrado para os alunos do doutorado e dirigido por Maurício M. Peixoto, este, após falar sobre a necessidade de realizar pesquisa em Matemática, apresentou a seus alunos uma lista com cinco problemas em aberto sobre equações diferenciais ordinárias (EDO) e entregou a alunos previamente escolhidos os problemas 1 a 3. Os problemas 4 e 5 ficaram para ser entregues a dois outros alunos, Jorge Sotomayor (1942-2022) e Aristide C. Barreto (1935-2000). Todos os problemas seriam temas de pesquisa para suas teses de doutorado. Três dos cinco alunos escolhidos conseguiram resolver seu problema e, a partir do resultado, escreveram suas teses de doutorado. Sotomayor (2000, p. 224) assim descreve esse histórico seminário realizado no IMPA:

> **Numa Tarde de Outubro de 1962**
>
> Numa tarde do início de Outubro de 1962 na sala de Seminários do Instituto de Matemática Pura e Aplicada (IMPA), então localizado no bairro de Botafogo, reuniu-se um grupo de menos de uma dezena de matemáticos, professores e estagiários aspirantes a tornarem-se matemáticos. O motivo do encontro era o Seminário de Teoria Qualitativa de Equações Diferenciais Ordinárias (TQEDO), orientado por Maurício M. Peixoto [...]. Além do reencontro, a reunião dessa tarde tinha algo a mais de especial: o próprio Maurício falaria sobre "Problemas em Aberto na Teoria Qualitativa das EDO" [...]. Havia empolgação e uma tensa expectativa na audiência. Para os participantes mais maduros do Seminário, a hora da verdade havia chegado [...]. (SOTOMAYOR, 2000, p. 224)

Eis os cinco problemas apresentados pelo Prof. Dr. Maurício M. Peixoto, em 1962, aos alunos:

1. O problema do arco

Prove que toda curva contínua contida no espaço χ^{∇} de campos vetoriais de classe C^r na esfera pode ser aproximada por uma curva com apenas um número finito de pontos fora de Σ^r, isto é, não estruturalmente estáveis.

2. Os minimais não triviais

Podem (ou não) existir conjuntos invariantes perfeitos, distintos das órbitas periódicas, pontos singulares e toros, para campos vetoriais de classe C^2, em variedades bidimensionais?

3. A classificação

Classificar combinatoriamente as componentes conexas dos campos estruturalmente estáveis numa variedade bidimensional.

4. A estabilidade (ou instabilidade) estrutural de primeira ordem

No complementar dos campos estruturalmente estáveis $\chi_1^r = \chi^r \setminus \Sigma^r$, considere o conjunto Σ_1^r dos que são estáveis por perturbações pequenas, restritas a χ_1^r, munido da topologia induzida pela topologia C^r.

5. A estabilidade estrutural das equações de segunda ordem

Estender ou adaptar ao caso de equações de segunda ordem (como $\ddot{x} = f\left(x, \dot{x}\right)$) os resultados de estabilidade estrutural para EDO de primeira ordem (campos vetoriais) em variedades bidimensionais (ver Sotomayor, 2000, p. 232-233).

Em 1964, foram defendidas no IMPA as três primeiras teses de doutorado, todas na área de Sistemas Dinâmicos e sob a orientação do Prof. Dr. Maurício Peixoto. Foram as seguintes:

- Aristides Camargo Barreto, tese *Estabilidade estrutural das equações diferenciais da forma X = S(X, X).*
- Ivan Kupka, tese *Contribuição à teoria dos campos genéricos.*
- Jorge M. Sotomayor Tello, tese *Estabilidade estrutural de primeira ordem e variedades de Banach.*

Esses foram os primeiros títulos de doutor em Ciências (Matemática) concedidos pelo IMPA. A iniciativa de Maurício Peixoto marcou o que ficou conhecido como *Escola Brasileira de Sistemas Dinâmicos.*

Três outros alunos do Programa de Pós-graduação do IMPA obtiveram nos anos 1960, na área de Análise Matemática, o título de doutor em Ciências (Matemática). Todos eles foram orientados pelo Prof. Dr. Leopoldo Nachbin. Foram os seguintes:

- Em 1965, Luis Adauto da Justa Medeiros obteve o título de doutor em Ciências (Matemática) pelo IMPA com a tese *Temporally inhomogeneous non linear wave equations in Hilbert space*. Na verdade, Leopoldo Nachbin foi coorientador dessa tese, pois Luis Adauto da Justa Medeiros a desenvolveu sob a orientação do Prof. Dr. Felix E. Browder, na Yale University e na University of Chicago, nos Estados Unidos, embora a tenha defendido no IMPA.
- Em 1966, Chaitan Prakash Gupta obteve o título de doutor em Ciências (Matemática) pelo IMPA com a tese *Malgrange theorem for nuclearly entire functions of bounded type on a Banach space*. Essa tese foi desenvolvida na University of Rochester, nos Estados Unidos, onde o Prof. Dr. L. Nachbin trabalhava.
- Em 1967, João Bosco Prolla obteve o título de doutor em Ciências (Matemática) com a tese *Aproximação Ponderada e Álgebras de Operadores*.

Assim, na primeira fase de suas atividades, nos anos de 1960, o IMPA titulou seis doutores em Ciências (Matemática). No início dos anos 1970, foram defendidas algumas teses de doutorado no IMPA sob a orientação do Prof. Dr. L. Nachbin.

Os trabalhos publicados por Maurício Peixoto contribuíram para os avanços do ensino, dos estudos e da pesquisa em Matemática no Brasil. Informações detalhadas sobre o trabalho desenvolvido por Maurício Peixoto podem ser encontradas em Silva (2009, p. 55-63).

Após concluírem seus doutorados em universidades dos Estados Unidos, juntaram-se ao grupo de pesquisadores do IMPA os professores: Elon Lages Lima (1929-2017), Manfredo do Carmo (1928-2018) e Jacob Palis, dentre outros, que, em suas respectivas especialidades, expandiram o ensino, os estudos e a pesquisa em Matemática na cidade do Rio de Janeiro e no país. Por exemplo, a partir do IMPA, o Prof. Dr. Elon Lages Lima e o Prof. Dr. Manfredo do Carmo foram dois, dentre outros, dos incentivadores para o desenvolvimento e consolidação de um bom centro de ensino, estudos e pesquisa em Matemática na Universidade Federal do Ceará, na cidade de Fortaleza.

O IMPA é um centro de excelência em ensino de pós-graduação em Matemática Pura e em Matemática Aplicada, oferecendo cursos de mestrado e doutorado. Seu curso de doutorado em Ciências (Matemática) obteve nota 7 na última avalição quadrienal realizada pela CAPES (CAPES, 2017b). Desde a década de 1960 até os dias atuais, o IMPA já titulou 549 doutores em Ciências (Matemática).

O único matemático brasileiro ganhador da prestigiada Medalha Fields, importante premiação internacional para a Matemática, é o Prof. Dr. Artur Ávila, que trabalha no IMPA. Ele foi agraciado com a medalha durante o International Congress of Mathematicians (ICM), que foi realizado em Seul, na Coreia do Sul, de 13 a 21 de agosto de 2014.

Artur Ávila obteve o título de doutor em Ciências (Matemática), em 25 de abril de 2001 pelo IMPA, defendendo a tese *Bifurcações de transformações unimodais sob os pontos de vistas topológico e métrico* (área: Sistemas Dinâmicos; orientador: Prof. Dr. Welington Celso de Melo). Sua área de pesquisa é Sistemas Dinâmicos e Teoria Ergódica.

O IMPA possui uma excelente biblioteca. O Programa de Pesquisadores Visitantes do IMPA constitui uma de suas atividades científicas mais importantes. Um grande número de pesquisadores do Brasil e do exterior visita o IMPA a cada ano; são selecionados pela Comissão de Atividades Científicas do IMPA, mediante candidatura ou por convite.

Os pesquisadores do IMPA desenvolvem, atualmente, linhas de pesquisa nas seguintes áreas:

- Álgebra Abstrata;
- Análise Matemática/Equações Diferenciais Parciais;
- Computação Gráfica;
- Dinâmica dos Fluidos;
- Economia Matemática;
- Geometria Complexa e Folheações Holomorfas;
- Geometria Diferencial;
- Geometria Simplética;
- Otimização;
- Probabilidade;
- Sistemas Dinâmicos e Teoria Ergódica.

Em 2019, o IMPA titulou dezesseis doutores em Ciências (Matemática) e, em 2020, outros dezesseis. O IMPA também oferta um programa de estágio de pós-doutoramento.

UERJ

Na cidade do Rio de Janeiro também encontramos a UERJ. Nessa universidade, citamos o Instituto de Matemática e Estatística (IME), unidade da UERJ que oferece um curso de graduação licenciatura em Matemática e um curso bacharelado em Matemática. Seu Programa de Pós-graduação é em Ciências Computacionais, com a oferta de curso de mestrado e curso de doutorado.

No IME-UERJ existe o Núcleo de Modelagem e Experimentação Computacional (NUMERICO), que é um laboratório temático cuja missão é desenvolver atividades de ensino, pesquisa e extensão nas áreas de Matemática Aplicada e Modelagem Computacional. Criado em 2015, é resultado de projetos individuais de alguns professores.

O NUMERICO conta com o apoio financeiro da Fundação Carlos Chagas Filho de Apoio à Pesquisa no Estado do Rio de Janeiro (FAPERJ).

O IME-UERJ não oferta curso de mestrado nem curso de doutorado em Ciências (Matemática). Os docentes do IME-UERJ desenvolvem pesquisa nas seguintes áreas:

- Matemática Aplicada.
- Modelagem Computacional.

CIDADE DE PORTO ALEGRE

Na cidade de Porto Alegre (RS), o ensino de Matemática em nível superior foi iniciado na mesma época que em Curitiba (PR). A pesquisa em Matemática Pura foi iniciada antes que em Curitiba e em Florianópolis (SC). O Instituto de Matemática da UFRGS tem suas origens na Faculdade de Educação, Ciências e Letras (FECL), instalada em 1942, quando foi criado o curso de graduação bacharelado em Matemática. Lembramos que, naquela época, para obter a licenciatura era necessário que o bacharel fizesse um ano de estudos no curso de Educação da Faculdade. Ao ser aprovado, o aluno recebia o grau de licenciado em Matemática.

A FECL[49] da Universidade de Porto Alegre foi criada em 1934. Em 1947, o Estatuto da Universidade de Porto Alegre foi modificado e ela passou a se chamar Universidade do Rio Grande do Sul (URGS), incorporando algumas faculdades situadas em Pelotas e em Santa Maria. Em 1950, a URGS foi federalizada, passando a se denominar, em 1965, Universidade Federal do Rio Grande do Sul[50] (UFRGS).

Porto Alegre recebeu, também nos anos 1940 a 1960, forte influência científica do ambiente acadêmico que florescia nas cidades de São Paulo e Rio de Janeiro. Na Universidade do Rio Grande do Sul, foi criado, em 3 de setembro de 1953, o Centro de Pesquisas Físicas, iniciando-se uma fase caracterizada pela existência de instituição governamental dotada de espaço onde se desenvolviam o ensino, os estudos e a pesquisa em Matemática Pura mediante duas divisões: a Divisão de Matemática e a Divisão de Ensino.

Posteriormente, foi criado o Instituto de Matemática dessa Universidade, para o qual deram valiosas contribuições Ari Nunes Tietböhl, que foi seu primeiro diretor, em 1959, e Antônio Rodrigues, que foi diretor entre 1960 e 1966. Rodrigues se especializou em Geometria Diferencial, e Tietböhl, em Análise Matemática. Posteriormente, outros professores também contribuíram: Manoel Luis da Silva Neto, Silvio Machado, Antonio P. Ribeiro, Joana Bender, Marta Blauth Menezes, Pedro Nowosad e Oclide J. Dotto, dentre outros.

---

49 Depois, denominada FFCL. Cf. o Decreto n. 19.851, de 11 de abril de 1931.

50 Cf. a Lei n. 4.759, de 20 de agosto de 1965, que dispõe sobre a Denominação e Qualificação das Universidades e Escolas Técnicas Federais.

O Instituto de Matemática da Universidade do Rio Grande do Sul, que a partir de 1965 passou a se denominar IM-UFRGS, passou nos anos 1950 e 1960 a desenvolver intensas atividades de ensino, estudos e pesquisas em Matemática Pura, com a participação de professores locais e de professores visitantes, brasileiros e estrangeiros. Observamos nessa fase do IM-UFRGS a mobilidade acadêmica de pesquisadores em Matemática.

O IM-UFRGS passou também a publicar textos em Matemática de autores brasileiros e estrangeiros, como o de M. Nagumo, *Introduction to the theory of Banach spaces*, em dois volumes, e o de Elon L. Lima, *Introdução às variedades diferenciáveis*, ambos em 1960. Em 1959, havia sido publicado o texto de Antônio Rodrigues intitulado *Geometria diferencial*. Um dos objetivos desses textos era suprir a carência, especialmente em língua portuguesa, de textos para os cursos de graduação ministrados na UFRGS e em outros estados.

Em 1977, foi criado no IM-UFRGS um programa de pós-graduação com a oferta de um curso de mestrado acadêmico em Ciências (Matemática). Esse programa foi credenciado pela CAPES (Parecer n. 859/80, de 28 de agosto de 1980).

Depois, o IM-UFRGS passou a denominar-se IME-UFRGS (Matemática e Estatística). No IME-UFRS foi criado o Programa de Pós-graduação em Matemática Aplicada (PPGMap), com área de concentração em Matemática Aplicada e a oferta do curso de mestrado acadêmico em Ciências (Matemática Aplicada) a partir de 1995. O curso de doutorado acadêmico em Ciências (Matemática Aplicada) passou a ser oferecido em 2001.

O PPGMAp do IME-UFRGS tem como objetivo a formação de recursos humanos qualificados na área de Matemática Aplicada, com capacidade para atuar em diversos segmentos, tanto na Universidade como no setor produtivo, visando ao desenvolvimento da sociedade e do Brasil.

No PPGMAp do IME-UFRGS os docentes trabalham nas seguintes linhas de pesquisa:

- Análise Aplicada.
- Dinâmica dos Fluidos.
- Teoria de Transporte de Partículas.
- Sistemas Não Lineares e Biomatemática.
- Vibrações, Controle, Sistemas e Sinais.
- Matemática Discreta.

CIDADE DE FLORIANÓPOLIS

Em Florianópolis (SC), o ensino de Matemática em nível superior e a pesquisa científica em Matemática Pura foram iniciados alguns anos depois que em Porto Alegre e em Curitiba. O Departamento de Matemática da Universidade Federal de Santa

Catarina (UFSC) foi criado em 16 de fevereiro de 1968. O Programa de Pós-graduação *stricto sensu* em Matemática Pura e Aplicada, com oferta de mestrado em Ciências (Matemática), foi criado em 23 de outubro de 1975. Nessa fase, a UFSC contratou vários professores visitantes brasileiros e estrangeiros, pois ainda não possuía massa crítica de doutores titulados em Matemática.

O Prof. Dr. Walter de Bona Castelan muito contribuiu para o processo de desenvolvimento científico do Departamento de Matemática da UFSC. Sua morte trágica num desastre aéreo ocorrido em 1980 foi um golpe muito sentido pelos membros do Departamento de Matemática da UFSC. Ele era seu aglutinador. Antes de seu falecimento, tivemos a honra de convidar o Prof. Walter Castelan para realizar uma conferência no Departamento de Matemática da UFPR, no contexto do Programa de Professores Conferencistas do Departamento de Matemática da UFPR, que era financiado pelo CNPq.

Em 1991, o Departamento de Matemática da UFSC promoveu uma importante reforma administrativa. Um dos resultados imediatos dessa reforma de gerenciamento foi a nova política para contratação de docentes, organizada pela Câmara de Pesquisa. A política de contratação de docentes, aliada à política de qualificação dos recursos humanos, levou a um aumento considerável no número de doutores atualmente trabalhando no Departamento de Matemática da UFSC.

Ainda em 1991, foi reformulado o curso de mestrado ofertado pelo Departamento de Matemática da UFSC. Em 1992 e 1993 houve uma reformulação profunda do curso de graduação em Matemática ofertado pelo Departamento de Matemática da UFSC. Resultou desse trabalho a implantação, em 1994, do curso de graduação bacharelado em Matemática e Computação Científica e a criação do curso de graduação licenciatura em Matemática.

A Câmara de Pesquisa do Departamento de Matemática da UFSC tem praticado uma inteligente política de contratação de docentes, apoiada na qualificação dos candidatos a serem contratados, com preferência para doutores titulados ou alunos em fase final de doutorado. Tem desenvolvido, ainda, uma política de organização da pesquisa científica no Departamento de Matemática.

O resultado desse trabalho é o significativo aumento de doutores titulados trabalhando atualmente no Departamento de Matemática da UFSC, a criação de novos grupos de pesquisa, a consolidação dos grupos antigos e o aumento significativo na publicação de artigos em periódicos de circulação internacional.

Em 2013, a CAPES aprovou a criação, pelo Departamento de Matemática da UFSC, de um Programa de Pós-graduação que oferta cursos de mestrado acadêmico e curso de doutorado acadêmico em Ciências (Matemática Pura e Aplicada), com área de concentração em Álgebra Abstrata, Análise Matemática, Geometria/Topologia e Matemática Aplicada. A UFSC titulou seu primeiro doutor em Matemática em 2016.

Os docentes do Programa de Pós-graduação do Departamento de Matemática da UFSC desenvolvem pesquisas nas seguintes linhas:

- Análise Matemática.
- Álgebra Abstrata.
- Geometria/Topologia.
- Matemática Aplicada.

CIDADE DE CURITIBA

Nos anos anteriores a 1930, a única instituição de ensino superior existente em Curitiba que ofertava disciplinas de Matemática Superior em seu curso básico era a Faculdade de Engenharia do Paraná, uma instituição privada, dedicada à graduação de engenheiros.

Em 1939, a Faculdade de Filosofia, Ciências e Letras do Paraná, uma instituição privada confessional, de propriedade dos Irmãos Maristas, criou o curso de graduação bacharelado em Matemática, que passou a funcionar em 1940, com grade curricular de três anos (PARANÁ, 1940, p. 4) assim distribuída:

- 1º ano: Análise Matemática; Geometria Analítica e Geometria Projetiva; Física Geral e Física Experimental.
- 2º ano: Análise Matemática; Geometria Descritiva e Complementos de Geometria; Mecânica Racional; Física Geral e Física Experimental.
- 3º ano: Análise Superior; Geometria Superior; Física Matemática; Mecânica Celeste.

Os professores desse curso eram engenheiros que ministravam aulas na Faculdade de Engenharia do Paraná.

Os criadores do curso bacharelado em Matemática da FFCL do Paraná não tiveram a preocupação ou o interesse em fomentar em Curitiba um bom ambiente de ensino, estudos e pesquisa em Matemática. Desse modo, não houve o florescimento da pesquisa científica em Matemática nessa instituição.

Em 1940, fugindo do Exército da Alemanha nazista, chegou a Curitiba, com esposa e filhos, o matemático polonês Prof. Dr. Zbigniew Lepecki, que havia obtido a graduação em Matemática pela Universidade de Varsóvia, Polônia. Ele obtivera o doutorado em Ciências (Matemática) pela Universidade de Vilnius, em 5 de junho 1939, em Análise Matemática, sob a orientação do Prof. Dr. Antoni Szczepan Zygmund (1900-1992), com a tese *On some theorems on trignometric double series.* Nessa época, Vilnius, hoje capital da Lituânia, pertencia à Polônia.

Pelo mesmo motivo, seu orientador, o Prof. Dr. Antoni S. Zygmund, fugiu da Polônia com a esposa e o filho para os Estados Unidos, onde trabalhou inicialmente no MIT e depois no Mount Holyoke College, University of Michigan, University of

Pennsylvania. Por fim, a convite de Marshall Stone, foi trabalhar no Departamento de Matemática da University of Chicago.

O trabalho de pesquisa do Prof. Dr. A. S. Zygmund exerceu uma grande influência sobre a Matemática do século XX, particularmente em análise harmônica, um campo da Matemática utilizado em ciências e tecnologias para a formulação de descrições de fenômenos periódicos como ondas, vibrações e estruturas regularmente repetidas.

O Prof. Dr. Antoni S. Zygmund também desenvolveu importantes trabalhos em análise de Fourier e sua aplicação às equações diferenciais parciais. Em 1974, integrou o Comitê da Medalha Fields. O Prof. Dr. Antoni S. Zygmund orientou quarenta estudantes de doutorado, três deles na Polônia e os outros 37 nos Estados Unidos. Sua descendência matemática é formada por 1.111 estudantes.

Voltemos a Curitiba. O Prof. Dr. Z. Lepecki foi contratado para trabalhar no Departamento de Matemática da FFCL do Paraná, na cidade de Curitiba, para ministrar aulas na disciplina Análise Matemática e Superior, do curso de Ciências Matemáticas (bacharelado em Matemática) dessa instituição. Em suas aulas sobre Análise Matemática, ministradas ao 2° ano do curso, o Prof. Z. Lepecki abordava as noções fundamentais das séries de Fourier como um caso especial das séries trigonométricas. Isso nos mostra a boa qualidade das aulas de Análise Matemática ministradas pelo Prof. Z. Lepecki na FFCL do Paraná nos anos 1940.

A direção da FFCL do Paraná não manteve o Prof. Z. Lepecki por muito tempo. Seu contrato de trabalho não foi renovado. A diminuta comunidade acadêmica da cidade de Curitiba perdeu, nos anos 1940, por falta de sensibilidade e visão de futuro dos gestores da FFCL do Paraná, a contribuição acadêmica e científica de um descendente do prestigiado matemático Prof. Dr. Antoni S. Zygmund.

O Prof. Dr. Zbigniew Lepecki foi o primeiro doutor em Ciências (Matemática) a ministrar aulas em cursos de graduação em Matemática na cidade de Curitiba, e o primeiro matemático a publicar um artigo de pesquisa científica em Matemática na cidade: "Sobre certos teoremas de séries trigonométricas duplas" (LEPECKI, 1942), cujo objetivo era estudar propriedades desconhecidas das séries trigonométricas múltiplas. O trabalho está dividido em duas partes. Na primeira, o autor destaca o valor prático das séries trigonométricas, em especial o valor das séries de Fourier, que são expressões da forma:

$$\frac{a_0}{2}+\sum_{n=1}^{\infty} a_n cosnx + b_n sennx, \quad (1)$$

em que os coeficientes de Fourier a_0, a_n, b_n, são determinados por equações integrais bem definidas, e n = 1, 2, 3...

J. B. J. Fourier (1768-1830) divulgou em sua obra a ideia de que qualquer função f(x) pode ser expandida por uma série da forma (1). O leitor interessado em séries de Fourier pode consultar Lang (1971, p. 329 e seguintes), Spivak (1970, p. 405, 408, 412) e Fourier (1888-1890, v. 1, p. 210).

Na segunda parte de seu trabalho, o autor estende às séries trigonométricas duplas alguns teoremas da teoria de B. Riemann (1826-1866) sobre séries trigonométricas de funções f(x) de uma variável real.

Após sua demissão da FFCL do Paraná, o Prof. Dr. Z. Lepecki se transferiu, em 1943, com sua família, para a cidade de Belo Horizonte (MG).[51]

Foi mantido em Curitiba durante vários anos pela FFCL do Paraná um ambiente acadêmico de ensino e estudos em Matemática direcionado somente para a formação de professores do ensino médio, isto é, um pobre ambiente acadêmico em ensino de Matemática. Após a saída de Curitiba do Prof. Dr. Z. Lepecki, o corpo docente do curso de Ciências Matemáticas da FFCL do Paraná voltou a ser formado exclusivamente por engenheiros que eram professores da Faculdade de Engenharia do Paraná.

Esses professores não tinham interesse em desenvolver estudos e pesquisa em Matemática, nem criar na cidade um bom centro de ensino, estudos e pesquisa em Matemática. Todos eles tinham seus empregos principais como engenheiros em órgãos públicos ou em suas próprias empresas de construção civil.

Com o desejo, por parte da elite intelectual da cidade de Curitiba, de que fosse fundada uma nova Universidade do Paraná, pois a antiga havia sido extinta em 1918, os responsáveis pelas negociações para o processo de criação da nova instituição conseguiram, nos anos de 1940, fazer com que a FFCL do Paraná, de propriedade dos Irmãos Maristas, fosse incorporada ao projeto de criação da nova Universidade do Paraná.

Assim, em 1° de abril de 1946, 28 anos após a extinção da antiga Universidade do Paraná, foi fundada pelo Ministério da Educação a nova Universidade do Paraná, uma instituição privada. Seu estatuto foi aprovado por meio do Decreto n. 9.323, de 6 de junho de 1946[52].

Eis o Art. 1° e Art. 2° do Decreto n. 9.323, de 6 de junho de 1946, acima citado.

> Art. 1° - A Universidade do Paraná, fundada a 1 de Abril de 1946, na Cidade de Curitiba, Estado do Paraná, é uma Universidade livre equiparada e tem por finalidades: [...].
>
> Art. 2° - A Universidade é constituída dos seguintes institutos:
>
> a) Faculdade de Direito, fundada a 19 de Dezembro de 1912;
>
> b) Faculdade de Engenharia, fundada a 19 de Dezembro de 1912;

---

51 Para detalhes sobre a passagem do Dr. Lepecki por Curitiba, ver Silva (2008, p. 28-32).

52 Poucos anos depois da criação da Universidade do Paraná, os Irmãos Maristas fundaram, no início dos anos de 1950, a Faculdade de Filosofia, Ciências e Letras de Curitiba. Em 1955, essa instituição passou a denominar-se Faculdade Católica de Filosofia de Curitiba. No início dos anos de 1970 os Irmãos Maristas fundaram a Universidade Católica do Paraná, atual PUCPR. Essas instituições sempre ofereceram o curso de licenciatura em Matemática, destinado à formação de professores do ensino médio. Jamais houve interesse em criar um bom ambiente de ensino, estudos e pesquisa em Matemática.

c) Faculdade de Medicina e escolas anexas de Farmácia e Odontologia, fundadas a 19 de Dezembro de 1912;

d) Faculdade de Filosofia, Ciências e Letras, fundada a 16 de Fevereiro de 1938.

Ao ser incorporada ao projeto de criação da nova Universidade do Paraná, a FFCL do Paraná passou a denominar-se FFCL da Universidade do Paraná (FFCL-UPR). Dentre os cursos que passaram a ser ofertados pela FFCL-UPR a partir de 1946, havia o bacharelado em Matemática, com a seguinte grade curricular:

- 1º ano: Introdução Especial à Filosofia; Análise Matemática; Física Geral e Física Experimental; Geometria Analítica e Geometria Projetiva.
- 2º ano: Análise Matemática; Geometria Descritiva; Mecânica Racional; Física Geral e Física Experimental.
- 3º ano: Análise Superior; Geometria Superior; Física Matemática; Mecânica Celeste.

Para formar o corpo docente do curso de graduação bacharelado em Matemática da FFCL-UPR, foram contratados professores da Faculdade de Engenharia do Paraná, mas que tinham grande interesse em estudar e desenvolver ensino, estudos e pesquisas em Matemática.

A criação de um ambiente de ensino, estudos e pesquisa em Matemática foi iniciado em Curitiba a partir de 1952, quando chegou à cidade, contratado como professor visitante, o matemático português Prof. Dr. João Remy Teixeira Freire[53] (1917-1992), para ministrar a disciplina Estatística Geral do recém-criado curso de Ciências Sociais da FFCL-UPR.

O Prof. Dr. João Remy Freire foi, em Curitiba, o aglutinador dos jovens que tinham interesse em desenvolver estudos e pesquisa em Matemática, Lógica, Probabilidade e Estatística. Ele era um dos membros do grupo de matemáticos portugueses do qual fazia parte o Prof. Dr. António Monteiro, contratado em 1945 pela FNFi-UB como professor visitante. Esse grupo era formado por dissidentes do governo do ditador nacionalista português António de Oliveira Salazar (1889-1970) que imigraram quase em sua totalidade para diversos países. Alguns matemáticos membros desse grupo foram contratados como professores visitantes pela Universidade de Recife, atual UFPE.

[53] Ele foi um dos jovens matemáticos portugueses atualizados com a Matemática da época. O grupo de jovens matemáticos reformulou, em Portugal, o ensino, os estudos e as pesquisas em Matemática. O grupo, do qual faziam parte António Monteiro, J. Remy Freire, José Morgado, Ruy Luis Gomes, Alfredo Pereira Gomes, dentre outros, criou a Sociedade Portuguesa de Matemática. Todos eles eram dissidentes políticos do governo de António de Oliveira Salazar. Para detalhes a respeito do trabalho realizado em Curitiba por João Remy T. Freire, ver Silva (2008, p. 41-48).

Em 1953, o Prof. J. Remy Freire foi convidado para ministrar a disciplina Análise Matemática para o curso de graduação bacharelado em Matemática da FFCL-UPR, e o fez a partir de um contexto atual para a época. Ele passou a indicar a seus alunos livros sobre Análise Matemática. João Remy Freire fez contato com alunos e jovens professores da Escola de Engenharia da UPR interessados em desenvolver estudos em Matemática e os incentivou a esses estudos. Dentre eles citamos Jayme Machado Cardoso, Newton da Costa, Leo Barsotti, Zélia Pavão, Osni Dacol, Leonel Moro.

Ele introduziu em Curitiba os estudos em Análise Matemática, Álgebra Abstrata (chamada à época Álgebra Moderna), Álgebra Linear, Álgebra Matricial, Análise Vetorial, Cálculo Vetorial, Probabilidade e Estatística. Eram ensino e estudos de temas atuais para a época, não abordados pelo curso de Matemática anteriormente ofertado pela FFCL do Paraná. Algo novo no ensino de Matemática, Probabilidade e Estatística aconteceu em Curitiba no início dos anos 1950. Observamos nessa fase os primórdios da internacionalização da ciência na UPR.

O Prof. J. Remy Freire criou, em 31 de outubro de 1953, a Sociedade Paranaense de Matemática (SPM), uma associação científica que aglutinou os interessados em ensino, estudos e pesquisa em Matemática. A partir dessa associação científica, foi iniciado em Curitiba um ciclo de palestras, conferências, seminários, eventos científicos e cursos extracurriculares, atividades ligadas à Matemática, Probabilidade e Estatística e que não existiam na cidade antes de 1953.

Ainda em 1953, foram convidados para realizar um ciclo de palestras em Curitiba alguns docentes do Departamento de Matemática da FFCL-USP, que estavam na cidade participando da 5ª Reunião Anual da SBPC. Na época, as reuniões anuais da SBPC abriam espaço para conferências dos matemáticos, uma vez que não havia eventos científicos dedicados exclusivamente à Matemática – relembramos que o Colóquio Brasileiro de Matemática (CBM) foi criado em 1957. Os seguintes professores da FFCL-USP realizaram as conferências na FFCL-UPR:

- Luis Henrique Jacy Monteiro, que falou sobre introdução à teoria da fatorização.
- José de Barros Neto, que proferiu palestra sobre introdução à teoria da medida.
- Cândido Lima da Silva Dias, que falou sobre os conjuntos finitos.
- Benedito Castrucci, que falou sobre postulados fundamentais da geometria projetiva.

Em 1954, o Prof. Elon Lages Lima, do IMPA, realizou em Curitiba, a convite, dois cursos de extensão universitária, intitulados Espaços Vetoriais e Topologia dos Espaços Métricos. Finalmente os interessados em ensino, estudos e pesquisa em Matemática residentes em Curitiba e em outras cidades do Paraná passaram a participar das atividades em Matemática que aconteciam no eixo São Paulo-Rio de Janeiro.

Em junho de 1954 foi ministrado em Curitiba o curso de extensão universitária intitulado Teoria das Matrizes, que ficou a cargo do Prof. João Remy Freire. Ainda em 1954 foram realizados os seguintes seminários:

- *Teoria dos números*, sob a responsabilidade dos Profs. Leo Barsotti e Newton da Costa.
- *Origens dos sistemas planetários como força interna*, sob a responsabilidade do Prof. Leonel Moro.

No seio dessa agitação no Departamento de Matemática da FFCL-UPR, foi criada, nos anos 1950, uma biblioteca em Matemática na UPR. O Prof. Jayme Machado Cardoso foi o mentor e organizador dessa biblioteca. A partir de então, passaram a circular em Curitiba os livros publicados em Paris pelo grupo de Nicolas Bourbaki; as *Notas de Matemática* publicadas pela FNFi-UB e depois pelo IMPA, na cidade do Rio de Janeiro; os *Textos de Matemática* publicados pela Universidade de Recife; os *Textos de Matemática* publicados pela Universidade do Rio Grande do Sul; revistas científicas; e livros publicados no exterior sobre: Análise Matemática; Lógica e Teoria dos Conjuntos; Álgebra Moderna (depois Álgebra Abstrata); Geometria Algébrica; Geometria Diferencial; Topologia Geral; Álgebra Linear; Cálculo Avançado; Cálculo Matricial; Análise Vetorial; Cálculo Vetorial; Geometria Analítica; Análise Numérica; Teoria das Funções; Funções de Variáveis Complexas; Equações Diferenciais Parciais; Equações Diferenciais Ordinárias etc.

As referências bibliográficas para as diversas disciplinas do curso de Matemática ofertado pela FFCL-UPR eram de autores como: N. Bourbaki; N. Jacobson; I. N. Herstein; J. B. Scarborough; A. A. Albert; W. Burnside; H. Marshall; P. H. Halmos; W. Rudin; A. Pereira Gomes; G. Birkhoff e S. MacLane; H. Phillips; I. Kaplansky; R. Courant; W. Leighton; C. H. Lehmann; K. Kuratowski, dentre outros.

Com o regresso do Prof. João Remy Freire ao exterior, no final dos anos de 1950, os Profs. Jayme Machado Cardoso e Newton da Costa, seus discípulos, continuaram seu trabalho em Curitiba, assumindo as cadeiras das disciplinas que eram ministradas pelo Prof. Dr. J, Remy T. Freire. Em 1961, a convite do Prof. Jayme M. Cardoso, o Prof. Artibano Micali (1931-2011) proferiu na FFCL-UPR uma palestra intitulada *O ensino da Matemática na França*.

Em 1953, o Prof. Jayme Machado Cardoso, que também era docente da Escola de Engenharia da UPR, defendeu a tese intitulada *A utilidade da representação de Monge na composição e decomposição de forças no espaço*, para obtenção do título de livre-docente em Geometria Descritiva, Perspectiva, Sombras e Aplicações Técnicas na Escola de Engenharia da UPR. O trabalho do Prof. Jayme Machado Cardoso tem o seguinte teor:

- Prefácio.
- Introdução.
- Composição de forças.
- Decomposição de forças.
- Aplicação.

- Conclusões.
- Literatura consultada.

Na Introdução, assim se expressa o Prof. Jayme Machado Cardoso:

> A solução gráfica dos problemas de composição e decomposição de forças não situadas no mesmo plano evidentemente só pode ser obtida mediante o emprego de um dos métodos da Geometria Descritiva. Dentre estes métodos destaca-se o da dupla projeção ortogonal pela simplicidade das construções necessárias à resolução do problema. [...].
>
> Naturalmente é interessante que a planta e o corte da estrutura sejam desenhados segundo a disposição das imagens na representação mongiana, afim de evitar no máximo possível os erros motivados por transportes de comprimentos e especialmente para economia de raciocínio, transformando o problema estrutural em um simples problema de Geometria Descritiva associado a um problema de Grafostática plana. [...].
>
> Por este motivo julgamos desnecessário efetuar um estudo comparativo entre os diferentes métodos e examinamos exclusivamente o emprego do método de Monge. (CARDOSO, 1953, p. 7-8)

O Prof. Newton da Costa conciliou o ensino com a pesquisa em Lógica Matemática e Análise Matemática. Foi o criador de um grupo de pesquisa em Lógica Matemática, Fundamentos da Matemática e Análise Matemática.

Em 1964, a Profª Ayda Ignez Arruda (1936-1983), do Departamento de Matemática da FFCL-UPR, realizou concurso, e foi aprovada, para a obtenção do título de livre-docente da cadeira de Análise Matemática e Análise Superior, da FFCL-UPR. Ela apresentou e defendeu a tese intitulada *Considerações sobre os sistemas formais* NF_n. O conteúdo da tese da Profª Ayda I. Arruda é o seguinte:

- Prefácio.
- Capítulo I – O sistema NF_1.
- Capítulo II – Os sistemas NF_i.
- Capítulo III – Problemas de incompletabilidade e de indecidibilidade nos sistemas NF_i.
- Conclusões.
- Bibliografia.
- Errata.

Em 1965, o Prof. Newton da Costa prestou e foi aprovado em concurso público para o cargo de professor catedrático da cadeira de Análise Matemática e Análise Superior do Departamento de Matemática da FFCL-UPR. Para esse concurso, ele apresentou a tese intitulada *Sistemas formais inconsistentes*. Tivemos o privilégio e a honra de assistir à defesa dessa tese. Eis seu conteúdo:

- Agradecimentos.
- Introdução.
- Primeira Parte: Capítulo I – Cálculos proposicionais para sistemas formais inconsistentes. Capítulo II – Cálculos de predicados para sistemas formais inconsistentes. Capítulo III – Cálculos de predicados com identidade para sistemas formais inconsistentes.
- Segunda Parte: Capítulo IV – Descrições. Capítulo V – Aplicações à teoria dos conjuntos.
- Conclusões.
- Apêndice.
- Bibliografia.

Na Introdução de seu trabalho, assim se expressa o Prof. Newton da Costa:

> A Ideia central do presente trabalho consiste, a grosso modo, no seguinte: um sistema dedutivo formalizado tendo por base a lógica elementar clássica (ou a lógica intuicionista, ou várias formas de lógicas polivalentes, [...], se for inconsistente, é trivial no sentido de que todas as suas proposições são demonstráveis; logo, assim encarado, não apresenta especial interesse matemático. Todavia, por diversos motivos, como, por exemplo, para análises comparativas com sistemas consistentes e para valoração apropriada, do ponto de vista meta-matemático, dos diversos princípios em jogo, torna-se conveniente estudar, de maneira direta, os sistemas inconsistentes. Mas, para tanto, é imprescindível estruturar novos tipos de lógica elementar, com auxílio dos quais se possam manipular tais sistemas.
>
> Isto posto, a finalidade de nossa investigação é dupla:
>
> 1º) edificar novas categorias de lógica elementar, que se prestem para servir de base ao exame direto de sistemas dedutivos inconsistentes;
>
> 2º) aplicar tais categorias de lógica elementar à análise de sistemas dedutivos inconsistentes. [...]. (COSTA, 1963, p. 3)

Posteriormente, o Prof. Newton da Costa se transferiu para a USP. Dois dos membros de seu grupo de pesquisa se transferiram para o IMECC-UNICAMP.

Em 1977, o Prof. Dr. Jayme Machado Cardoso prestou concurso, e foi aprovado, para o cargo de professor titular do Departamento de Desenho do Setor de Ciências Exatas da UFPR. Ele apresentou a tese intitulada *Sistemas de projeção*. Tivemos a honra de assistir à defesa da tese, cujo teor é o seguinte:

- Prefácio.
- Introdução.
- Sistemas não métricos.

- Sistema métricos: As retas diretrizes coincidem; As retas diretrizes são coplanares; As retas diretrizes são não coplanares.
- Outros dados.
- Referências.

No Prefácio desse trabalho, assim se expressou o autor:

> Quando da realização do Segundo Simpósio Brasileiro de Professores de Geometria Descritiva, levado a efeito no Rio de Janeiro em 1957, tomamos conhecimento com um novo sistema de projeção idealizado pelo professor Mendel Coifman, da Escola Nacional de Belas Artes. Com este sistema, acertadamente denominado hiperbólico pelo professor Coifman, é possível obter todas as curvas cíclicas por projeção de certas curvas traçadas na superfície do toro circular (ver, por exemplo, [2], [6] e [7] nas Referências indicadas na última página). Tal resultado muito nos entusiasmou e revelou que merecia ser examinada a possibilidade de definir sistemas de projeção diferentes dos sistemas usuais: central e paralelo. Este entusiasmo nos levou a obtenção de alguns resultados interessantes, que foram divulgados em [2].
>
> Posteriormente, em 1966, voltamos nossa atenção para o mesmo problema, em vista dos resultados publicados na revista da Universidade de Dresden (ver [1]) e, por nós generalizados em [3].
>
> Com a divulgação de tantos trabalhos sobre sistemas de projeção fomos levados a indagar da existência de um sistema de projeção que fosse o mais geral possível, no sentido de que todos os outros seriam casos particulares de tal sistema. Evidentemente a resposta é negativa [...]. (CARDOSO, 1977, p. 1)

O Prof. Dr. Jayme M. Cardoso, além de ensinar, se dedicou à pesquisa em Geometria e em Álgebra Abstrata. Passou uma temporada no ITA como professor visitante e depois no IMECC-UNICAMP, regressando à FFCL-UPR. Nessa fase, o Prof. Jayme M. Cardoso criou um grupo de pesquisa em Álgebra Abstrata que atraiu alguns professores e alunos. Fizemos parte desse grupo. Seus membros, incentivados pelo Prof. Dr. J. M. Cardoso, publicaram artigos em quase grupos e suas representações.

Em 1962, o Prof. Jayme M. Cardoso e o Prof. David A. S. Carneiro Jr., resolvendo certos problemas que envolviam matrizes, foram levados a estudar estruturas algébricas não associativas. Seus resultados foram publicados na *Mathematics Magazine* (CARDOSO; CARNEIRO JR., 1963). Ainda nos anos 1960, o Prof. Jayme M. Cardoso introduziu uma estrutura algébrica que A. Sade chamou de quase grupo de Cardoso, em honra a seu criador (SADE, 1967).

A título de ilustração para o leitor não familiarizado com o estudo dessa estrutura algébrica, daremos algumas informações técnicas sobre quase grupo e suas representações e, em seguida, daremos a definição formal de quase grupo de Cardoso.

Inicialmente, vamos relembrar, de modo simples, informações sobre operação binária. Sabemos que uma operação binária em um conjunto P, não vazio, é uma aplicação de $P \times P$ em P.

Exemplo: a adição + no conjunto ℕ dos números naturais é uma operação binária.

Contraexemplo: a adição + no conjunto S = {0, 1, 2, 3, 4} não é uma operação binária, pois 2 +3 = 5 ∉ S e 3 + 4 = 7 ∉ S.

Um quase grupo pode ser assim definido de modo mais simples:

Definição. Seja Q um conjunto não vazio e * uma operação binária tal que

(Q, *), Q × Q → Q, (x, y) → xy, em que, para dois quaisquer dos elementos x, y, z de Q, a equação x*y = z determina de modo único o terceiro elemento. Um quase grupo (Q,*) é dito ser de ordem n se o conjunto Q tem n elementos.

Observamos que, do ponto de vista algébrico, essa definição, que é simples, conduz a algumas desvantagens. Assim, um quase grupo pode ser também definido de outra maneira, com o uso de um conjunto não vazio e três operações binárias, de modo a contornar as desvantagens técnicas contidas nessa definição.

Um quase grupo ainda pode ser definido usando-se álgebras heterogêneas conhecidas como hiperquase grupos. Essa definição foi introduzida na literatura em 2007, por J. D. Smith (2007, p. 3). Com a definição dada por Smith, basta usarmos duas identidades, que são hipercomutatividade e hipercancelatividade, para definir quase grupo.

Por meio dessas informações gerais, o leitor tem uma visão panorâmica das possibilidades dos estudos e pesquisa em quase grupos e suas representações, usando métodos e conceitos de categoria: grafos e categorias, transformações naturais, funtores, álgebra universal etc. (SMITH, 2007).

Os quase grupos formam uma variedade V,[54] fato que implica que eles podem ser estudados usando-se métodos e conceitos da álgebra universal. A esse respeito, e para orientação do leitor interessado, reproduzimos o *teorema fundamental de representações de quase grupos.*

Teorema. Seja Q um quase grupo com elemento e. Seja $G^{\sim}$ o grupo multiplicativo universal U(Q; Q) de Q na variedade Q de todos os quase grupos. Então os Q-módulos como grupos abelianos na categoria Q/Q são equivalentes a módulos sobre o estabilizador universal $G^{\sim}_{e}$.

Reproduzimos a seguir a definição de quase grupo de Cardoso.

Definição. Chama-se quase grupo de Cardoso todo quase grupo (G, *) que contém um elemento i tal que:

[54] A título de informação para o leitor que não tenha conhecimentos técnicos de Álgebra Abstrata, análise, topologia etc., podemos dizer que, em Matemática, variedade é uma generalização de superfície. Ou seja, variedades constituem uma generalização dos objetos que podem ser considerados planos em torno de um ponto P dado. Há vários tipos de variedades. As mais comuns são: topológicas, algébricas e diferenciáveis. A ideia geral e comum aos diversos tipos de variedades consiste na partição de um dado conjunto em vários subconjuntos do mesmo tipo, de modo que esses subconjuntos possam ser unidos de modo bem definido.

1) $a*x = b \leftrightarrow x = (i*b)*(i*a)$, para todos a, b de G;

2) $y*a = b \leftrightarrow y = b*(i*a)$, para todos a, b de G.

Daremos um exemplo de um quase grupo de Cardoso: o conjunto Z dos números inteiros com a subtração usual, ou seja, (Z,-).

Ainda nos anos 1960, a partir de um corpo não comutativo o Prof. Jayme M. Cardoso construiu uma estrutura que chamou de *loop* à direita, ou seja, uma classe de *loops* que satisfazem alguns axiomas e para os quais o elemento unidade do conjunto G vale apenas à direita, para todo elemento x de G (CARDOSO; CARNEIRO JR., 1963).

Nessa época, ao estudarmos os quase grupos de Ward por sugestão do Prof. Jayme M. Cardoso (WARD, 1930), percebemos que poderíamos demonstrar que todo quase grupo de Ward é quase grupo de Cardoso, mas não vice-versa. Esse era um tema então atual de estudos na teoria dos quase grupos.

Nos anos 1970, publicamos um artigo no qual demonstramos que vale para quase grupos de Ward finitos um teorema equivalente ao teorema de Lagrange para grupos finitos (SILVA, 1978). Esse teorema, entretanto, não vale para quase grupos de Cardoso finitos. Eis seu enunciado:

Teorema. A ordem de um quase grupo de Ward finito (G,*) é um múltiplo da ordem de qualquer de seus subquase grupos.

Ainda nos anos 1970, o grupo de pesquisa liderado pelo Prof. Dr. Jayme M. Cardoso obteve vários resultados em quase grupos e suas representações. Um desses resultados foi o seguinte teorema, obtido por nós (SILVA, 1978):

Teorema. Se (G,*) é quase grupo de Ward, então (G,·) é grupo para a operação (·) definida por $a{\cdot}b=a*(i*b)$, em que i é a identidade à direita de (G,*). Reciprocamente, se (G,·) é grupo, então (G,*) é quase grupo de Ward para a operação (*) definida por $a*b = a{\cdot}b^{-1}$. Para todos a, b de G.

Ainda nos anos 1970, o Prof. J. M. Cardoso nos sugeriu, como tema para nossa dissertação de mestrado, curso que estávamos realizando no IM-UFRJ, um problema que estava em aberto e que tinha sido sugerido por J. Morgado (MORGADO, 1963), conectado com as teorias de quase grupos e grupos em um mesmo conjunto. Apresentamos a ideia a nosso orientador no IM-UFRJ, que concordou. Passamos então a trabalhar no problema que resultou em nossa dissertação de mestrado no IM-UFRJ.

Esse resultado foi publicado depois da defesa de nossa dissertação de mestrado (CARDOSO; SILVA, 1978). Até os anos de 1990, o grupo de pesquisa criado na UFPR pelo Prof. Jayme M. Cardoso foi o único grupo de pesquisa no Brasil a desenvolver trabalhos em quase grupos e suas representações.[55] Dessa data em diante, não temos

[55] Em 1959, Gilberto F. Loibel defendeu, na Escola de Engenharia de São Carlos da USP, atual ICMC-USP, sua tese de doutorado intitulada *Sobre quase grupos topológicos e espaços com multiplicação*, trabalho que foi orientado por Achille Bassi.

informações sobre grupos de pesquisa ativos no Brasil cujos membros desenvolvam pesquisa em quase grupos e suas representações. Há atualmente um professor do IME-USP que tem desenvolvido pesquisas em quase grupos e suas representações (GRISHKOV; ZAVARNITSINE, 2009; GRISHKOV *et al.*, 2015)

Na moderna teoria dos quase grupos e suas representações estão os Grupoids, Loops, Bruck Loops, Moufang magmas, Moufang Loops, Bol Loops, Osborn Loops, Ward Quasigroups, Ward Double Quasigroups; Steiner Loops etc. (HALL, 2019).

Apresentamos uma definição para a estrutura *loop*, a qual será útil ao leitor que não tenha conhecimento dessa estrutura algébrica.

> **Definição.** Chama-se *loop* (P,*) a um quase grupo com elemento i ∈ P, chamado elemento neutro, tal que i*a = a*i = a, para todo a ∈ P.
>
> em que * é uma operação binária no conjunto P, não vazio.

A teoria dos quase grupos é um dos ramos mais antigos da Álgebra Abstrata e da Análise Combinatória. O termo quase grupos foi usado pela primeira vez em um artigo publicado por Hausmann e Ore (1937), devido a um problema sugerido por L. Euler (1707-1783) (EULER, 1782). Esse problema é conhecido como "Os 36 oficiais" e equivale a obter todos os quase grupos, *loops* e grupos de ordem 6.

Nos últimos cinquenta anos, essa especialidade da Álgebra Abstrata adquiriu um vigor extraordinário, como se nota pelas resenhas de livros e de artigos publicadas em *ZbMATH Open* e em *Math Reviews.*

A existência e a importância dos quase grupos e suas representações nos estudos e pesquisa na criptologia contemporânea são conhecidas há mais de meio século. O potencial da teoria dos quase grupos e suas representações na concepção de diferentes tipos de códigos criptográficos tem sido abordado em numerosos trabalhos publicados.

Lamentavelmente, não houve na UFPR continuidade nos trabalhos desenvolvidos pela equipe de pesquisa criada e liderada por Jayme M. Cardoso. Na verdade, não houve formação de discípulos que seriam os continuadores do trabalho que foi iniciado nos anos 1960 na UFPR. Faltou, nos anos 1970 a 2010, a criação de um programa de pós-graduação *stricto sensu* na UFPR, que ofertasse cursos de mestrado e doutorado em Ciências (Matemática Pura), com a oferta de tópicos da teoria dos quase grupos e suas representações.

No período de 1953 a 1995, a Sociedade Paranaense de Matemática (SPM), sob nossa presidência, em conjunto com o Departamento de Matemática da UFPR, desenvolveu diversas atividades extracurriculares em Matemática e em ensino de Matemática (palestras de professores visitantes, eventos científicos, Olimpíada Estadual de Matemática etc.). Foram atividades que oxigenaram o ambiente acadêmico em Matemática na UFPR e na cidade de Curitiba.

Nos anos 1970, realizamos, como presidente da SPM, com o apoio financeiro e logístico da SBM, e com o apoio do Departamento de Matemática e da Reitoria da

UFPR, a 1ª Reunião Regional da SBM em Curitiba. Também nos anos 1970 e 1980 mantivemos no Departamento de Matemática da UFPR, com o apoio financeiro do CNPq, um Programa de Professores Conferencistas. Lamentavelmente, esse Programa não teve continuidade nos anos seguintes por falta de interesse do Departamento de Matemática.

Algo estarrecedor para o ambiente acadêmico da cidade de Curitiba é que não foi consolidado na cidade um bom centro em estudos e pesquisa em Matemática Pura. Sabia-se, no início dos anos 1970, que o Departamento de Matemática da UFPR não possuía massa crítica, doutores titulados, em número suficiente para a criação de um programa de pós-graduação *stricto sensu*, com oferta de um curso de mestrado em Ciências (Matemática).

Mesmo assim, foi criada uma comissão, presidida pelo Prof. Dr. Jayme Machado Cardoso, para estudar a viabilidade de ser criado, no Instituto de Matemática que existia à época, um programa de pós-graduação *stricto sensu*. Uma das soluções viáveis para solucionar os problemas existentes seria contratar doutores tittulados como professores visitantes. Nessa época, essa possibilidade era factível com autorização da CAPES. Havia também, nos anos 1960 e 1970, doutores recém-titulados em Ciências (Matemática) interessados em residir em Curitiba. Quando estávamos cursando o mestrado no IM-UFRJ, fomos contatados algumas vezes por docentes daquele órgão que desejavam se transferir para Curitiba e trabalhar na UFPR.

Os dirigentes do então Instituto de Matemática, depois Setor de Ciências Exatas, e do Departamento de Matemática da UFPR não mostraram interesse em aceitar doutores transferidos de outra universidade federal, nem em contratar professores visitantes. Lembramos que, em seus primórdios, a UFSC, utilizou o critério de professores visitantes para iniciar seu programa de pós-graduação *stricto sensu*, com a oferta de curso de mestrado em Ciências (Matemática). Havia, inclusive, professores visitantes vindos do exterior para a UFSC, onde passavam o semestre escolar. Essa experiência não foi, lamentavelmente, utilizada pelo Departamento de Matemática da UFPR.

Assim, a mencionada comissão concluiu pela impossibilidade de criar na UFPR o Programa de Pós-graduação *stricto sensu*, com a oferta de curso de mestrado em Ciências (Matemática).

É um mistério para muitos, mas não para nós, os motivos pelos quais não prosperou em Curitiba a ideia e o desejo, por parte de alguns membros do Departamento de Matemática da UFPR da época, em especial do Prof. Dr. Jayme M. Cardoso, de criar e consolidar um bom centro de estudos e pesquisa em Matemática Pura na UFPR. Aliás, fomos certa vez questionados a esse respeito por colegas do IM-UFRJ. Nossa resposta foi que talvez os ensinamentos de Freud possam explicar os motivos do embarque na nau dos insensatos por parte dos gestores do Departamento de Matemática da UFPR da época.

Não houve, de 1970 a 1990, nas reuniões do Departamento de Matemática da UFPR, discussões para a criação de um Plano Departamental para Capacitação de Docentes (mesmo durante a vigência do PICD), visando dotar o Departamento de Matemática da

UFPR do maior número possível de doutores titulados. Os docentes que se afastaram nos anos de 1970 a 1990, com a autorização do Departamento de Matemática da UFPR, para cursar o mestrado ou o doutorado em universidades brasileiras ou estrangeiras o fizeram espontaneamente, pois desejavam complementar seus estudos em Matemática.

O período entre as décadas de 1970 e 1980 foi uma fase ideal para ser iniciado um projeto para a criação de um bom centro de estudos e pesquisa em Matemática na UFPR, que certamente demandaria um árduo e constante trabalho por parte dos pioneiros. Havia viabilidade de apoio financeiro por parte das agências de fomento à formação de recursos humanos qualificados, assim como o desejo de alguns doutores titulados que trabalhavam em instituições localizadas em outros estados de fixarem residência em Curitiba.

O Paraná, por sua grandeza, pujança, prosperidade, riqueza humana e material, merece um bom centro de estudos e pesquisa em Matemática. O leitor interessado em detalhes sobre a evolução do ensino da Matemática na UFPR pode consultar Silva (2008).

Desse modo, a semente plantada em solo fértil e clima ideal pelo Prof. Dr. J. Remy Freire na UPR nos anos 1950 germinou, brotou, mas, infelizmente, o broto tornou-se semelhante ao pelicano do deserto, que pereceu por falta de nutrientes apropriados.

Figura 2.2 – Prof. Dr. João Remy Freire durante um passeio de barco no rio Tejo, Portugal, em 1942, com um grupo de colegas.

Fonte: cortesia do Prof. Dr. Luis Saraiva (Universidade de Lisboa).

Figura 2.3 – Prof. Dr. Jayme Machado Cardoso em sala de aula, na FFCL-UPR, no início dos anos 1960.

Fonte: cortesia de Prof. Dr. Dicesar Lass Fernandez (IMECC-UNICAMP).

No final dos anos 1990, isto é, mais de vinte anos depois da primeira tentativa, os membros do Departamento de Matemática da UFPR discutiram e aprovaram a elaboração de um plano de qualificação de docentes. Por influência e interesse de membros do Departamento de Matemática com formação em Matemática Aplicada, esse plano foi direcionado para essa subárea da Matemática.

Posteriormente, já com massa crítica de doutores titulados, foi discutido e aprovado um Programa de Pós-graduação em Matemática Aplicada. Em nossa visão como ex-docente do Departamento de Matemática da UFPR, foi feita uma escolha errada. O correto para o Departamento de Matemática seria direcionar o plano citado para a formação de pós-graduados em Matemática Pura e em Matemática Aplicada.

Assim, em 2001, após possuir massa crítica de doutores titulados em Ciências (Matemática Pura e Aplicada), foi criado o Programa de Pós-graduação em Matemática Aplicada (Parecer CNE/CES n. 1.334/2001, de 7 de junho de 2001, Anexo I. Republicado, por motivo de incorreções, em 20 de fevereiro de 2002).

Esse programa começou a funcionar em março de 2002, com o nome de Programa de Pós-graduação em Matemática Aplicada, com área de concentração em Matemática Aplicada (ver Portaria MEC n. 1.418, publicada no DOU em 29 de janeiro de 2002). Passou, inicialmente, a ser ofertado o curso de mestrado acadêmico em Matemática Aplicada, pois o corpo docente qualificado do Departamento de Matemática, diferentemente do corpo docente qualificado dos anos 1970 e 1980, trabalhava em subáreas da Matemática Aplicada.

No final dos anos 2000, o Departamento de Matemática da UFPR aprovou a criação, no Programa de Pós-graduação existente, do curso de doutorado em Matemática Aplicada (ver Parecer CNE/CES n. 253/2009, de 13 de outubro de 2009). A primeira turma de doutorado em Matemática Aplicada foi ofertada em março de 2010.

Lamentamos o fato de que não haja, no Departamento de Matemática da UFPR, a oferta de um curso de mestrado acadêmico em Matemática Pura, nem a oferta de um curso de doutorado acadêmico em Matemática Pura, com área de concentração em: Análise Matemática; Geometria/Topologia (Geometria Diferencial, Geometria Simplética); Geometria Algébrica; Álgebra Abstrata; Sistema Dinâmicos. Na avaliação quadrienal 2013-2016, o Programa de Matemática Aplicada da UFPR obteve nota 5 (CAPES, 2017b).

A Matemática Pura é teórica, criativa e voltada ao seu próprio desenvolvimento científico. O desenvolvimento da Matemática tem sido feito por matemáticos puros ou teóricos. Sabe-se ainda que o curso de doutorado acadêmico em Matemática destina-se à formação de profissionais qualificados para o magistério no ensino superior e para o desenvolvimento da pesquisa em Matemática.

Sabe-se também que os prestigiados prêmios Abel e Medalha Fields têm sido concedidos a matemáticos que criaram, unificaram ou desenvolveram importantes teorias matemáticas, como Teoria das Distribuições; Geometria Algébrica; Teoria dos Números; Geometria Convexa e Discreta; Sistema Dinâmicos e Teoria Ergódica; Aproximações e Expansões; Combinatória etc.

A Matemática Aplicada, a exemplo da Física Experimental ou Aplicada, é restrita: ambas consistem no uso prático de conhecimentos que foram criados por matemáticos puros ou teóricos e por físicos teóricos, para auxiliar outras ciências e as Engenharias. Em outras palavras, o curso de doutorado em Ciências (Matemática Aplicada) tem por objetivo a formação de recursos humanos qualificados, na área de Matemática Aplicada, com capacidade para atuar em diversos segmentos, tanto na universidade como no setor produtivo. Não é um curso cujo objetivo seja formar pesquisadores em Matemática Pura, dedicados ao magistério superior e ao desenvolvimento da pesquisa científica em Matemática. Sabemos que a finalidade do curso de doutorado em Ciências (Matemática Pura) é proporcionar formação científica ampla e aprofundada ao aluno, desenvolvendo capacidade de pesquisa científica em Matemática.

Sabe-se que a Matemática Aplicada, primordialmente, deve ser feita ou trabalhada via projetos, com quem a aplica nas indústrias, empresas, hospitais etc. Se esse diálogo não existir, então os esforços para a formação de doutores na área, por parte de uma determinada instituição, será um trabalho de Sísifo.

As linhas de pesquisa científica desenvolvidas por professores do Departamento de Matemática da UFPR estão nas seguintes subáreas da Matemática:

- Álgebra Abstrata.
- Análise Numérica.
- Equações Diferenciais.
- Geometria e Topologia.
- Otimização.

CIDADE DE MARINGÁ

Na bela e próspera cidade de Maringá (PR), foi criada, pela Lei Estadual n. 6.034, de 6 de novembro de 1969, a Universidade Estadual de Maringá (UEM), agregando à a ela as faculdades existentes. Pelo Decreto Estadual n. 18.109 de 28 de janeiro de 1970, foi criada, sob a forma de fundação de direito público, a Fundação Universidade Estadual de Maringá (FUEM), sendo reconhecida pelo governo federal pelo Decreto n. 77.583, de 11 de maio de 1976.

O Instituto de Ciências Exatas e Tecnológicas (ICET) foi criado na UEM em 1969, ano em que o Departamento de Matemática criou o curso de Matemática. Até 1996, era oferecido apenas o curso de graduação licenciatura em Matemática, com duração de quatro anos. A partir de 1996 o Departamento de Matemática passou a oferecer também o curso de graduação bacharelado em Matemática, com duração de três anos.

Grande parte dos docentes do Departamento de Matemática da UEM obtiveram seu doutorado pelo IM-UFRJ. Ao adquirir massa crítica de doutores titulados, a UEM se transformou em um ativo, próspero e revelador centro de ensino, estudos e pesquisa em Matemática. Os membros do Departamento de Matemática da UEM discutiram e aprovaram a criação de um Programa de Pós-graduação em Matemática (PMA). Inicialmente, foi ofertado um curso de pós-graduação em nível de mestrado acadêmico. Reconhecido pela CAPES em 1998, iniciou suas atividades no ano seguinte.

Na primeira avaliação feita pela CAPES, o programa obteve nota inicial 3. Na avaliação trienal seguinte, o curso obteve nota 4. Após o amadurecimento do PMA, e atendendo à demanda e à abrangência das regiões norte e noroeste do estado do Paraná, foi criado em 2010, pelo Departamento de Matemática, o curso de doutorado em Ciências (Matemática). O curso de doutorado acadêmico auxiliou o PMA a atingir o objetivo almejado por seus gestores, o de obter nota 5 na avaliação quadrienal 2013 a 2016 (CAPES, 2017b).

Os cursos mestrado e doutorado do PMA-UEM são ofertados na modalidade acadêmica e se destinam à formação de profissionais qualificados para o magistério no ensino superior e para o desenvolvimento da pesquisa científica em Matemática.

Professores do Departamento de Matemática da UEM decidiram, desde maio de 2002, prosseguir com a existência da Sociedade Paranaense de Matemática (SPM), cuja sede foi transferida de Curitiba para a cidade de Maringá, desde nossa aposentadoria voluntária no Departamento de Matemática da UFPR, quando éramos presidente da

SPM. Atualmente a mais antiga associação de Matemática do Brasil, a SPM foi criada em 31 de outubro de 1953 na então FFCL-UPR.

O *Boletim da Sociedade Paranaense de Matemática* (BSPM), uma publicação periódica, foi fundado em 1953 e é atualmente o mais antigo jornal brasileiro impresso de Matemática. O novo corpo administrativo do BSPM estabeleceu uma nova série do jornal, que foi inaugurada com o volume de 2002. Nessa nova série, o corpo editorial foi renovado, portanto, o BSPM teve sua continuidade garantida, mantendo seu excelente padrão científico.

O Departamento de Matemática da UEM, formado por um corpo docente qualificado, oxigenou o ensino, os estudos e a pesquisa em Matemática nas regiões norte e noroeste do Paraná e, da Região Sul, do país. As linhas de pesquisa dos docentes do PMA-UEM são as seguintes:

- Equações Diferenciais Ordinárias e Parciais.
- Equações Não Lineares da Física Matemática.
- Estabilização e Controlabilidade de Sistemas de Equações Hiperbólicas.
- Geometria Diferencial e Singularidades.
- Teoria de Grupos, Anéis e Aplicações.
- Teoria de Lie e Aplicações.

CIDADE DE SÃO CARLOS

ICMC-USP

Na cidade de São Carlos (SP), na antiga Escola de Engenharia de São Carlos (USP), havia o Departamento de Matemática, que, em 7 de março de 1953, contratou o matemático italiano Achille Bassi (1907-1973). Bassi, que permaneceu no Brasil durante a Segunda Guerra Mundial, ao assumir a direção do Departamento de Matemática da EESC-USP dinamizou aquela unidade com novas contratações e com a vinda de professores visitantes da Itália.

Posteriormente, a EESC-USP foi transformada no ICMC-USP. Nesse instituto foi criado, em 1970, o Programa de Pós-graduação em Matemática (PPG-Mat) do ICMC, que é um dos mais tradicionais do Brasil e um dos programas de pós-graduação em Matemática que mais formam mestres e doutores em Ciências (Matemática) no país. A excelência do nível científico do PPG-Mat do ICMC-USP foi reconhecida como de nível internacional na última avaliação quadrienal realizada pela CAPES, que lhe atribuiu nota 7, o conceito máximo (CAPES, 2017b).

O PPG-Mat do ICMC-USP tem como objetivo preparar seus estudantes para as carreiras de professor e pesquisador em universidades. A finalidade do curso de doutorado é proporcionar formação científica ampla e aprofundada ao aluno, desenvolvendo capacidade de pesquisa científica em Matemática.

As linhas de pesquisa disponibilizadas aos alunos pelo PPG-Mat do ICMC-USP são as seguintes:

Álgebra Abstrata:

- Álgebra Comutativa.
- Álgebra Homológica.
- Geometria Algébrica.
- Teoria dos Números.

Análise Matemática:

- Análise Harmônica.
- Análise Funcional Aplicada.
- Análise Funcional Não Linear.
- Equações Diferenciais Ordinárias.
- Equações Diferenciais Funcionais.
- Equações Diferenciais Ordinárias Generalizadas e Integração Não Absoluta.
- Equações Diferenciais Parciais.
- Física Matemática;
- Sistemas Dinâmicos Impulsivos.
- Sistemas Dinâmicos Não Lineares.

Geometria e Topologia:

- Geometria Diferencial.
- Física Matemática.
- Singularidades.
- Sistemas Dinâmicos e Teoria de Matrizes Aleatórias.
- Teoria Ergódica.
- Topologia.
- Topologia Algébrica.
- Topologia Diferencial.
- Topologia Geométrica.

Os doutores titulados pelo PPG-Mat do ICMC-USP têm ocupado posições de destaque em várias universidades e em centros de pesquisa nacionais. Esse impacto pode ser regionalmente identificado, já que muitos deles se tornaram professores em universidades conceituadas do Brasil e criaram novos núcleos de pesquisa e programas de pós-graduação, o que gera relevante contribuição para a expansão do ensino e da ciência. Em 2022, o Prof. Dr. Tiago Pereira, do ICMC-USP, ganhou o Prêmio de Pesquisa Friedrich Wilhelm Bessel por suas contribuições em teoria de sistemas dinâmicos e teoria de matrizes aleatórias. Esse Prêmio é concedido pela Fundação Alexander von Humboldt, sediada na Alemanha.

UFSCAR

A Universidade Federal de São Carlos (SP) tem um Programa de Pós-graduação em Matemática (PPGM), o qual foi iniciado no segundo semestre de 1987 com a oferta do curso de mestrado em Ciências (Matemática). O credenciamento do curso foi feito pela Conselho Federal de Educação, por meio do Parecer n. 684/91, em 4 de dezembro de 1991.

Ao longo do ano de 1995, foi elaborada uma proposta para a criação do curso de doutorado. Em fevereiro de 1996, a proposta em questão foi aprovada pelos órgãos competentes da UFSCar e encaminhada à CAPES. A proposta foi aprovada pelo Grupo Técnico Consultivo (GTC) da CAPES, e o programa de doutorado iniciou suas atividades no primeiro semestre de 1997. A avaliação quadrienal realizada pela CAPES em 2017 lhe atribuiu nota 4, sendo 7 o conceito máximo (CAPES, 2017b).

Em 2018, a UFSCar titulou onze doutores em Ciências (Matemática); em 2019, sete; em 2020, treze. Os docentes do Departamento de Matemática da UFSCar desenvolvem pesquisa nas seguintes áreas:

- Álgebra Abstrata.
- Equações Diferenciais Parciais.
- Física Matemática.
- Geometria Diferencial.
- Operadores Diferenciais Parciais.
- Singularidades.
- Sistemas Dinâmicos.
- Teoria Geométrica da Medida.
- Topologia Algébrica.

CIDADE DE CAMPINAS

Na cidade de Campinas (SP), foi criada pela Lei Estadual n. 7.655/1962, de 28 de dezembro de 1962, a Universidade Estadual de Campinas (UNICAMP). Nessa instituição foi criado o Instituto de Matemática, unidade que depois passou a denominar-se

Instituto de Matemática, Estatística e Ciência da Computação (IMECC). Em março de 1996 houve mais uma mudança no nome, para Instituto de Matemática, Estatística e Computação Científica, mas a sigla IMECC foi mantida.

O IMECC-UNICAMP é um centro de ensino e pesquisa que se destaca, desde sua criação, pela boa qualidade de ensino e pesquisa em Matemática, em função do cuidado de seus criadores e sucessores na escolha e na manutenção de um bom corpo docente, tendo por base o mérito acadêmico.

O IMECC-UNICAMP oferta programas de pós-graduação em Matemática, com cursos de mestrado e de doutorado.

Quando a UNICAMP contava menos de 50 anos de idade, apareceu, de 2013 a 2015, como a única universidade brasileira, tanto pública como privada, com essa idade entre as cem melhores universidades do mundo no Times Higher Education Young University Rankings, que é um prestigiado documento elaborado anualmente pela Thomson Reuters.

Dentre as várias atividades acadêmicas e científicas realizadas anualmente pelo IMECC-UNICAMP, destacamos o evento científico Encontro Científico dos Pós-Graduandos do IMECC, cujo objetivo é mostrar à comunidade acadêmica brasileira o progresso realizado nos estudos e nas pesquisas pelos alunos dos diversos programas ofertados pelo IMECC.

Na titulação de doutores em Matemática a UNICAMP tem se destacado das demais instituições do país, tanto pelo alto número de doutores titulados anualmente como pela nota 7, a mais alta, nas avaliações periódicas realizadas pela CAPES. A nota 7 denota a excelência mundial para o programa (CAPES, 2017b).

O Programa de Pós-graduação em Matemática do IMECC tem se destacado nas últimas décadas como um dos principais programas da América Latina para a formação de pesquisadores na área de Matemática. Alunos formados no IMECC atuam como docentes e pesquisadores de excelência no Brasil e exterior.

Atualmente, o corpo docente do Departamento de Matemática do IMECC-UNICAMP desenvolve pesquisas nas seguintes linhas:

- Álgebra Abstrata.
- Análise Funcional e Teoria da Aproximação.
- Geometria e Aplicações.
- Análise Dinâmica Estatística.
- Geometria Algébrica e Teoria de Calibre.
- Equações Diferenciais Parciais.
- Sistemas Dinâmicos.
- Geometria Diferencial.
- Teoria de Lie.

O IMECC-UNICAMP, em particular o corpo docente do Departamento de Matemática, tem contribuído para o desenvolvimento do ensino, dos estudos e para o avanço da pesquisa em Matemática no Brasil.

CIDADE DE NITERÓI

Na cidade de Niterói (RJ) fica a Universidade Federal Fluminense (UFF), que oferta cursos de graduação licenciatura e bacharelado em Matemática por meio de seu Instituto de Matemática e Estatística (IME). Essa unidade da UFF tem um Programa de Pós-graduação em Matemática que oferta os cursos de mestrado e doutorado em Ciências (Matemática).

O curso de mestrado em Ciências (Matemática) da UFF foi criado em 1970 e reformulado em 1991. Desde 2012, o curso tem obtido nota 5 nas avaliações periódicas realizadas pela CAPES. Suas principais áreas de concentração são: Álgebra Abstrata; Análise Matemática; Geometria Algébrica; Geometria Diferencial; Matemática Aplicada e Topologia/Sistemas Dinâmicos.

O curso de doutorado em Ciências (Matemática) da UFF foi iniciado em janeiro de 2008. Desde 2012, o curso tem obtido nota 5 nas avaliações periódicas realizadas pela CAPES. As áreas de concentração do curso de doutorado são: Álgebra Abstrata; Geometria Algébrica; Geometria Diferencial; Geometria Simplética; Matemática Aplicada e Topologia/Sistemas Dinâmicos.

Em 2019, o IME-UFF titulou cinco doutores; em 2018, quatro doutores; em 2017, quatro doutores. De 2012 a 2019, o IME-UFF titulou 34 doutores em Ciências (Matemática).

Os docentes do IME-UFF, em conjunto com alunos do doutorado, que formam o grupo de pesquisa em Geometria Simplética, têm na UFF o Seminário Simplético da UFF. Em 2019, o Seminário Simplético realizou dez reuniões na UFF, abordando diversos tópicos da área.

Os docentes do IME-UFF desenvolvem pesquisa nas seguintes áreas:

- Álgebra Abstrata e Geometria Algébrica.
- Análise Matemática e Matemática Aplicada.
- Geometria Complexa e Folheações.
- Geometria Diferencial.
- Geometria Simplética e Aplicações.
- Matemática Discreta e Combinatória.
- Sistemas Dinâmicos e Teoria Ergódica.

CIDADE DE BRASÍLIA[56]

Na cidade de Brasília, no dia 21 de abril de 1960, o presidente Juscelino Kubitschek (1902-1976) enviou ao Congresso Nacional a Mensagem do Poder Executivo n. 128, que autorizava o Poder Executivo a criar a Fundação Universidade de Brasília (SALMERON, 2007, p. 58).[57]

Em fevereiro de 1962, por meio de um ato, o reitor da UnB, Prof. Darcy Ribeiro (1922-1997), designou o Prof. Dr. Leopoldo Nachbin coordenador e o Prof. Dr. Elon Lages Lima coordenador adjunto do Instituto Central de Matemática da UnB, que seria criado em seguida. Em abril de 1962 passou a funcionar o Departamento de Matemática da UnB, que tinha a tarefa de ministrar os cursos regulares de Matemática da Universidade. Nesse período, diversos matemáticos que trabalhavam em outras instituições do país ministraram cursos na UnB. Dentre eles, citamos o Prof. Dr. Luis Adauto da Justa Medeiros. Posteriormente, o corpo docente do Departamento de Matemática da UnB passou a contar com o trabalho de diversos matemáticos brasileiros e estrangeiros.

O Departamento de Matemática foi o núcleo que originou o Instituto Central de Matemática da UnB – uma nova concepção para os padrões de unidade universitária no Brasil da época.

---

[56] Algumas das informações sobre a UnB nos foram transmitidas, em correspondência privada, pelo saudoso amigo Prof. Dr. Alberto Azevedo. Nossos agradecimentos *in memoriam*.

[57] Quando surgiu a ideia, por parte do Executivo federal, de criar Brasília, não havia a intenção de criar a UnB. O arquiteto Lúcio Costa, criador do projeto do plano piloto para a construção de Brasília, porém, sabendo da importância da criação de uma universidade para o Distrito Federal, reservara uma área para a construção do *campus* da UnB. Houve uma forte resistência por parte do Executivo federal para não ser criada a UnB. Lúcio Costa lutou muito, com a ajuda de amigos influentes, mostrando a importância da criação de uma universidade para a cidade, para que o governo federal da época aceitasse a construção do *campus* da UnB de acordo com seu projeto piloto. Os que não queriam a construção do *campus* da UnB no local previsto sugeriram a Lúcio Costa construir a UnB distante 30 km do plano piloto, mas o arquiteto não aceitou a sugestão. Em verdade, a administração federal não queria estudantes fazendo greves às portas do Palácio do Planalto. Como o presidente da república da época não estava mais interessado em falar sobre o assunto UnB, um ilustre defensor da ideia de construção da universidade, segundo o planejamento de Lúcio Costa, fora convidado para jantar com o presidente. Foi sugerido a essa pessoa que dissesse o seguinte ao presidente, em sua conversa com ele: que o grande estadista norte-americano Thomas Jefferson (1743-1826) pedira que, quando morresse, fosse gravado em seu túmulo o seguinte: "Redigiu a Declaração de Independência dos Estados Unidos, foi o autor do projeto de liberdade religiosa na Virgínia e fundou a Universidade da Virgínia". Pediu que não incluíssem que ele fora presidente dos Estados Unidos. Mas insistiu sobre o fato de que fundara a Universidade da Virgínia. Foi Thomas Jefferson que desenhou a planta original da Universidade da Virgínia, uma instituição pública, e seus edifícios principais, entre eles a magnífica rótula que ainda se pode ver no *campus* localizado nas proximidades de Charlottesville, na Virgínia. Dias depois dessa conversa, o presidente da república concordou com a sugestão de Lúcio Costa para a construção do *campus* da UnB segundo seu projeto piloto e pediu ao Ministro da Educação que preparasse um decreto criando a UnB. A vaidade do presidente da república fora despertada.

Depois, foram contratados os seguintes professores: Manfredo do Carmo, Adilson Gonçalves, Djairo Guedes de Figueiredo, Geraldo Ávila, Alberto Azevedo, Edson Durão Judice, José Ubirajara Alves, Silvio Machado, Júlio Rafael Bastida, dentre outros. Também participaram, nessa época, como professores visitantes, Alexandre Augusto M. Rodrigues, Jaak Peetre, François Trèves, Frederico Gaeta, Henri Morel, Phillipe Tondeur, L. H. Jacy Monteiro, Lindolpho de Carvalho Dias, João Bosco Pitombeira, dentre outros.

O Instituto Central de Matemática (ICM) foi criado em fins de 1964. Em 1962 foi iniciado um Programa de Pós-graduação, com oferta do curso de mestrado em Ciências (Matemática). Em setembro de 1962, a direção do Departamento de Matemática divulgou uma circular (ver IMPA, 1962, n. 12, p. 18) que, dentre outras informações, descrevia a organização do curso de Matemática a ser ofertado pela UnB.

Seria um curso inovador no sentido de que sua grade curricular era inicialmente de dois anos, como parte básica, e tinha como objetivo conduzir os alunos ao título de Mestre em Ciências (Matemática). Um curso de pós-graduação fora dos padrões dos cursos ofertados na época – no Brasil, esse curso foi pioneiro. De início, as disciplinas eram assim distribuídas:

- 1º ano: Três disciplinas por semestre.
    - ▷ 1º semestre: Álgebra Linear; Espaços Métricos; Geometria Diferencial.
    - ▷ 2º semestre: Álgebra Moderna (depois Álgebra Abstrata); Funções Analíticas; Topologia Geral.
- 2º ano: Duas disciplinas por semestre, mais uma dissertação.

Ofertaram-se cursos versando sobre tópicos diversos, a critério do Departamento de Matemática. Foram ministrados os seguintes cursos: Teoria dos Ideais; Teoria dos Grupos; Análise Funcional; Equações Diferenciais; Variedades Diferenciáveis; Topologia Algébrica, dentre outros tópicos, além do preparo do aluno para escrever uma dissertação de caráter expositivo.

Posteriormente, em função de mudanças no sistema político brasileiro (SALMERON, 2007), o curso de graduação bacharelado em Matemática foi reestruturado para três anos de duração. Também foi criado o curso licenciatura em Matemática.

Atualmente, a UnB é um dos centros que ofertam cursos de boa qualidade em Matemática, tanto em graduação – bacharelado e licenciatura – como em pós-graduação, produzindo pesquisa científica de ponta em Matemática. Seu Programa de Pós-graduação em Matemática oferta curso de mestrado acadêmico e mestrado profissional em rede nacional, o Programa Profmat, e o curso de doutorado acadêmico em Matemática. Este tem obtido a nota mais alta nas avaliações periódicas realizadas pela CAPES. Na última avaliação quadrienal realizada pela CAPES, o Programa de Pós-graduação em Matemática ofertado pela UnB obteve nota 7 (CAPES, 2017b).

Os professores do Programa de Pós-graduação em Matemática da UnB desenvolvem pesquisas nas seguintes linhas:

- Álgebra Abstrata.
- Teoria dos Números.
- Análise Matemática.
- Geometria.
- Mecânica.
- Teoria da Computação.
- Teoria da Probabilidade.
- Sistemas Dinâmicos.

A produção científica dos docentes do PPG/MAT da UnB no quadriênio 2017-2020 é formada por 368 artigos, uma média de 92 artigos por ano. Essas publicações estão distribuídas na classificação QUALIS da CAPES, e 45% delas estão classificadas nos estratos superiores A1 e A2.

No PPG-MAT da UnB o curso de mestrado tem como objetivo promover a competência matemático-científica de seus alunos, contribuindo para a formação de docentes e profissionais da Matemática altamente qualificados e preparados para atuação em diversos ramos, bem como identificar talentos para a pesquisa em Matemática avançada.

O curso de doutorado visa formar matemáticos de alto nível científico, que possam atuar como pesquisadores autônomos, como docentes em instituições de ensino superior em qualquer parte do mundo, bem como transformar conhecimento matemático de ponta em soluções para a indústria ou para os diversos ramos do setor público.

O programa está dividido em quatro grandes áreas de concentração, que abrigam pesquisadores e alunos interessados em temas específicos. Essas áreas são:

- Álgebra e Teoria dos Números. A grande área de Álgebra abriga estruturas algébricas clássicas, como: grupos, anéis, álgebras e grafos, e também pesquisadores interessados em Teoria dos Números, dedicando-se a estudos de equações diofantinas e das teorias transcendente e combinatória dos números.
- Análise. Esta grande área abrange equações diferenciais, ordinárias, parciais, funcionais ou mesmo em escalas temporais, usando diversas técnicas de Análise Funcional, Métodos Variacionais, Métodos Topológicos, dentre outras.
- Geometria. A grande área de Geometria abrange aspectos clássicos e modernos da Geometria Diferencial, como análise geométrica, geometria das subvariedades e aplicações de equações diferenciais à Geometria Diferencial.
- Matemática Aplicada. A grande área de Matemática Aplicada divide-se em quatro subáreas: Probabilidade, Sistemas Dinâmicos, Teoria da Computação Mecânica. Na subárea de Mecânica, a dinâmica de escoamentos particulados, escoamentos de materiais granulares e escoamentos de fluidos magnéticos é estudada a partir de técnicas analíticas e computacionais. A subárea de Teoria

dos Sistemas Dinâmicos se dedica a compreender aspectos da dinâmica relacionados a simetrias e probabilidade em problemas associados a fibrados e em espaços homogêneos, grupos e álgebras de Lie, bem como processos e equações estocásticas. A subárea de Teoria da Computação está focada no desenvolvimento de estruturas matemáticas formais para dedução e computação, como sistemas de reescrita, o cálculo Lambda, as substituições explícitas e os sistemas nominais. A Teoria da Probabilidade se integra com a Estatística e a Mecânica Estatística, focando seus trabalhos em inferência em processos estocásticos, estatísticas extremais e algoritmos estocásticos, equações diferenciais estocásticas, Teoria Ergódica de processos de Markov, processos estocásticos espaciais e de Lévy.

CIDADE DE BELO HORIZONTE

Na cidade de Belo Horizonte (MG), a Universidade de Minas Gerais (UMG) foi fundada em 7 de setembro de 1927, como uma instituição estadual. Em 17 de dezembro de 1949 ela foi federalizada. Em 1965 passou a se denominar Universidade Federal de Minas Gerais (UFMG) (Lei n. 4.759, de 20 de agosto de 1965).[58]

A criação do Instituto de Ciências Exatas (ICEx) foi resultado da Reforma Universitária de 1968, instituída no Plano de Reestruturação da Universidade, aprovado pelo Decreto Federal n. 62.317, de 28 de fevereiro de 1968.

O ICEx-UFMG oferta o curso de graduação bacharelado em Matemática e o curso de graduação licenciatura em Matemática. Oferta também o Programa de Pós-graduação em Matemática, com os cursos de mestrado e doutorado em Ciências (Matemática). O mestrado teve início em 1971, e o doutorado foi implantado em 2000 e credenciado em 2001. Em 2019, a UFMG titulou quinze doutores em Ciências (Matemática); em 2020, a UFMG titulou vinte e um doutores em Ciências (Matemática).

Os docentes do Departamento de Matemática do ICEx-UFMG desenvolvem pesquisa nas seguintes áreas:

- Álgebra Abstrata.
- Equações Diferenciais Parciais.
- Física-Matemática.
- Folheações Holomorfas.
- Geometria Algébrica.
- Geometria e Topologia.
- Matemática Aplicada.
- Matemática Discreta e Combinatória.

58 Publicada no Diário Oficial, de 24 de agosto de 1965, p. 8.554.

- Probabilidade.
- Sistemas Dinâmicos.
- Teoria dos Números.

CIDADE DE RECIFE

Nos anos de 1950, o ensino, os estudos e a pesquisa em Matemática Pura, influenciados pelo ambiente científico que existia nas cidades de São Paulo e Rio de Janeiro, expandiu-se também para a Região Nordeste. Em Recife, no estado de Pernambuco, em 1954, a visão de futuro do físico Prof. Luiz Freire (1896-1963) colaborou para que fosse criado na Universidade de Recife, atual UFPE, o Instituto de Física e Matemática. Esse órgão foi o indutor do ambiente de ensino, estudos e pesquisa em Física e em Matemática que floresceu na UFPE.

Com o incentivo do Prof. Dr. Leopoldo Nachbin e o apoio financeiro de agências de fomento à formação de recursos humanos qualificados, como CNPq e CAPES, o Prof. Luiz Freire contratou, inicialmente, para trabalhar em Recife como professor visitante o matemático português Prof. Dr. Alfredo Pereira Gomes (1919-2006), que chegou à cidade de Recife em 1953. Ele tinha uma posição acadêmica na Universidade de Nancy, na França, para onde imigrara por ser um dos dissidentes do governo de António de Oliveira Salazar. Observamos a partir da Universidade de Recife nos anos 1950, e acompanhando a USP, os primórdios da internacionalização da ciência no Brasil.

Por sugestão desse matemático, foram convidados como professores visitantes a partir de 1954, para a Universidade de Recife, os matemáticos franceses Arnaud Denjoy, Roger Godémart e François Bruhat, que ministraram cursos sobre teoria das distribuições, álgebra linear e multilinear, teoria das funções de variável real, variedades diferenciáveis, álgebras e grupos de Lie, análise harmônica, funções especiais, funções analíticas e sua aplicação à dinâmica dos fluidos e elasticidade. As notas de algumas dessas aulas foram publicadas na coleção *Textos de Matemática*, criada em 1955 por A. Pereira Gomes.

Os matemáticos franceses também orientaram seminários sobre os seguintes temas: espaços métricos completos, complementos de topologia geral, espaços de Banach, teoria da integração, grupos topológicos e variedades diferenciáveis.

Nessa época, vários matemáticos brasileiros e estrangeiros foram a Recife, a convite, para ministrar cursos e conferências. Dentre eles destacamos Leopoldo Nachbin, Maurício Peixoto, Chaim S. Hönig, Henri Morel, Jonio Lemos, Manfredo do Carmo, W. Klingenberg e E. Durand.

Também por sugestão de A. Pereira Gomes, foram posteriormente contratados como professores visitantes os matemáticos portugueses Manuel Zaluar Nunes, José Cardoso Morgado Jr. e Maria Helena Novais Morgado, que, a exemplo de A. Pereira Gomes, eram dissidentes políticos do governo de António de Oliveira Salazar.

Depois, chegaram à Universidade de Recife como professores visitantes os matemáticos portugueses Hugo Batista Ribeiro, que estava nos Estados Unidos, e Ruy Luis Gomes, que passou um breve período na Argentina. Esses matemáticos portugueses, também dissidentes políticos do governo salazarista, formaram o que ficou conhecido como *Escola Portuguesa de Recife*.

Eles dinamizaram o ambiente de ensino, estudos e pesquisa em Matemática em Recife, incentivando jovens ao estudo da Matemática. Além de suas aulas regulares nos cursos de graduação na Universidade de Recife, realizaram seminários de formação para atrair jovens para os estudos e a pesquisa em Matemática.

Com suas orientações, deitaram as bases para a posterior criação do Programa de Pós-graduação *stricto sensu*, com um curso de mestrado em Ciências (Matemática). Nos anos de 1950, o ambiente de estudos e pesquisas em Matemática Pura desenvolvidos na cidade de Recife teve forte influência da Escola Francesa.

O interesse pela pesquisa científica fortaleceu-se e culminou com a criação do curso de mestrado em Ciências (Matemática) em 1968. O curso de doutorado em Ciências (Matemática) foi criado em 1984 como consequência da continuidade do crescimento da qualificação do corpo docente do Departamento de Matemática da UFPE. Até 2020, o Programa de Pós-graduação em Matemática da UFPE titulou 121 doutores em Ciências (Matemática).

Vários matemáticos brasileiros oriundos de Pernambuco foram os primeiros discípulos desses matemáticos portugueses. Citamos dois deles que se destacaram: Fernando Cardoso, que desenvolve pesquisa em Análise Matemática e Equações Diferenciais, e Aron Simis, que desenvolve pesquisas em Álgebra Comutativa.

Posteriormente, alguns alunos foram enviados para realizar seus estudos de doutorado em universidades localizadas no Brasil e no exterior. Ao regressarem, ingressaram no corpo docente do Departamento de Matemática da UFPE, renovando, continuando, ampliando e consolidando o trabalho iniciado pelos matemáticos portugueses. Estes regressaram a Portugal e reassumiram suas posições acadêmicas com a queda do governo de Salazar. A exceção foi Alfredo Pereira Gomes, que optou por uma posição acadêmica na Universidade de Nancy (França).

A UFPE é um dos importantes centros de estudo, ensino e pesquisa em Matemática na Região Nordeste. Ela oferta um programa de pós-graduação *stricto sensu* com cursos de mestrado e doutorado em Ciências (Matemática). Na última avaliação, esse programa obteve nota 5 (CAPES, 2017b). Em 2019, a UFPE titulou seis doutores em Ciências (Matemática); em 2020, onze doutores.

Os professores que trabalham no Programa de Pós-graduação em Matemática na UFPE desenvolvem pesquisas nas seguintes áreas:

- Geometria.
- Análise Matemática.

- Álgebra Abstrata.
- Combinatória.

CIDADE DE FORTALEZA

Na cidade de Fortaleza, segundo nos relatou o colega Prof. Dr. Gervásio G. Bastos, as origens do atual Departamento de Matemática da UFC vêm em grande parte do interesse e da ação do Prof. Francisco Silva Cavalcante, que liderou, nos anos de 1950, um grêmio de amantes da Matemática, chamado Sociedade Cearense de Matemática, oriundo da antiga Faculdade Católica de Filosofia, Ciências e Letras do Ceará (que pertencia aos Irmãos Maristas), e graças ao interesse de alguns engenheiros civis residentes na cidade de Fortaleza.

Para formar essa associação, o Prof. Francisco Cavalcante conseguiu atrair os estudantes que desejavam estudar Matemática, dentre os quais destacamos: Gervásio Bastos, João Lucas Barbosa, Antônio Gervásio Colares e José Ubyrajara Alves.

Posteriormente, o desejo de criar em Fortaleza um centro de estudos, ensino e pesquisa em Matemática fez com que, nos anos 1960, o Prof. Antônio Martins Filho, reitor da Universidade do Ceará, atual UFC,[59] estimulasse frequentes visitas àquela instituição de jovens matemáticos radicados em Recife e na cidade do Rio de Janeiro, para ministrarem cursos, palestras e seminários sobre Matemática.

O reitor firmou convênio com instituições internacionais, como Ford Foundation, Rockefeller Foundation, OEA e, posteriormente, com o governo francês para implementar um programa de bolsas e intercâmbio de professores, visando à qualificação de recursos humanos na UFC. Seu objetivo era dotar a instituição de recursos humanos qualificados em Matemática para ser criado um bom centro de ensino e pesquisa Matemática. Observamos nessas ações a implantação da mobilidade acadêmica e a internacionalização da ciência na Universidade do Ceará.

São dessa fase os primeiros cursos e palestras ministrados na UFC pelos matemáticos: Leopoldo Nachbin, Elon Lages Lima, Artibano Micali, Otto Endler, Djairo Guedes de Figueiredo, Manfredo do Carmo, Luis Adauto da Justa Medeiros, Augusto Wanderley, Alberto Azevedo, João Bosco Pitombeira, Dov Tamari, Pierre Samuel, Georges Bodiou e Pierre Boughon – estes três últimos matemáticos franceses.

Nesse contexto, foi realizado no Instituto de Matemática da Universidade do Ceará, de 2 a 15 de julho de 1961, o 3º Colóquio Brasileiro de Matemática. A coordenação desse evento ficou a cargo do Prof. Elon Lages Lima, do IMPA. Houve cerca de cem participantes.

No evento foram ministrados quatro cursos de seis horas cada, doze conferências de uma hora cada, quatro exposições sobre o ensino de Matemática na Universidade e uma sessão de comunicações breves de novos resultados. Essa ação visava estimular e

---

[59] Cf. a Lei n. 4.759, de 20 de agosto de 1965.

criar condições locais para a implantação de um centro de ensino e pesquisa em Matemática na Universidade do Ceará, depois UFC.

Em 1965 foi iniciado na UFC um programa de pós-graduação *stricto sensu,* com o curso de mestrado em Ciências (Matemática). Esse programa rendeu frutos para a comunidade matemática brasileira, em especial para a comunidade matemática da Região Nordeste. Os primeiros mestres titulados por esse programa, em agosto de 1967, foram enviados para centros matemáticos no país e no exterior, para completarem suas formações em Matemática. Com o regresso desses professores como doutores, e com a contratação de outros doutores, foi implantado na UFC um curso de doutorado em Ciências (Matemática).

Há nesse curso um grupo de prestígio internacional que desenvolve pesquisas em Geometria Diferencial e outro grupo que desenvolve pesquisas em Álgebra Abstrata. Graças às boas ações dos gestores da UFC e ao apoio do CNPq, CAPES e FINEP, a UFC é atualmente um importante centro de ensino e pesquisa em Matemática na região Nordeste.

Nessa instituição, destacamos por seus trabalhos em ensino, pesquisa e liderança em grupos de pesquisas com contribuições para os avanços da Matemática, em Geometria Diferencial, João Lucas Barbosa e Antônio Gervásio Colares; em Álgebra Abstrata, Gervásio G. Bastos.

Figura 2.4 – Ouvintes de uma conferência realizada pelo Prof. Dr. Otto Endler (1929-1988), do IMPA, no Departamento de Matemática da UFC nos anos 1970. Em primeiro plano, Gervásio G. Bastos (camisa branca). À direita, de barba, João Lucas Barbosa.

Fonte: cortesia do Prof. Dr. Gervásio G. Bastos (UFC).

O Programa de Pós-graduação em Matemática ofertado pela Universidade Federal do Ceará é um dos precursores, na Região Nordeste, da pesquisa e ensino de pós-graduação nos diversos campos da Matemática Pura e Aplicada. O programa promove, desde sua criação, ampla e profunda disseminação do conhecimento matemático em toda a Região Nordeste do país.

O formato atual do Programa de Pós-graduação em Matemática da UFC foi delineado em 1995, com a criação do doutorado em Ciências (Matemática), como efeito do esforço constante de qualificação do corpo docente de seu Departamento de Matemática e do trabalho de pesquisa científica realizado na instituição. A nota do programa é 7 (CAPES, 2017b).

Os professores do Programa de Pós-graduação em Matemática da UFC desenvolvem pesquisa nas seguintes áreas:

- Análise Matemática/Equações Diferencias Parciais.
- Combinatória.
- Geometria.
- Singularidades e Topologia.
- Sistemas Dinâmicos e Teoria Ergódica.

CAPÍTULO 3

Subáreas da Matemática mais estudadas no Brasil

Neste capítulo, abordaremos as subáreas da Matemática que foram iniciadas no Brasil a partir dos anos de 1930 e, como efeito dessa causa, seus desenvolvimentos e suas consolidações. Abordaremos também as instituições nas quais elas são ensinadas e que realizam pesquisa científica.

A CONSOLIDAÇÃO

Nos anos 1960, o governo federal elaborou o Programa de Desenvolvimento Científico e Tecnológico para o Brasil, que teve início com o Plano Quinquenal para o período 1968-1972. Esse programa foi baseado no Programa Estratégico de Desenvolvimento (PED), criado pelo governo federal para o período de 1968 a 1970. No PED, fora incluído pela primeira vez no Brasil uma Política de Ciência e Tecnologia.

As estratégias contidas no Plano Quinquenal tinham como alvos a graduação, a pós-graduação *stricto sensu* e a contratação de pesquisadores, além da manutenção dos equipamentos dos Centros Nacionais de Pesquisa. O Plano também continha os projetos de pesquisa prioritários ao desenvolvimento do Brasil. O Plano Quinquenal deu prosseguimento ao Programa do Livro Científico – a necessidade de criação no Brasil de uma literatura científica em língua portuguesa –, como resultado de um acordo entre o CNPq, a Academia Nacional de Ciências dos Estados Unidos e a Aliança para o Progresso, um programa do governo norte-americano.

Naquele período, foram constituídas comissões de assessores formadas por cientistas, que passaram a articular as atividades dos diferentes grupos de pesquisadores, avaliando os resultados obtidos e sugerindo medidas destinadas a ativar o processo de desenvolvimento do Brasil. O Plano abrangia as seguintes grandes áreas:

- Agricultura;
- Astronomia;
- Biologia;
- Ciências Sociais;
- Física;
- Geologia;
- Matemática;
- Química;
- Tecnologia.

Também incluía um item específico para o estudo da região amazônica.

Os Centros Nacionais de Pesquisa a serem criados teriam, segundo o Plano, o propósito de apoiar outros centros já existentes e os que fossem criados posteriormente. Os Centros Nacionais de Pesquisa deveriam ser instituições de pesquisa com os melhores equipamentos, com corpo científico experiente, qualificado e de reconhecida contribuição para a formação de novos pesquisadores. Buscava-se, com essas medidas, criar no Brasil o verdadeiro ambiente científico, a fim de atrair também bons pesquisadores estrangeiros e brasileiros que residiam no exterior.

Para a grande área da Matemática foram estimuladas e apoiadas pesquisas em:

- Equações Diferenciais Parciais;
- Análise Funcional;
- Computação;
- Geometria Diferencial;
- Probabilidade/Estatística;
- Álgebra Abstrata;
- Topologia.

A década de 1970 marcou o início do período de consolidação da pesquisa em Matemática no Brasil. No início dessa década, foi concluída pelo governo federal a reforma da universidade brasileira, sem que, porém, fosse elaborado e executado um plano de política universitária no Brasil.

Também naquela década o governo federal criou condições para consolidar ações anteriores, praticando políticas públicas em C&T. Exemplificamos essas ações com a criação do Primeiro Plano Nacional de Pós-graduação (Primeiro PNPG, 1975-1979), e a criação do Segundo Plano Básico de Desenvolvimento Científico e Tecnológico (Segundo PBDCT, 1975-1980).

Como efeito dessa causa, nos anos de 1970 o Brasil deu um salto significativo na sua capacitação em C&T. Pela primeira vez na história recente de nosso país, a administração federal abordou a ciência e a tecnologia em seus planos gerais de desenvolvimento econômico e em planos setoriais (Plano de Desenvolvimento Econômico - PDE; Plano Básico de Desenvolvimento Científico e Tecnológico - PBDCT). Em 1975, o PBDCT foi formalizado como Sistema Nacional de Desenvolvimento Científico e Tecnológico (SNDCT).

Em relação a esses instrumentos legais, destacamos como o fator de maior importância o enfoque dado à criação de infraestrutura e financiamento das ações que seriam praticadas. Em 1969, havia sido criado o Fundo Nacional de Desenvolvimento Científico e Tecnológico (FNDCT), que passou, a partir de 1971, a ser gerido pela Financiadora de Estudos e Projetos (FINEP), uma empresa pública criada para investir em ciência. Atualmente, a FINEP tem 16 fundos setoriais voltados para áreas específicas.

Dos 16 fundos setoriais criados e vinculados ao FNDCT, 15 estão em operação, sendo 13 deles destinados a setores específicos: saúde, biotecnologia, agronegócio, petróleo, energia, mineral, aeronáutico, espacial, transporte terrestre, transporte aquaviário, recursos hídricos, informática, Amazônia Legal.

Os demais fundos setoriais são de natureza transversal, o que significa que os recursos podem ser aplicados em projetos de qualquer setor da economia. São eles: Fundo Verde-Amarelo, voltado à interação universidade-empresa, e Fundo de Infraestrutura, destinado ao apoio e melhoria da infraestrutura das instituições científicas, tecnológicas e de inovação. O Fundo de Infraestrutura está previsto no marco legal de ciência, tecnologia e inovação.

Sabe-se que o FNDCT é a principal ferramenta do governo federal para o financiamento à pesquisa e à inovação. Sabe-se ainda que o FNDCT alimenta os programas mantidos pela FINEP. Cabem aqui as seguintes indagações:

- Os recursos atuais para o FNDCT são compatíveis com as necessidades do país?
- Quais são as estratégias nacionais para CT&I?

Ainda nos anos 1970, a política de capacitação científica e tecnológica instituída pelo governo federal propiciou um avanço do ponto de vista dos marcos legais e da formação de recursos humanos para a comunidade acadêmica do Brasil. Citamos como exemplo a criação do Programa Institucional de Capacitação de Docentes (PICD), que era voltado para a qualificação dos professores das universidades federais e das faculdades federais.

Quando da vigência do PICD, as universidades e faculdades federais viram-se com a obrigação de elaborar um plano para capacitação de seus docentes.[60] Assim, receberam bolsas de estudos para distribuir aos docentes interessados em se capacitar.

O conjunto dessas ações propiciou, em particular na Matemática, a criação de um ambiente acadêmico que influenciou a criação de programas de pós-graduação e o início da consolidação da pesquisa científica em Matemática no Brasil.

As metas e ações propostas e executadas pela administração federal nos anos 1970 e 1980 beneficiaram o Sistema Nacional de Graduação (SNG) e o Sistema Nacional de Pós-graduação (SNPG). Com respeito ao SNG, houve a ampliação do sistema, mas o órgão responsável por sua avaliação periódica falhou em sua missão. Como efeito, o Brasil tem nos dias atuais um SNG de má qualidade, exceto para poucas universidades públicas que ofertam bons cursos de graduação.

Nos anos de 1960 a 1980, foi iniciado em várias universidades brasileiras o processo de criação e oferta de cursos de graduação (licenciatura e bacharelado) em Matemática, com grades curriculares contendo programas de disciplinas atualizadas. As ementas dessas disciplinas passaram a trazer em suas Referências livros atualizados, escritos por autores estrangeiros e brasileiros. Esse processo de renovação foi possível graças ao retorno, para as universidades brasileiras, dos professores que haviam saído para obter suas qualificações em universidades do país ou do exterior.

Ainda nesse período de metas e ações propostas e executadas pela administração federal para beneficiar o SNG e o recém-criado SNPG, devemos fazer referência ao incentivo e ao efetivo trabalho desenvolvido para a criação de uma boa literatura matemática em língua portuguesa. Foram escritos, para a graduação e para a pós-graduação, livros de bom nível que passaram a ser utilizados, além de terem sido traduzidos para a língua portuguesa bons livros de matemática escritos por autores estrangeiros.

Também faz parte desse legado o rico acervo constituído por meio de publicações periódicas da Sociedade de Matemática de São Paulo (SMSP, *Boletim*); pela Fundação Getulio Vargas (FGV), por meio do Núcleo Técnico-científico de Matemática (NTCM, *Summa Brasiliensis Mathematicae*, publicação que existiu por mais de quinze anos, a partir de 1945); pela Sociedade Paranaense de Matemática (SPM, *Boletim*); pela Sociedade Brasileira de Matemática (SBM, com suas publicações) e pela Sociedade Brasileira de Matemática Aplicada e Computacional (SBMAC, *Boletim*).

A década de 1970 ficou conhecida como *idade de ouro* da ciência brasileira. Esse período da história do Brasil foi inspirado por uma doutrina militar de segurança nacional. Em algumas regiões do país, notadamente na Região Sudeste, algumas lide-

[60] Devemos ressaltar que foram poucas as instituições federais de ensino superior que elaboraram um PICD institucional nos anos 1970. Os jovens professores que desejavam se capacitar via cursos de pós-graduação o fizeram por iniciativa própria. Por exemplo, a UFPR jamais fez, nos anos 1970, um PICD para o setor de Ciências Exatas.

ranças acadêmicas souberam aproveitar melhor esse período, em termos de apoio financeiro, por exemplo, contratando docentes qualificados, criando infraestrutura física para universidades e institutos de pesquisa, aprimorando acervos de bibliotecas, criando laboratórios de Física e de Informática, oficinas, biotérios etc.

O pequeno grupo de doutores pesquisadores em Ciências (Matemática) existente no país nos anos de 1970, formado por doutores titulados no exterior – que somavam menos de cem e trabalhavam em universidades públicas, institutos de pesquisa e em poucas universidades privadas confessionais –, criou em suas especialidades eventos científicos que se consolidaram com o passar dos anos e se transformaram também em indutores da pesquisa científica, funcionando como ímãs que atraíam estudantes talentosos. Alguns deles são: Escola de Álgebra, Escola de Geometria Diferencial, Seminário Brasileiro de Análise etc.

O Colóquio Brasileiro de Matemática já estava consolidado, com suas reuniões bianuais.[61] Também nos anos de 1970 e 1980 a nova geração de matemáticos brasileiros passou a contribuir para a formação de uma boa literatura matemática em língua portuguesa.

Juntaram-se a esse processo algumas editoras comerciais e universitárias, além de diversos departamentos de Matemática de várias universidades e institutos de pesquisa. A partir da década de 1970, várias editoras comerciais passaram a publicar traduções, para a língua portuguesa, de bons livros de matemática escritos por autores estrangeiros.

No final dos anos de 1970 e início dos anos 1980, os doutores titulados em Ciências (Matemática), pesquisadores ativos e que trabalhavam em universidades e institutos de pesquisa brasileiros, já atingiam o número de duzentos. Os programas de pós-graduação *stricto sensu*, com cursos de mestrado e doutorado em Ciências (Matemática), ofertados por algumas universidades e institutos de pesquisa já titulavam um razoável número de mestres e doutores.

A Tabela 3.1 mostra a evolução do número de doutores titulados em Ciências (Matemática) por instituições brasileiras de 1970 a 2010 em períodos de dez anos.

---

[61] Sugerimos a leitura de Lima (1995) para que o leitor possa perceber, no período de 1957 a 1995, a partir de cursos ministrados nos Colóquios Brasileiros de Matemática, o processo de evolução na orientação e organização dos currículos e programas de diversas disciplinas que eram ofertadas em cursos de graduação em Matemática nas instituições brasileiras de ensino superior públicas e privadas.

Tabela 3.1 – Evolução no número de doutores titulados em Matemática no Brasil (1970-2010)

Ano	Número de doutores titulados
1970	3
1980	21
1990	24
2000	51
2010	85

Fonte: CAPES-MEC.

Na grande área Matemática, Probabilidade/Estatística, no Relatório de Avaliação 2013-2016, Quadrienal 2017, 58 programas foram avaliados pela CAPES (Tabela 3.2).

Tabela 3.2 – Evolução do número de doutores titulados em Matemática no Brasil (2011-2016)

Ano	Número de doutores titulados
2011	172
2012	168
2013	170
2014	230
2015	222
2016	287

Fonte: CAPES/MEC

Cumpre observar que os números de doutores titulados que aparecem na Tabela 3.2 incluem Matemática Pura e Aplicada, Probabilidade e Estatística. No Relatório da CAPES não é possível obter informações em separado sobre o número de doutores titulados em Matemática Pura. Julgamos essa uma grande falha cometida por responsáveis pela elaboração do Relatório.

Nos anos de 1970, 1980 e 1990, a grande maioria dos doutores titulados era de professores pertencentes a diversas universidades que, ao regressarem às suas instituições de origem, passaram a formar a massa crítica necessária para o funcionamento de bons cursos de graduação em Matemática.

Esses doutores passaram a influenciar também em seus departamentos a realização de seminários, palestras, eventos científicos, programas anuais de professores visitantes, melhorias dos acervos das bibliotecas de suas instituições etc. Para essas atividades, havia a forte possibilidade de obter financiamento das agências de fomento.

No final dos anos 1970 teve início no país o processo de oferta de programas de estágios de pesquisa para pós-doutoramento ("pós-doc") em Matemática. Em 1977, eram sete os doutores fazendo estágio de pós-doutoramento em Matemática no país. Atualmente, várias instituições ofertam essa modalidade de programa, como: UFRGS; UFSC; UEM, USP; UNICAMP; UFSCar; ICMC-USP; UFRJ; UFF; IMPA; PUCRIO; UnB; UFMG; UFPE; UFBA-UFAL; UNESP-SJRP; UFC.

O objetivo da administração federal com essas ações a partir dos anos de 1970 foi criar condições estruturais para que, com a consolidação de um bom SNPG no país, ofertando cursos nas principais áreas do conhecimento humano, esse fato induzisse a oferta de bons cursos de graduação. Julgamos ter sido esse o raciocínio escolhido e praticado pelos gestores do sistema universitário brasileiro.

Infelizmente, esse fato não se consolidou, talvez pela falta de prospectiva e planejamento estratégico, por falta de sabedoria e de controle por parte dos gestores do sistema universitário brasileiro responsáveis pelas avaliações periódicas do SNG. Haja vista a má qualidade do SNG nos dias atuais, com a coletivização da nobre instituição universidade, com a oferta de cursos de graduação inexpressivos e de má qualidade, em diversas áreas do conhecimento; efeito da seguinte causa: falha do órgão responsável pela avaliação periódica do SNG.

Para constatar a má qualidade do SNG, sugerimos a leitura dos confiáveis documentos elaborados anualmente pela Thomson Reuters, intitulados *Times higher Education World university Rankings.* Temos alertado também os gestores do MEC para a necessidade de criação e execução de um bem definido e estruturante plano de política universitária no Brasil.

Em 1977, a comunidade matemática brasileira já publicava anualmente cerca de trezentos artigos de pesquisa em Matemática Pura e em Matemática Aplicada, em periódicos de circulação internacional (HÖNIG; GOMIDE, 1979, p. 51). Esses artigos abordavam as seguintes subáreas e especialidades: Álgebra Comutativa; Anéis de Grupos e Representações de Grupos; Teoria dos Ideais; Geometria Diferencial e Topologia; Análise Matemática; Análise Não Linear; Análise Funcional Não Linear; Equações Diferenciais Ordinárias; Equações Diferenciais Parciais; Sistemas Dinâmicos, Mecânica dos Fluidos.

Posteriormente, outras subáreas e especialidades da Matemática foram acrescentadas, como: Grupos de Lie e de Jordan; Geometria Algébrica; Quase Grupos e suas Representações; Teoria de Grupos Ordenados; Teoria das Valorizações, dentre outras.

Nos anos 1970, a subárea Análise Matemática tinha como principal representante no país o Prof. Dr. Leopoldo Nachbin, que, naquela década, estava trabalhando no IM-UFRJ. Ele se dedicara à pesquisa em topologia dos espaços de aplicações holomorfas e à teoria das aproximações ponderadas. Outros analistas também já se destacavam, dentre os quais citamos, em ordem aleatória: Luis Adauto da Justa Medeiros, Djairo Guedes de Figueiredo, Geraldo Ávila, Chaim S. Hönig, para citarmos apenas estes.

Na década de 1970, as linhas de pesquisa em Análise Matemática desenvolvidas nas principais instituições de ensino superior do país eram: Teoria das Equações Diferenciais Parciais; Teoria das Equações Diferenciais e Integrais; Análise Funcional; Holomorfia; Teoria das Aproximações.

Nessa fase, os principais grupos de pesquisa em Análise Matemática estavam situados nas seguintes instituições: IME-USP; ICMC-USP; IMECC-UNICAMP; IM-UFRJ; IMPA; UnB; PUCRIO; UFPE.

Ainda nos anos 1970, os estudos e pesquisas em Geometria Diferencial e Topologia estavam se consolidando em nosso país. Escolhemos citar, em ordem aleatória, os trabalhos de dois geômetras: Manfredo do Carmo, do IMPA, e Alexandre Augusto Martins Rodrigues, do IME-USP. Para uma descrição sobre a pesquisa em Geometria Diferencial no Brasil, ver Do Carmo (1999).

No IMPA, com atuações na UnB e na UFC, Manfredo do Carmo desenvolveu pesquisas nas seguintes subáreas e especialidades: relações entre topologia e curvatura de variedades riemannianas; convexidade de rigidez de imersões isométricas; subvariedades mínimas, em particular, superfícies mínimas; imersões conformes; hipersuperfícies de curvatura média constante; implicações da curvatura na estrutura topológica das variedades; subvariedades mínimas de variedades riemannianas.

Manfredo do Carmo foi o criador da Escola de Geometria Diferencial no Brasil. Sua contribuição para a Matemática teve um impacto duradouro em vários temas de Geometria Diferencial, especialmente em subvariedades de superfícies mínimas e de curvatura média constante. Uma bibliografia de Manfredo do Carmo pode ser encontrada em Do Carmo (2012). A descendência matemática dele é expressiva.

Alexandre Augusto Martins Rodrigues, que trabalhou no IME-USP e também nos primórdios da UnB, deu contribuições em Geometria Diferencial, desenvolvendo ensino, estudos e pesquisas nas especialidades seguintes: sistemas diferenciais; grupos de Lie infinitos; álgebras de Lie.

A descendência matemática desses dois geômetras tem contribuído para a consolidação, ampliação, desenvolvimento e avanços da pesquisa em Geometria Diferencial no Brasil. Atualmente, há grupos de pesquisa em Geometria Diferencial em diversas instituições brasileiras.

Ainda nos anos 1970, na subárea dos sistemas estruturalmente estáveis e da teoria da bifurcação, os pesquisadores do IMPA, da PUCRIO, do ICMC-USP, do IME-USP e da UFMG produziram resultados importantes. No IMPA já se destacava nessa subárea o trabalho de ensino, estudos e pesquisa realizado por Maurício Matos Peixoto (1921-2019), que trabalhava em Estabilidade Estrutural em Dimensão 2. A parte mais conhecida de todo o seu trabalho é o resultado seguinte, conhecido na literatura matemática como:

Teorema de Peixoto. Os fluxos estruturalmente estáveis em superfícies são simplesmente caracterizados e constituem um aberto e denso no espaço de todos os fluxos.

Na verdade, o trabalho desenvolvido por M. Peixoto originou no IMPA o ensino, os estudos e as pesquisas em teoria geométrica dos Sistemas Dinâmicos. Maurício Peixoto foi o criador da Escola Brasileira em Sistemas Dinâmicos, área de pesquisa que foi continuada por sua descendência matemática e por outros pesquisadores do IMPA e de outras instituições. Ele criou no IMPA, no início dos anos 1960, o primeiro curso de doutorado em Ciências (Matemática).

Além do já mencionado teorema de Peixoto, podemos dizer que a essência da contribuição contida em seus trabalhos (PEIXOTO, 1959; 1962; PEIXOTO; PEIXOTO, 1959) se caracteriza pelos seguintes pontos:

- a introdução do espaço de todos os fluxos;
- a modificação da definição original de estabilidade estrutural devida a Andronov-Pontrjagin, libertando-a da exigência de um pequeno ε–homeomorfismo;
- a introdução do *closing lemma* e o reconhecimento de sua importância e dificuldade no caso diferenciável.

Outros dinamistas, dentre os quais citamos Jacob Palis, ao regressar do exterior após concluir seu doutorado, passou a estudar a estabilidade estrutural em dimensão superior, trabalhando em Sistemas Dinâmicos e Teoria Ergódica; e Marcelo Viana, que, após obter seu doutorado no IMPA, passou a atuar como pesquisador dessa instituição, trabalhando em Sistemas Dinâmicos e Teoria Ergódica.

A subárea da Matemática Sistemas Dinâmicos é uma especialidade de pesquisa muito ativa nos dias atuais, na qual o IMPA se destaca. É nessa instituição que trabalha o Prof. Dr. Artur Ávila, agraciado em 2014 com a prestigiada Medalha Fields, a mais importante premiação internacional da Matemática. Diversos professores pertencentes a várias instituições brasileiras trabalham na subárea Sistema Dinâmicos e Teoria Ergódica.

Em Álgebra Abstrata, os anos de 1970 marcaram o desenvolvimento e os avanços dessa subárea nas universidades brasileiras. A partir de então, houve no Brasil a consolidação do ensino, dos estudos e da pesquisa nessa subárea da Matemática. Foram pioneiros nessa subárea Paulo Ribenboim, Otto Endler, Alberto Azevedo, Renzo Piccinini, Artibano Micali, Adilson Gonçalves, Said Njati Sidki, Karl-Otto Stöhr, Aron Simis, Yves Lequain, Gervásio Bastos, Alfredo Rosalio Jones Rodriguez (que implantou, nos anos de 1970, no IME-USP, a linha de pesquisa em anéis de grupos e representações de grupos) e Jayme M. Cardoso (que desenvolveu um trabalho importante na UFPR e na UNICAMP), entre outros.

O DESENVOLVIMENTO

A partir dos anos de 1980, teve início a fase de desenvolvimento e avanços da pesquisa científica em Matemática em nosso país. Para tal, ações nesse sentido foram desenvolvidas pelo governo federal.

Para a consolidação e o desenvolvimento do SNPG, a administração federal criou os seguintes programas:

- Programa de Apoio ao Desenvolvimento Científico e Tecnológico (PADCT);
- Primeiro PNPG (1975-1979);
- Segundo PNPG (1982-1985);
- Terceiro PNPG (1986-1989);
- Quarto PNPG (2005-2010);
- Quinto PNPG (2011-2020).

O PADCT, um amplo programa, teve financiamento parcial do Banco Mundial. Foi subdividido em duas etapas: o Programa Básico, para ser desenvolvido no período de 1984-1988, e o Programa Adicional, para ser desenvolvido no período de 1986-1988. Os recursos destinados ao PADCT foram de 600 milhões de dólares, dos quais 200 milhões de dólares financiados pelo Banco Mundial e 400 milhões de dólares financiados pelo governo federal.

Se compararmos, na época, a ordem de grandeza dos recursos financeiros que o governo federal destinou ao PADCT com a ordem de grandeza da evolução dos recursos financeiros do FNDCT (recursos administrados pela FINEP) no período de 1981 a 1984, que foi de 340 milhões de dólares, então podemos observar a magnitude dos valores financeiros destinados ao PADCT.

Por ter sido um amplo e complexo programa de apoio ao desenvolvimento científico e tecnológico no Brasil, o PADCT gerou, de modo natural, reações diversas por parte da comunidade acadêmica brasileira da época.

Uma das fortes críticas feitas ao PADCT pela comunidade acadêmica de então foi que seus subprogramas privilegiavam a tecnologia mais imediatista, em detrimento da pesquisa básica. Outra forte crítica foi que grande parte da comunidade acadêmica do país deixou de ser consultada a respeito da elaboração dos subprogramas do PADCT.

Observamos que as metas e as ações criadas e praticadas pelo governo federal da época visavam, primordialmente, ao desenvolvimento e ao desempenho do SNPG, priorizando a pesquisa científica e tecnológica nas universidades e nos institutos de pesquisa. Elas visavam também ao atendimento das prioridades nacionais, ou seja, às áreas de interesse estratégico para o Brasil da época, segundo a administração federal.

Lembramos que, no final dos anos de 1970 e início dos anos de 1980, a administração do CNPq, por intermédio de seu presidente Lynaldo Cavalcanti de Albuquerque, desejava criar estruturas legais para desenvolver a Química e a Engenharia Química no país. Nessa época, foi feito um plano – que não vingou – para criar o Instituto de Química do CNPq, a exemplo do IMPA. A comunidade acadêmica da área de Química não aceitou o plano que foi feito.

Até a década de 1980, a maior parte das universidades que ofertavam programas de pós-graduação em Matemática, com o curso de doutorado em Matemática Pura, estava sediada no eixo São Paulo-Rio de Janeiro-Brasília. As demais instituições criaram programas de doutorado em Matemática Pura a partir da segunda metade da década de 1980 e em anos posteriores.

Na Região Nordeste, a primeira universidade a ofertar o curso de doutorado em Matemática Pura foi a Universidade Federal de Pernambuco (UFPE). Em 1986, a UFPE titulou um doutor em Ciências (Matemática); em 1989, dois doutores; em 1993, três doutores.

A Universidade Federal do Ceará (UFC) passou a ofertar, a partir dos anos 1990, um curso de doutorado em Matemática Pura. Em 1998, a UFC titulou um doutor em Ciências (Matemática); em 1999, dois doutores.

Na Região Sul, a Universidade Federal do Rio Grande do Sul (UFRGS) passou ofertar, a partir de 2001, o curso de doutorado acadêmico em Ciências (Matemática Aplicada).

Na Universidade Federal de Santa Catarina (UFSC), foi criado em 2013, no Programa de Pós-graduação em Matemática Pura e Aplicada, o curso de doutorado em Matemática. Em 2016, a UFSC titulou o primeiro doutor em Ciências (Matemática).

Na Universidade Federal do Paraná (UFPR), no final da década de 2000, o Departamento de Matemática aprovou a criação do curso de doutorado em Matemática Aplicada, no Programa de Pós-graduação existente. A primeira turma de doutorado em Matemática Aplicada foi ofertada em março de 2010.

Na Universidade Estadual de Maringá (UEM), foi criado em 2010 pelo Departamento de Matemática o curso de doutorado Acadêmico em Ciências (Matemática).

A partir da década de 2010, houve um acréscimo no número anual de doutores titulados em Matemática pura e aplicada no Brasil. Esse número, porém, está aquém das necessidades do país.

Na Tabela 3.3, listamos as universidades que ofertam atualmente os melhores programas com cursos de doutorado em Matemática pura e aplicada. São os programas que obtiveram nota 6 ou 7 nas avaliações trienais da CAPES realizadas em 2010 e em 2013 e na avaliação quadrienal realizada em 2017. O leitor poderá observar a hegemonia das instituições sediadas na Região Sudeste.

Também nas universidades situadas na Região Sudeste está concentrado o maior número de doutores titulados em Ciências (Matemática) que desenvolvem atividades de ensino e pesquisa. Nas universidades da Região Sul está concentrado o segundo maior número de doutores titulados em Ciências (Matemática) desenvolvendo atividades de ensino e pesquisa.

Segundo informações da CAPES contidas no Relatório da Área 01 – Matemática Probabilidade/Estatística (MAPE) de 2019, os Programas de Pós-graduação da área MAPE titularam:

- em 1998, 62 doutores;
- em 2006, 93 doutores;

- em 2016, 287 doutores;
- em 2017, 269 doutores.

Segundo a CAPES, ainda no Relatório da Área 01, a área MAPE está consolidada no país, mas a formação de doutores nessa área não atende à demanda nacional. Os programas devem responder a esses desafios: 1) oferecendo uma formação acadêmica sólida em Matemática, Probabilidade e Estatística; 2) buscando a inserção internacional, com a mobilidade acadêmica regular de professores visitantes e pós-doutores; 3) enfatizando a qualidade dos artigos, em detrimento da quantidade; 4) fazendo autoavaliações periódicas.

Tabela 3.3 – Avaliação dos melhores cursos de doutorado em Matemática em 2010, 2013 e 2017

Instituição	Nota na avaliação trienal 2010	Nota na avaliação trienal 2013	Nota na avaliação quadrienal 2017
ICMC-USP	6	7	7
IMPA	7	7	7
PUCRIO		6	7
UFC		6	7
UFMG			6
UFRJ	6	7	7
UnB	6	7	7
UNICAMP	7	7	7
USP-Mat	6	6	5

Fonte: CAPES-MEC.

Lembramos que as notas 6 e 7, as mais altas, concedidas pelo Sistema de Avaliação Periódica da CAPES, correspondem ao nível de excelência mundial.

Nas décadas de 1980 a 2010, o desenvolvimento da pesquisa em Matemática experimentou um salto qualitativo nas instituições brasileiras. Há atualmente bons cursos de graduação (licenciatura e bacharelado em Matemática) – estes, porém, em poucas universidades públicas –, e bons programas de pós-graduação *stricto sensu*, com cursos de doutorado em Ciências (Matemática) ofertados por instituições públicas e pouquíssimas instituições privadas.

Atualmente, a pesquisa em Matemática produzida nas universidades e institutos de pesquisa brasileiros apresenta grande desenvolvimento e alto estágio de maturidade.

São publicados anualmente cerca de 1.200 artigos nas áreas da Matemática Pura e da Matemática Aplicada.

Desse total, são publicados artigos em diversas subáreas e especialidades da Matemática, como: Análise Matemática, Análise Funcional não Linear, Álgebra e Teoria dos Números, Álgebra Comutativa, Geometria Algébrica, Geometria Diferencial, Sistemas Dinâmicos, Equações Diferenciais Ordinárias, Equações Diferencias Parciais, Curvas Algébricas, Teoria de Lie e Aplicações, Teoria de Grupos, Anéis e Aplicações, Álgebra Homológica e de Koszul, Teoria Algébrica de Singularidades, Geometria Extrínseca de Variedades Algébricas, Teoria de Grafos, Teoria dos Matroides, Geometria Birracional das Variedades Projetivas, C^* – Álgebras, Quase Grupos e Suas Representações, Equações Ordinárias e Funcionais, Equações Não Lineares da Física Matemática, Estabilização e Controle de Sistemas Distributivos, Teoria Geométrica de Controle e Dinâmica Topológica etc.

Nas subáreas e especialidades de Análise Matemática, Geometria Diferencial, Sistemas Dinâmicos e Álgebra Abstrata, e na fronteira comum entre essas subáreas, são desenvolvidas pesquisas nas instituições que citaremos a seguir.

ANÁLISE MATEMÁTICA

A pesquisa em Análise Matemática se espalhou para várias instituições brasileiras a partir das universidades sediadas no eixo São Paulo-Rio de Janeiro-Brasília. Nos anos 1970, docentes de várias universidades brasileiras foram enviados para obter seus doutorados em Análise Matemática em universidades do exterior e em universidades sediadas no eixo São Paulo-Rio de Janeiro-Brasília.

Os doutores titulados voltaram para suas instituições de origem, e com a contratação, nos anos 1980, de novos doutores por parte de algumas dessas instituições formaram-se grupos de pesquisa nas especialidades da Análise Matemática.

É em Análise Matemática que, atualmente, se situa o maior número de doutores pesquisadores em nosso país. Explica-se esse fato pela importância da Análise Matemática na própria Matemática, em suas aplicações, e ainda pelo fato de que no ensino dos cursos de graduação em Matemática, Física, Engenharias, Arquitetura etc. há uma grande oferta de disciplinas referentes ao cálculo diferencial e integral de funções de uma ou mais variáveis reais e também disciplinas contendo o estudo de números reais e complexos; sucessões e séries numéricas; continuidade; derivação; integral; sucessões e séries de funções; funções de várias variáveis. Há um grande número de trabalhos de pesquisa em Análise Matemática e em suas especialidades nas seguintes instituições: UFRGS; UFSM; UFSC; UEM; UNICAMP; USP; UNESP-SJRP; UFRJ; IMPA; PUCRIO; UFF; UFG; UFMG; UFV; UnB; UFPE; UFC; UFPB; UFCG, UFPI; UFPA.

Atualmente no Brasil a pesquisa em equações diferenciais parciais não lineares é uma especialidade muito ativa na Análise Matemática, que conta com a participação de muitos pesquisadores. Nela, as principais linhas de pesquisa, com fronteiras comuns a outras especialidades, são as seguintes: equações e sistemas elípticos não lineares;

equações diferenciais parciais e dinâmica dos fluidos (Matemática Aplicada); equações dispersivas não lineares; equações de evolução não lineares; equações hiperbólicas não lineares.

Equações e sistemas elípticos não lineares, por exemplo, recebem uma forte motivação de várias outras ciências, pelas aplicações que têm. Diversos fenômenos são modelados por equações elípticas. Essa é uma área de pesquisa que tem evoluído muito desde a segunda metade da década de 1980, e os matemáticos brasileiros que a ela se dedicam têm dado contribuições valiosas para sua evolução.

Os grupos de pesquisa já consolidados e existentes em várias instituições brasileiras têm produzido pesquisa matemática de ponta. Hoje em dia, as pesquisas em Análise Matemática se direcionam para várias especialidades, como teoria local de formas automórficas e operadores lipschitzianos; equações diofantinas; equações diferenciais e suas simetrias; equações integro-diferenciais; sistemas de equações e derivadas parciais; métodos probabilísticos em equações diferenciais parciais; teoria das singularidades; análise funcional não linear; equações diferenciais parciais não lineares; controle ótimo de sistemas governados por equações diferenciais parciais não lineares; inequações variacionais; equações diferenciais ordinárias; análise harmônica; análise funcional; teoria espectral; teoria do espalhamento para equações elípticas e hiperbólicas; sólitons; sistemas hamiltonianos; espalhamento inverso e análise global; equações diferenciais da Física Matemática; problemas inversos e aplicações.

GEOMETRIA DIFERENCIAL

A partir dos geômetras do IMPA, do IMECC-UNICAMP, do IME-USP, do ICMC-USP, do IM-UFRJ e da UnB, o ensino e a pesquisa em Geometria Diferencial se estenderam por várias regiões do país. Do Carmo (1999) oferece informações didáticas a respeito dos geômetras brasileiros e suas atuações em diversas instituições do país.

Atualmente há grupos de pesquisa consolidados nesta subárea da Matemática e trabalhando em diversas universidades e institutos brasileiros, como: IMPA, UFRJ, UFPE, UnB, USP, UNICAMP, UFSCar, UFC, UFMG, ICMC-USP, UFBA, UFPB, UFAL, UFAM, UFES, UFG, UEM, UFPR, UFSC, UFSM.

No IME-USP, o grupo de pesquisa em geometria desenvolve trabalhos em: Subvariedades Mínimas e Folheações; Entropia de Folheações; Folheações Geométricas; Geometria Equivalente; Subvariedades Mínimas; Teoria de Subvariedades; Teoria de Morse e Problemas Variacionais; Geometria Riemanniana e Lorentziana com Aplicações; Métodos Homológicos e Simpléticos em Geometria e Análise; Grupos de Transformações de Lie em Geometria Riemanniana; Espaços Simétricos Riemannianos; Imersões Isométricas; Hipersuperfícies; Ações Isométricas.

Subvariedades Riemannianas; Análise Global em Geometria Riemanniana, Semi-Riemanniana e Sub-Riemanniana; Teoria de Controle; Generalização da Geometria Riemanniana; Difusão em Variedades; Análise de Operadores Hipoelípticos; CR Geometria; Grupos com Crescimento Polinomial.

Sistemas Diferenciais e Pseudogrupos de Lie; Grupo de Transformação; Equivalência de Subvariedades de Espaços Homogêneos; Pseudogrupos de Lie e Álgebras de Lie Intransitivas; Grupoides e Algebroides de Lie; Folheações Riemannianas Singulares; Aplicações da Teoria Geométrica e Equações e Derivadas Parciais às Folheações com Estrutura Transversa e às Classes Características de Folheações.

Topologia Algébrica e Geométrica; Teoria de Ponto Fixo; Coincidência; Teoria de Ponto Fixo Equivariante; Imersões; Topologia das Singularidades. P-Localização de Grupos e Espaços Nilpotentes; Geometria de Poisson.

Na UFSM, há um grupo de pesquisas que desenvolve trabalhos em Geometria Diferencial.

Na UFPR, docentes desenvolvem pesquisas em Geometria Diferencial; Álgebras de Operadores; Geometria e Topologia.

Na UEM são desenvolvidas pesquisas em Geometria Diferencial e Singularidades; Teoria de Lie e Aplicações.

Na UFSC são desenvolvidas pesquisas em Geometria Diferencial; Topologia Geométrica e Análise Global.

No IMECC-UNICAMP há um grupo de pesquisa em Geometria Diferencial de prestígio nacional e internacional. Seus membros têm formado vários doutores e trabalham basicamente nas seguintes especialidades: Geometria Diferencial; Problemas Variacionais Geométricos; Problemas Isoperimétricos, Aplicações de Grupos de Transformações à Geometria, Teoria de Calibre; Geometria Algébrica; Álgebras de Lie e Grupos Quânticos; Teoria de Representação; Métodos Algébricos em Física Matemática; Ação de Grupos em Variedades.

Na UnB há um grupo de pesquisa em Geometria Diferencial que desenvolve trabalhos nas seguintes linhas de pesquisa: Geometria Riemanniana; Transformações de Variedades e Aplicações; Geometria das Subvariedades.

No ICMC-USP há um grupo de pesquisa que desenvolve pesquisa em Geometria Diferencial e Topologia nas seguintes especialidades: Dinâmica Unidimensional; Singularidades de Aplicações Diferenciáveis; Sistemas Dinâmicos com Comportamento Hiperbólico; Sistemas Dinâmicos e Teoria Ergódica; Topologia Algébrica; Topologia Diferencial; Topologia Geométrica; Teoria Geométrica do Controle.

Na UFSCar, os geômetras desenvolvem pesquisas em Geometria de Variedades Riemannianas, Semirriemannianas e Ações de Grupos de Lie; Teoria de Morse e Geometria Diferencial Global; Problemas de Classificação e Caracterização das Imersões Isométricas; Imersões de Curvatura Média Constante; Subvariedades Pseudoparalelas em Formas Espaciais Reais, Lorentzianas e Complexas; Problema de Bjorling em Variedades Tridimensionais; Transformações de Subvariedades; Rigidez e Deformações Isométricas e Conformes de Subvariedades; Subvariedades com Curvatura Seccional Constante; Subvariedades Lagrangeanas; Subvariedades de Dupin; Geometria Diferencial e Uso de Tecnologias.

Na UNESP-SJRP são desenvolvidas pesquisas em Geometria e em Sistemas Dinâmicos nas seguintes especialidades: Sistemas Dinâmicos e Singularidades, Teoria da Gravitação e Geometrias Hipercomplexas.

No IM-UFRJ são desenvolvidas pesquisas em: Subvariedades de r-curvatura Média H_r Constante; Problema de Dirichlet para Curvatura Média Constante, Problema de Plateau em S^3; Problema Isoperimétrico; Espaços Homegêneos; Geometria Conforme e Propriedades Espectrais em Variedades Riemannianas; Superfícies Mínimas e de Média Curvatura Constante; Geometria de Subvariedades com r-ésima Curvatura Média Constante.

Na UFMG, os docentes desenvolvem pesquisas em Geometria e Topologia.

Na UFG são desenvolvidas pesquisas em: Superfícies Mínimas de Laguerre, Superfícies em Espaços Conformemente Flat, Superfícies Weingarten Generalizadas.

Na UFPE são desenvolvidas pesquisas em: Superfícies Mínimas em R^n; Geometria Diferencial; Geometria Complexa; Geometria e Topologia.

Na UFC, os geômetras desenvolvem pesquisas em: Hipersuperfícies em Variedades de Lorentz; Classificação de Hipersuperfícies em Variedades Riemannianas; Imersões Isométricas em Espaços de Curvatura Constante; Imersões de Hipersuperfícies de Curvatura Média Constante em Espaços de Curvatura Constante.

Na UFPI, os geômetras desenvolvem pesquisas em: Geometria Global de Variedades Riemannianas; Geometria de Variedades de Einstein e Condição de Einstein Generalizada; Geometria de Subvariedades; Análise Geométrica.

Na UFPA são desenvolvidas pesquisas em: Geometria das Subvariedades; Geometria Subriemannianas, Geometria Diferencial.

No IMPA são desenvolvidas pesquisas em: Subvariedades Mínimas e de Curvatura Média Constante; Variedades Riemannianas; Imersões Isométricas; Geometria Simplética, Ações Hamiltonianas e Aplicações Momento; Variedades de Poisson e Geometrias Relacionadas: Estruturas de Dirac e Algebroides de Courant, Geometria Complexa Generalizada; Geometria de Poisson e Quantificação por Deformação; Relações com Geometria não Comutativa; Grupoides e Álgebras de Lie.

Na UFF, os geômetras desenvolvem pesquisa nas seguintes linhas: Existência e Classificação de Superfícies Mínimas Completas e Mergulhadas em R^3; Existência e Classificação de Superfícies Mínimas Completas em R^3, de Curvatura Total Finita e Possuindo Todos os Seus Fins Mergulhados e Planares; Relação Entre Tais Superfícies e as Chamadas Imersões de Willmore em R^3; Estudo do Comportamento da Função de Gauss de Uma Superfície de Curvatura Média Constante Não Nula em R^3.

Os geômetras da UFES desenvolvem pesquisa em: *Um Problema de Bordo Livre para a Curvatura Escalar.* Nessa linha é estudada a Geometria das Hipersuperfícies com curvatura escalar constante no espaço euclidiano e com bordo livre sobre a fronteira de um corpo complexo.

Na UFPB são desenvolvidos projetos de pesquisas em: Geometria Diferencial e Topologia; Superfícies Imersas em Esferas de Dimensão Ímpar; EDP Elípticas; Métricas em Regiões Planas.

Na UFAL os geômetras desenvolvem pesquisa em: Geometria Conforme e Propriedades Espectrais em Variedades Riemannianas; Geometria das Subvariedades; Hipersuperfícies de Curvatura Prescrita; Imersões Isométricas em Formas Espaciais.

Na UFBA há um promissor grupo de geômetras que desenvolve pesquisas em: Imersões Isométricas e Imersões Conformes; Hipersuperfícies de Curvatura Média Constante; Desigualdades Geométricas e Geometria Integral.

Na UFAM os geômetras desenvolvem pesquisas em: Variedades Kählerianas; Imersões Isométricas; Superfícies Mínimas; Aplicações Harmônicas e Pluri-harmônicas.

Em geral, podemos dizer que os diversos tópicos de pesquisa em Geometria Diferencial desenvolvidos no Brasil estão incluídos nos grandes temas geometria intrínseca e geometria das subvariedades.

Os pesquisadores brasileiros que trabalham em Geometria Diferencial mantêm colaboração e intercâmbio científico com pesquisadores da Alemanha, Canadá, China, Espanha, Estados Unidos, França, Itália, México e Portugal.

TEORIA DOS SISTEMAS DINÂMICOS E TEORIA ERGÓDICA

Em várias instituições brasileiras há grupos de pesquisa que desenvolvem pesquisas em Teoria dos Sistemas Dinâmicos e Teoria Ergódica.

No IMPA, as linhas de pesquisa em Sistemas Dinâmicos são: Atratores Estranhos, Medidas Físicas, Estabilidade Estocástica; Bifurcações Homoclínicas e Dimensões Fractais; Dinâmica Simplética; Dinâmica Unidimensional; Expoentes de Lyapunov e Hiperbolicidade Não Uniforme; Hiperbolicidade Parcial, Decomposição Dominada, Robustez Dinâmica. Pesquisam-se também Dinâmica Holomorfa e Folheações Complexas em: Conjuntos Limites e Folheações; Estrutura Transversal de Folheações Complexas; Folheações Projetivas de Codimensão Um; Geometria Birracional de Folheações; Linearização de Folheações etc.

No IMECC-UNICAMP há pesquisas em Sistemas Dinâmicos: estudo de vários aspectos de Sistemas Dinâmicos de Dimensão Finita, incluindo suas propriedades qualitativas e bifurcações.

Na UFMG há docentes que se dedicam a pesquisas em Sistemas Dinâmicos.

Na UFBA há um grupo de docentes que trabalha em Teoria Ergódica de Sistemas Caóticos.

Alguns docentes do IME-USP desenvolvem projetos em: Sistemas Dinâmicos; Teoria Ergódica; Teoria da Probabilidade; Dinâmica Complexa; Sistemas Dinâmicos em Dimensões Baixas; Endomorfismo em Dimensão 1 Real ou Complexa; Homeomorfismos ou Difeomorfismos em Dimensão 2 e Campos de Vetores em Dimensão 3.

No IM-UFRJ alguns docentes desenvolvem pesquisas em Teoria dos Sistemas Dinâmicos e em Teoria Ergódica.

As principais linhas em pesquisas desenvolvidas em Sistemas Dinâmicos e Teoria Ergódica por grupos que trabalham em várias instituições espalhadas pelo país são: Aspectos Topológicos em Sistemas Conservativos; Teoria das Singularidades e Teoria dos Sistemas Dinâmicos; Estabilidade Ergódica de Sistemas Conservativos; Atratores de Classes Homoclínicas; Bilhares; Dinâmica Complexa; Dinâmica de Folheações; Mecânica Celeste; Métodos Computacionais em Sistemas Dinâmicos; Métodos Variacionais; Sistemas Hamiltonianos; Sistemas Lagrangeanos; Teoria Ergódica; Dinâmica Simplética; Bifurcações Homoclínicas e Dimensões Fractais. Dinâmica Unidimensional; Hiperbolicidade Parcial; Decomposição Dominada; Robustez Dinâmica. Equações Diferenciais Ordinárias; Equações de Evolução em Sistemas Dinâmicos; Estabilidade de Lyapunov; Perturbações Singulares; Sistemas Holomorfos e Teoria de Teichmüller; Teoria do Controle; Teoria Ergódica; Singularidades de Aplicações Analíticas; Atratores Estranhos; Medidas Físicas; Estabilidade Estocástica; Dinâmica Simplética; Bifurcações Homoclínicas e Dimensões Fractais; Dinâmica Unidimensional; Expoentes de Lyapunov e Hiperbolicidade Não Uniforme; Hiperbolicidade Parcial; Decomposição Dominada; Robustez Dinâmica; Fluxos Geodésicos Anosov; Difeomorfismos de Anosov.

ÁLGEBRA ABSTRATA

A partir da década de 1970, diversos grupos de pesquisa passaram a desenvolver e consolidar, no Brasil, linhas de pesquisa nas seguintes especialidades da Álgebra Abstrata: Grupos Finitos e Grupos de Permutações; Álgebras de Grupos; Anéis de Grupos e Anéis Não Comutativos; Apresentação e Representação dos Grupos SL2; Invariantes e Grupos Definidos por Geradores e Relação; Métodos Computacionais em Teoria dos Grupos; Teoria dos Corpos; Teoria de Anéis; Teoria de Galois; Geometria Finita; Curvas Algébricas e Teoria de Singularidades; Álgebras Associativas; Álgebras Não Associativas; Álgebra Homológica; Álgebra Universal; Teoria de Grupos Ordenados.

Além dessas linhas de pesquisa, há ainda outras, como: Álgebra Comutativa Combinatória; Geometria Algébrica Aritmética; Teoria dos Corpos e Valorizações; Teoria dos Números Algébricos e Co-homologia Galoisiana; Teoria de Semigrupos e Aplicações aos Processos Estocásticos; Quase Grupos e suas Representações; Teoria de Representação; Grupos Algébricos; Álgebras de Jordan e suas Representações; Estruturas não Associativas, suas Representações, Identidades e Relações: Álgebras de Operadores; C* – Álgebras; Representações de Álgebras; Representações de Grupos Algébricos e Teoria dos Invariantes; Grupos Profinitos; Grupos pro-p; Corpos Formalmente Reais; Formas Quadráticas; Teoria Analítica dos Números; Topologia Algébrica; Métodos de Grupos Quânticos e Superálgebras; Métodos de Várias Variáveis Complexas em Geometria Algébrica.

Em resumo, podemos dizer que os principais grupos de pesquisa no Brasil que trabalham em Álgebra Abstrata se concentram nestas três grandes subáreas:

1) *Teoria de Grupos*: os principais grupos de pesquisa estão situados no IMECC-UNICAMP e na UnB.

2) *Teoria de Anéis Não Comutativos, Álgebras Não Associativas e Representações Algébricas*: os mais destacados grupos de pesquisa estão sediados no IME-USP, no IMECC-UNICAMP e no IM-UFRJ.

3) *Geometria Algébrica e Álgebra Comutativa*: os principais grupos de pesquisa estão sediados no IMPA, PUCRIO, UFPE, IMECC-UNICAMP, UFMG, IM-UFRJ, ICMC-USP, UFES, UFF.

No IMECC-UNICAMP, os algebristas trabalham em: Grupos Profinitos, Grupos Discretos, Álgebras de Lie e de Jordan, Álgebras com Identidades Polinomiais, Teoria dos Corpos, Anéis Comutativos com Derivações, Curvas Algébricas e Códigos.

No IME-USP, são desenvolvidas pesquisas em: Representação e Deformações Quânticas; Álgebras de Lie e Superálgebras; Álgebras de Kac-Moody; Grupos Quânticos; Representações de Álgebras e *Quivers*; Anéis de Grupos; Módulos e Álgebras de Koszul; Co-homologia de Álgebras; Álgebras não Associativas, Alternativas e com Identidades Polinomiais; Álgebras Quadráticas; Álgebras de Cayley-Dickson; Representação de Álgebras de Artin; Álgebras de Hopf; Co-homologia de Hochschild; Grupos de Automorfismos de Álgebras; Bases de Gröbner; Álgebras de Anéis de Grupos; Álgebras e Anéis Não Comutativos; Grupos com Trialidade; *Loop* de Moufang; *Loop* de Bol (que pertencem aos quase grupos e suas representações).[62]

No ICMC-USP alguns pesquisadores trabalham em Álgebra Comutativa e em Formas Quadráticas.

Na UNESP-SJRP os algebristas desenvolvem pesquisas em Álgebra Comutativa e em Geometria Algébrica.

No IMPA os algebristas desenvolvem pesquisas nas seguintes áreas: Álgebra Comutativa; Geometria Algébrica; Teoria dos Números; Teoria das Representações. Os pesquisadores do IMPA desenvolvem contribuições em Geometria Algébrica, que estuda a classificação, as propriedades de interseção e as singularidades de conjuntos definidos por equações polinomiais a várias variáveis. No aspecto local, a Geometria Algébrica pode ser expressa na linguagem da Álgebra Comutativa. Globalmente, a Geometria Algébrica utiliza métodos co-homológicos. Os algebristas do IMPA também têm dado fortes contribuições em corpos de funções em característica *p*, espaços de *moduli*;[63] em Aritmética das Curvas Elípticas e Formas Modulares.

Na UnB são desenvolvidas pesquisas em Álgebra e em Teoria dos Números, com projetos em Equações Diofantinas e Formas Aditivas; Formas Automórficas e Super-

---

62 Para detalhes técnicos sobre essa especialidade, ver Smith (2007); Phillips e Stanovsky (2012); Kinyon, Krapez e Phillips (2011).

63 *Moduli theory* é uma área da Geometria Algébrica de forte vitalidade de pesquisas atuais. Nos últimos quinze anos ela experimentou um grande desenvolvimento.

fícies Hiperbólicas; Grupos Profinitos; Produtos Tensoriais de Grupos com Ações Engelianas; Grupos Residualmente Finitos; Grupos de Burnside; Automorfismos de Árvores Regulares; Álgebras de Lie Associadas a Grupos; Identidades em Grupos e Álgebras; Subnormalidade, Permutabilidade de Subgrupos e Solubilidade.

Na UFMG os algebristas desenvolvem pesquisas em: Álgebra Comutativa; Álgebras com Identidades Polinomiais; Álgebras dos Grupos; Teoria Geométrica de Grupos; Teoria de Representações.

Na UEM docentes desenvolvem pesquisa em: Teoria de Grupos, Anéis e Aplicações.

Na UFG há especialistas que desenvolvem pesquisas em: Teoria dos Grupos; Grupos e Álgebras de Lie.

Na UFRJ as pesquisas em Álgebra são desenvolvidas em: Representação de Grupos; Teoria de Anéis.

Na UFPE são desenvolvidos projetos de pesquisa em Geometria Birracional das Variedades Projetivas; Homologia e Aritmética de Álgebras Graduadas e Locais; Álgebra; Teoria dos Números de Curvas Elípticas.

Na UFSM há um grupo de pesquisas desenvolvendo trabalhos em Álgebra Abstrata.

Na UFPR há uma linha de pesquisas em Álgebra Abstrata.

Na UFC os algebristas desenvolvem pesquisas em: Álgebra Comutativa; Teoria dos Grupos Ordenados; Teoria das Valorizações.[64]

Na UFCG os algebristas desenvolvem pesquisas em: Álgebra não Comutativa; Álgebras com Identidades Polinomiais; Teoria dos Grafos; Teoria das Matroides.

Na UFPB há um grupo emergente de algebristas trabalhando em Álgebra Comutativa.

Na UFBA os docentes desenvolvem pesquisas em: Álgebras de Rees Simbólicas associadas a ideais monomiais. Há um grupo de pesquisa trabalhando em Álgebra Comutativa.

Na UFF os algebristas desenvolvem pesquisas em Teoria dos Números, subárea na qual os algebristas trabalham com Formas Automorfas e Representações de Galois e com o cálculo explícito de formas cuspidais sobre um corpo imaginário quadrático, o que envolve a computação algébrica intensiva.

Na UFES há docentes que desenvolvem pesquisas em Curvas Algébricas; em Álgebra Homológica e de Koszul.

Em geral, são diversas as aplicações da Álgebra Abstrata em seu estágio de desenvolvimento atual. Daremos alguns exemplos. A existência da *World Wide Web* só é possível devido a códigos corretores de erros eficientes para uso nas comunicações via satélite, na telefonia celular, na teoria de informação (transmissão e correção de dados digitais), nos *tablets*, nos *smartphones*, nas comunicações entre computadores etc. E

[64] Para detalhes técnicos sobre essa especialidade, ver Ribenboim (1960) e Bastos (1972).

também graças a métodos de criptografia simples e confiáveis para proteger as informações referentes a transações bancárias e comerciais que transitam entre computadores em uma rede. Todos baseados em sistemas algébricos. Outras aplicações da Álgebra Abstrata são as mídias digitais (em CD, em DVD, *pen drive* etc.); a computação algébrica; a física teórica, com o uso de álgebras de Lie, grupos de Lie; a teoria de calibre ou teoria de *gauge* (a simetria de *gauge* forma uma base matemática consistente para o estudo das estruturas quânticas das integrações eletromagnéticas das integrações de partículas elementares [MORIYASU, 1983]), dentre outras aplicações.

GEOMETRIA ALGÉBRICA

Como explicitado em capítulo anterior, foi o geômetra italiano G. Albanese que, ao chegar à USP em 1936, deu os primeiros passos no Brasil para o ensino, o estudo e a pesquisa em Geometria Algébrica, uma subárea da Matemática que, à época, foi muito estudada por geômetras italianos. A partir de 1945, com sua chegada à USP, O. Zariski deu continuidade no Brasil ao ensino, estudo e pesquisa em Geometria Algébrica.

A partir da segunda metade dos anos 1970, com ênfase nos anos de 1980, foi iniciado por matemáticos que trabalham no Brasil o interesse pelo estudo e a pesquisa em Geometria Algébrica, subárea que exerce importante papel interdisciplinar na Matemática e em outras ciências, ao interagir com a Álgebra Abstrata, a Geometria Simplética, a Geometria Diferencial, a Estatística, a Biologia, a Robótica etc. Esse fato certamente tem contribuído para o seu desenvolvimento (VAN DER WAERDEN, 1971; ABHYANKAR, 2002).

Atualmente, diversos matemáticos desenvolvem linhas de pesquisa em Geometria Algébrica. Eles trabalham nas seguintes instituições: UEM, ICMC-USP, UFF, UFRJ, IMPA, PUCRIO, UFMG. As principais linhas de pesquisa desenvolvidas no Brasil estão em tópicos como: Integração de Equações Diferenciais Polinomiais Complexas em Dimensão Superior; Estrutura Transversal de Lie; Logar Singularidades Canônicas; Secções Planas Singulares de Superfícies de Fermat e Raízes da Unidade; Curvas Normais Não Lisas; Representações de Grupos Fundamentais de Variedades Quase Projetivas; Sobre a Classificação Analítica de Germes de Curvas Planas; Singularidades Hipersuperficiais e a Questão da Multiplicidade de Zariski; Característica de Euler da Fibra Milnor Global; Número de Milnor em Característica Positiva; Esquema de Hilbert de Pontos; Espaços de Moduli de Feixes; Semigrupos Numéricos e Torres de Corpos de Funções; Semigrupos Numéricos e Curvas Algébricas; Semigrupos Numéricos e Pontos de Weierstrass de Curvas Algébricas.

GEOMETRIA SIMPLÉTICA

A Geometria Simplética é um ramo da Geometria Diferencial com raízes históricas na formulação geométrica da Mecânica Clássica do século XIX, conhecida como "formalismo hamiltoniano". Seus desenvolvimentos recentes são frutos de sua íntima relação com diversas áreas da Matemática.

De modo geral, podemos dizer que a Geometria Simplética é a geometria das variedades munidas de uma 2-forma fechada e não degenerada. É um ramo da Geometria Diferencial de grande interesse por parte de pesquisadores e com várias aplicações.

Um dos grandes propulsores do desenvolvimento atual da Geometria Simplética foi a criação, a partir dos anos de 1980, de novas técnicas e resultados que constituíram o que atualmente é conhecido como Topologia Simplética.

Outra fonte importante que tem contribuído para o desenvolvimento, crescimento e difusão da Geometria Simplética é seu papel interdisciplinar na Matemática, interagindo com Topologia Algébrica, Teoria de Representações e Grupos de Lie, Geometria Algébrica, Dinâmica Conservativa, Análise Microlocal, Física Matemática – como Teoria de Calibre e Espaços de Moduli, Sistemas Integráveis e Grupos Quânticos, Teoria das Cordas etc.

Por exemplo, o procedimento de redução simplética é uma operação importante em Geometria Simplética, tema no qual vários matemáticos brasileiros têm desenvolvido pesquisas. Nesse procedimento, a ideia básica é explorar as simetrias de um sistema mecânico para reduzir o número de graus de liberdade.

A Geometria Simplética possui no Brasil diversos grupos de pesquisa instalados em universidades e institutos de pesquisa, cuja produção científica vem crescendo desde os anos de 1980. Esses grupos estão instalados em instituições sediadas em várias regiões, com predominância na Região Sudeste, e desenvolvem trabalhos, dentre outros tópicos, em: Geometria Simplética Equivariante: Ações Hamiltonianas e Aplicações Momento; Variedades de Poisson e Geometrias Relacionadas; Estruturas de Dirac e Algebroides de Courant, Geometria Complexa Generalizada; Grupoides e Algebroides de Lie; Geometria de Poisson e Quantização por Deformação; Relações com Geometria Não Comutativa; Grupoide Simplético; Capacidades Simpléticas e Órbitas Periódicas em Níveis de Energia; Métodos Homológicos em Geometria Simplética.

Docentes do IME-UFF, em conjunto com colegas de outras instituições sediadas na cidade do Rio de Janeiro (UFRJ, PUCRIO e IMPA), criaram o Seminário Simplético Conjunto no Rio, um evento científico itinerante, co-organizado com os colegas daquelas instituições que trabalham com Geometria Simplética. O Seminário Simplético Conjunto no Rio realiza reuniões mensais rotativas. São realizadas duas palestras em cada reunião, que são ministradas por pesquisadores locais ou por convidados, abordando temas relacionados à Geometria Simplética, em sentido amplo.

O Seminário Simplético Conjunto no Rio realizou as seguintes reuniões mensais:

- Seis encontros em 2014.
- Sete encontros em 2015.
- Oito encontros em 2016.
- Oito encontros em 2017.
- Oito encontros em 2018.

- Seis encontros em 2019.
- Um encontro em 2020.

As palestras desse evento têm abordado temas como: Incorporações Simpléticas de Dimensões Superiores e a Escada de Fibonacci; Métricas em Grupoide de Lie Fibroso; Um Novo Cobordismo; Representações Básicas de Gerbil de Grupos de Lie Compactos; Extensões Algebróides de Lie Não Abelianas; Excursão Guiada de Geometria Complexa Generalizada etc.

Na Região Sudeste, os principais grupos de pesquisa em Geometria Simplética estão estabelecidos nas seguintes instituições: UFF, IMPA, PUCRIO.

As principais linhas de pesquisa desenvolvidas em Geometria Simplética pelos pesquisadores do IMPA são as seguintes:

- Geometria Simplética Equivariante: Ações Hamiltonianas e Aplicações Momento.
- Variedades de Poisson e Geometrias Relacionadas: Estruturas de Dirac e Algebroides de Courant, Geometria Complexa Generalizada.
- Grupoides e Algebroides de Lie.
- Geometria de Poisson e Quantização por Deformação; Relações com Geometria Não Comutativa.

CAPÍTULO 4
Estado da arte

Neste capítulo, apresentaremos uma visão panorâmica do estado da arte em Matemática referente ao ensino, estudos e pesquisa desenvolvidos nas universidades e institutos de pesquisa brasileiros.

Foi realizada em 1900 em Paris, na França, uma reunião do Congresso Internacional de Matemáticos. Naquele evento, o matemático alemão David Hilbert (1862-1943) proferiu uma conferência na qual apresentou à comunidade matemática mundial uma lista sugerindo os 23 mais importantes problemas de Matemática a serem resolvidos.

Em 1921, D. Hilbert fez uma proposta à comunidade matemática mundial que ficou conhecida como "O Programa de Hilbert". O principal objetivo do Programa de Hilbert era fornecer bases seguras para toda a Matemática de então.

Em sua proposta, D. Hilbert recomendou que fossem reformuladas as bases da Matemática de forma rigorosa, partindo da aritmética. Nesse documento, D. Hilbert apresentou uma proposta de solução para a crise fundamental da Matemática da época, quando, nas primeiras tentativas para deixar mais claros os fundamentos da Matemática, foram encontrados paradoxos e inconsistências. Em outras palavras, as tentativas foram fracassadas.

De acordo com D. Hilbert, toda a Matemática poderia ser reduzida a um número finito de axiomas consistentes. Assim, qualquer proposição da Matemática poderia ser provada dentro desse sistema, e o sistema seria dito completo.[65]

---

[65] A respeito dessa proposta, ver Zach (2005).

Obviamente, as ideias contidas no Programa de Hilbert e os 23 problemas mais importantes da Matemática aguçaram as mentes dos membros da comunidade matemática mundial. Esses 23 problemas dizem respeito a várias subáreas da Matemática e à Física teórica. Citaremos alguns deles.[66]

- Provar a hipótese do *continuum* de Cantor.
- Demonstrar a consistência dos axiomas da aritmética.
- Todo grupo contínuo é automaticamente um grupo diferencial?
- Achar a lei de reciprocidade mais geral em todo campo de número algébrico.
- A hipótese de Riemann e a conjectura de Goldbach.
- Estender o teorema de Kronecker-Weber para os corpos não abelianos.
- Transformar toda a Física em axiomas.[67]
- Desenvolver bases sólidas para o cálculo enumerativo de Schubert.
- Problema da topologia de curvas e superfícies algébricas.
- Desenvolver uma topologia de curvas e superfícies.
- Desenvolver um método geral de resolução no cálculo de variações.

Desde o século XX, a Matemática tem passado por um extraordinário desenvolvimento, inclusive com a resolução de alguns dos problemas apresentados por David Hilbert em 1900. Outros desses problemas foram parcialmente resolvidos e alguns deles continuam em aberto, isto é, não foram resolvidos. No período de 1900 a 2020, novos resultados foram incorporados à Matemática mundial.

Foram criadas novas subáreas da Matemática e surgiram novas fronteiras comuns a diversas subáreas da Matemática. Tudo isso contribuiu para o aumento da diversidade das especialidades na Matemática. Essa tendência foi paulatinamente assimilada pela crescente comunidade matemática brasileira.

No contexto de ensino, estudos e da pesquisa em Matemática no Brasil, nos anos 1940, 1950 e parte dos anos de 1960, foi muito forte a influência da escola matemática francesa, em especial do grupo de Nicolas Bourbaki, na formação de matemáticos brasileiros. Essa influência foi se diluindo a partir da segunda metade dos anos 1960. A partir dos anos 1970, houve a influência paulatina da escola matemática norte-americana junto à comunidade matemática brasileira, a qual predomina nos dias atuais.

---

[66] O leitor interessado pode consultar Rowe e Gray (2000) e Browder (1976, partes 1 e 2).

[67] Esse não é um problema matemático. Segundo os especialistas, com o surgimento da Teoria da Relatividade e da Mecânica Quântica, esse problema rapidamente se tornou obsoleto. No entanto, pode-se notar que a Física Teórica e a Matemática se aproximam cada vez mais. Atualmente, vários axiomas são usados na Física Quântica, como os axiomas de John von Neumann e os axiomas de Wightman, dentre outros.

No final da década de 1970, os matemáticos brasileiros já publicavam anualmente em periódicos de circulação internacional cerca de trezentos artigos em Matemática Pura, Matemática Aplicada e em Probabilidade/Estatística. Atualmente, são mais de 1.200 artigos publicados anualmente pelos matemáticos brasileiros em bons periódicos de circulação internacional.

Nas duas primeiras décadas do século XXI, a pesquisa em Matemática produzida nas universidades e nos institutos de pesquisa brasileiros apresentou grande desenvolvimento e alto estágio de maturidade. Citaremos algumas das subáreas da Matemática nas quais há especialistas brasileiros ensinando e produzindo importantes resultados, que têm sido incorporados à literatura matemática mundial.

Uma subárea da Matemática muito estudada por pesquisadores brasileiros é a Teoria dos Sistemas Dinâmicos. Essa teoria remonta aos trabalhos de Jules-Henri Poincaré (1854-1912) sobre equações diferenciais, do final do século XIX.

Sabendo que a maioria das equações diferenciais não podia ser resolvida por meio de fórmulas, Poincaré introduziu uma nova abordagem, que pode ser resumida assim:

> As soluções das equações diferenciais devem ser objeto de uma análise qualitativa, utilizando as ferramentas geométricas e probabilísticas disponíveis, as quais devem ser complementadas com um estudo numérico da equação diferencial em pauta.[68]

G. D. Birkhoff (1884-1944) introduziu, em 1931, de forma abstrata, a ideia do que é atualmente conhecido como teorema ergódico. Posteriormente, vários matemáticos, como S. Smale, J. Palis e D. V. Anosov (1936-2014), comprovaram a força da ideia introduzida por G. D. Birkhoff. Logo depois, S. Smale introduziu a noção de sistema uniformemente hiperbólico, que foi utilizada por D. V. Anosov em seu teorema de ergodicidade do fluxo geodésico das variedades de curvatura negativa.

D. V. Anosov foi um matemático russo que trabalhou na Teoria dos Sistemas Dinâmicos. Em trabalhos publicados posteriormente, J. Palis e S. Smale conjecturaram que os sistemas uniformemente hiperbólicos, que são os mais caóticos, são também os mais estáveis.

No Instituto de Matemática Pura e Aplicada (IMPA), os pesquisadores que trabalham nessa subárea da Matemática têm publicado contribuições de primeira linha em tópicos como: teoria das bifurcações; tangências homoclínicas e dimensões fractais; atratores estranhos; transformações do intervalo; medidas físicas; sistemas parcialmente hiperbólicos ou com decomposição dominada; intercâmbios de intervalos e fluxo de Teichmüller; teoria espectral dos cociclos de Schrödinger; expoentes de Lyapunov etc.

A Teoria Ergódica é uma subárea da Matemática que estuda as propriedades estatísticas de Sistemas Dinâmicos determinísticos; é o estudo da ergodicidade. Em termos matemáticos, essa teoria trabalha com as medidas no espaço das configurações que permanecem estacionárias à medida que o fenômeno evolui. Surgem naturalmente nesse contexto algumas indagações, por exemplo:

[68] Ver os trabalhos de Poincaré publicados em todas as áreas da Matemática Pura e Aplicada.

- Como e com que velocidade o sistema evolui do estado inicial para o equilíbrio?
- Em equilíbrio, quais são as configurações mais prováveis?
- Com que velocidade o sistema retorna a configurações próximas da configuração inicial?

Esse assunto teve origem na teoria cinética dos gases, desenvolvida no século XIX pelos físicos teóricos L. Boltzmann (1844-1906), J. C. Maxwell (1831-1879) e J. W. Gibbs (1839-1903). Os gases são formados por um número enorme de partículas (moléculas) em constante interação, o que torna inviável levar em conta o comportamento individual de cada partícula. Alternativamente, L. Boltzmann propôs deduzir as propriedades experimentais dos gases na natureza, a partir de uma análise estatística de toda a população de suas moléculas.

O grupo de pesquisadores do IMPA que trabalha nessa área tem produzido trabalhos em vários aspectos da teoria, como: propriedades ergódicas de sistemas parcialmente hiperbólicos; formalismo termodinâmico de sistemas não uniformemente hiperbólicos; medidas físicas de atratores estranhos dissipativos; estabilidade estocástica; propriedades de mistura de intercâmbios de intervalos, fluxos de translação e fluxos de Teichmüller; expoentes de Lyapunov de cociclos lineares e difeomorfismos.

Faz parte do grupo de pesquisa do IMPA que trabalha em Teoria dos Sistemas Dinâmicos e Teoria Ergódica o matemático Artur Ávila, ganhador em 2014 do prêmio Medalha Fields.

Em Teoria dos Sistemas Dinâmicos e Teoria Ergódica, as atuais linhas de pesquisa em algumas instituições brasileiras são as seguintes:

- atratores estranhos, medidas físicas, estabilidade estocástica;
- bifurcações homoclínicas e dimensões fractais;
- dinâmica simplética;
- dinâmica unidimensional;
- expoentes de Lyapunov e hiperbolicidade não uniforme;
- hiperbolicidade parcial, decomposição dominada, robustez dinâmica.

Docentes de outras instituições do país também têm publicado trabalhos em Teoria dos Sistemas Dinâmicos e Teoria Ergódica. No Instituto de Matemática da Universidade Federal do Rio de Janeiro (IM-UFRJ) foi realizado recentemente o Seminário de Teoria Ergódica, com a realização de palestras abordando temas variados da área. As reuniões foram realizadas nos seguintes anos: 2008, duas palestras; 2009, duas palestras; 2010, duas palestras; 2011, uma palestra; 2012, duas palestras. Ainda no IM-UFRJ, o grupo de pesquisa em Teoria dos Sistemas Dinâmicos realizou um seminário com palestras nos seguintes anos: em 2019, nove palestras; em 2020, três palestras.

Em Geometria Diferencial e suas especialidades, diversos matemáticos brasileiros têm obtidos importantes resultados. Algumas instituições sediadas no eixo São Paulo-Rio de Janeiro-Brasília que ofertam cursos de doutorado têm titulados doutores em Geometria Diferencial.

Também em Geometria Algébrica vários matemáticos brasileiros têm produzido relevantes resultados, haja vista suas publicações em periódicos de circulação internacional.

Uma especialidade da Análise Matemática na qual os matemáticos brasileiros têm alcançado bons resultados em suas pesquisas é equações diferenciais parciais (EDP) não lineares. Uma das relevâncias dos resultados obtidos nessa área está na sua aplicação a situações físicas, como o estado de equilíbrio térmico ou elétrico, processos de difusão, evolução de ondas etc.

Em EDP, o principal pesquisador contemporâneo no Brasil foi o Prof. Dr. Luis Adauto da Justa Medeiros, que trabalhou no IM-UFRJ. Nos anos 1970, ele criou um grupo de pesquisa em EDP que trabalhava no Centro Brasileiro de Pesquisas Físicas (CBPF) e no IM-UFRJ. Seu trabalho foi extraordinário tanto no ensino como na pesquisa nessa subárea da Matemática. Atualmente, diversos matemáticos brasileiros desenvolvem pesquisas em EDP.

Combinatória aditiva[69] é outra linha de pesquisa em Matemática discreta que é estudada no Brasil. Também conhecida como matemática finita, ela estuda, em geral, as estruturas algébricas que são fundamentalmente discretas ou distintas, em vez de contínuas. Nessas estruturas, as funções estudadas são aquelas cujas imagens possuem valores que não variam gradualmente como as funções contínuas, mas assumem valores distintos abruptamente com a mudança de elemento do domínio considerado.

As pesquisas nessa subárea da Matemática cresceram em todo o mundo a partir da segunda metade do século XX, em parte devido ao grande desenvolvimento dos computadores e da ciência computacional.

Nas universidades e institutos de pesquisa brasileiros se estudam estruturas como grafos, afirmações lógicas, os números inteiros $\mathbb{N}$ e seus subobjetos como progressões aritméticas (ERDÖS; TURÁN, 1936; SZEMERÉDI, 1975; TAO; VU, 2006). Para o leitor não familiarizado com essa especialidade, citamos um de seus importantes resultados, conhecido como:

- **Teorema de Szemerédi:** seja A um subconjunto de $\mathbb{N}$. Se A tem densidade superior positiva, então A contém progressões aritméticas de qualquer tamanho finito.

Vários matemáticos brasileiros têm produzido bons e promissores resultados nessa especialidade. Uma de suas fronteiras está nas áreas da Álgebra Abstrata, da computação e da tecnologia da informação no desenvolvimento de algoritmos computacionais (ciência da computação teórica) e em modelos de problemas do mundo real.

[69] Combinatória aditiva é a teoria da matemática que estuda estruturas aditivas em conjuntos.

No período de 2004 a 2006, foram publicados em média 1.111 artigos por ano em Matemática pura e Matemática Aplicada em periódicos de circulação internacional por matemáticos brasileiros (RUAS, 2008; GARCIA, 2012).

Em Análise Matemática, são elaboradas pesquisas em instituições brasileiras em: equações diferenciais parciais; análise funcional; métodos probabilísticos em equações diferenciais parciais; estabilização e controlabilidade de sistemas de equações hiperbólicas; análise harmônica e aplicações a equações lineares degeneradas; dinâmica de equação de evolução; equações integrais de Stieltjes; holomorfia em dimensão infinita; teoria das funções generalizadas de Colombeau; teoria de integração; teoria qualitativa dos Sistemas Dinâmicos; holomorfia e teoria da aproximação; equações diferenciais parciais não lineares; análise e topologia; análise não linear e equações diferenciais, com projetos em: métodos variacionais com aplicações às ED; métodos variacionais; global injetividade de campos vetoriais; problemas elípticos envolvendo expoentes críticos, dentre outras especialidades da análise.

Em Álgebra Abstrata são produzidos artigos em: Álgebra e Teoria dos Números; Álgebra Comutativa; Representações de Álgebras; Álgebras com Identidades Polinomiais; Geometria Algébrica; Anéis Não Comutativos; Curvas Algébricas e Códigos; Álgebra Homológica e de Koszul; Teoria Algébrica de Singularidades; Geometria Extrínseca de Variedades Algébricas; Teoria de Grafos; Teoria dos Matroides; Geometria Birracional das Variedades Projetivas; Homologia e Aritmética de Álgebras Graduadas e Locais; C^* - Álgebras; Bol *Loops*; Álgebras de Kac-Moody; Álgebras de Lie e de Jordan; Álgebras de Grupos; Teoria Geométrica de Grupos; Teoria de Representações; Teoria das Valorizações; Grupos Quânticos; Grupos com Trialidade; Grupos Residualmente Finitos, dentre outras subáreas e especialidades.

Citamos como efeito do alto estágio de maturidade da pesquisa em Matemática pura em nosso país os cursos de doutorado e os estágios de pós-doutorado existentes em diversas instituições de ensino superior públicas e algumas privadas, com seus grupos de pesquisa e sua produção científica consolidadas (CNPq, 2012).

Contudo, tem sido insuficiente o apoio financeiro público à pesquisa científica brasileira. Urge que os gestores do sistema universitário brasileiro percebam a carência existente no sistema de financiamento público em C&T e a necessidade de criação de uma ou duas universidades em nível de excelência mundial. O desenvolvimento científico é, há muitos anos, a alavanca para o bem-estar da sociedade de um país.

Hoje, há poucos bons cursos de graduação em Matemática (licenciatura e bacharelado) ofertados por universidades públicas e por pouquíssimas universidades privadas. Em geral, o Sistema Nacional de Graduação (SNG) é de má qualidade.

A inclusão do Brasil, por atividade de pesquisa, no Grupo V – que reúne as nações mais desenvolvidas em pesquisa matemática – na classificação da International Mathematical Union (IMU)[70] reflete o alto estágio de maturidade e os avanços obtidos, nas últimas duas décadas, pela comunidade matemática brasileira em diversas

[70] A promoção ocorreu em janeiro de 2005.

especialidades. Esse alto estágio de maturidade alcançado em Matemática por pesquisadores brasileiros pode ser observado, por exemplo, pela já mencionada concessão, em 2014, da Medalha Fields ao matemático brasileiro Prof. Dr. Artur Ávila, do IMPA. Ávila recebeu a premiação durante o International Congress of Mathematicians realizado em Seul, Coreia do Sul, de 13 a 21 de agosto de 2014, por suas profundas contribuições à Teoria dos Sistemas Dinâmicos unidimensionais. Uma das principais contribuições do Prof. Dr. Artur Ávila foi na área da teoria do caos, que busca descrever e prever como os Sistemas Dinâmicos evoluem com o tempo.

Uma das bases dessa teoria é o chamado *efeito borboleta*, que descreve como o bater de asas de borboleta desencadeia uma série de eventos que podem resultar em uma tempestade do outro lado do mundo. Arthur Ávila fez contribuições excepcionais à Teoria dos Sistemas Dinâmicos e a outras áreas, em muitos casos provando resultados decisivos que solucionaram problemas que estavam abertos havia muito tempo, segundo informações da International Mathematical Union, que concedeu o prêmio.

Outro trabalho de Arthur Ávila destacado pela IMU é sobre o conceito de *weak mixing*, ou *mistura fraca*. Ele descobriu que, em um determinado sistema dinâmico chamado *transformação de troca de intervalo*, a mistura é quase sempre fraca. Ao leitor interessado em alguns dos trabalhos escritos por A. Ávila, sugerimos que consulte a seção Referências deste volume.

Nas universidades e nos institutos de pesquisas brasileiros sediados em diversos estados, com predominância das regiões Sul, Sudeste e Centro-Oeste, existem grupos de pesquisas trabalhando nas subáreas de: Análise Matemática; Geometria Diferencial/topologia; Sistemas Dinâmicos e Teoria Ergódica; Álgebra Abstrata e suas subáreas; Geometria Algébrica; Geometria Simplética, assim como em novas subáreas que formam a fronteira comum de algumas das grandes subáreas já descritas com áreas da Matemática Aplicada, da Física Teórica, da Química Teórica, da Economia, da Probabilidade-Estatística, das Engenharias e da Ciência Computacional.

Atualmente, os principais grupos de pesquisas consolidados em Matemática Pura, que são de inserção internacional, cujos membros participam periodicamente de reuniões científicas nacionais e internacionais e que estavam inseridos em projetos nacionais estratégicos como o Pronex Nacional/CNPq, Milênio em Matemática, projetos temáticos patrocinados por agências de fomento, estão sediados nas seguintes instituições.

- Análise Matemática e especialidades: USP, ICMC-USP, UNICAMP, UFRJ, UNIOESTE, UFPE, UFF, UFMG, UnB, IMPA, PUCRIO, UFPB, UFCG, UFV, UFSCar, UFSC. Nessas instituições estão sendo desenvolvidos projetos de pesquisas em: Equações Diferenciais Parciais; Equações Diferenciais Funcionais; Análise Funcional; Análise Não *Standard*; Análise Complexa em Espaços de Banach; Dinâmica de Equações de Evolução; Teoria das Funções Generalizadas de Colombeau; Teorias de Integração e Equações de Evolução; Equações Diferenciais Ordinárias e Funcionais; Equações não Lineares da Física Matemática, Estabilização e Controle de Sistemas Distributivos; EDP da Física Matemática; Problemas Inversos e Aplicação; Solitóns e Análise Não Linear.

- Geometria Diferencial, topologia e especialidades: USP, ICMC-USP, UNICAMP, UnB, UFSCar, UFRJ, UFMG, UFC, IMPA, UFF, UFAL, UFBA, UFPB, UFAM, PUCRIO, UFES. Nessas instituições são desenvolvidas pesquisas em: Geometria Diferencial; Dinâmica Unidimensional; Variedades Mínimas e Folheações; Geometria Semirriemanniana; Modelos Geométricos para Sistemas Mecânicos com Vínculos; Sistemas de Gradientes em Subvariedades de R^n; Métodos Homológicos em Geometria e Análise; Topologia Algébrica; Equações Diferenciais Ordinárias e Geometria Diferencial; Teoria de Campos e Grupos de Lie; Mecânica Geométrica; Subvariedades Mínimas e de Curvatura Média Constante; Variedades Riemannianas; Imersão Isométrica; Topologia das Variedades; Teoria das Singularidades e Teoria das Catástrofes; Teoria das Folheações.
- Álgebra Abstrata e suas especialidades: UNICAMP, USP, ICMC-USP, UFRGS, UEM, UFSC, IMPA, UFPE, UFC, UFMG, UFRJ, UFF, UFBA, UnB, PUCRIO, UFES, UFCG, UFPB. Os grupos de pesquisa dessas instituições desenvolvem projetos em Teoria de Grupos, Anéis e Aplicações; Teoria de Lie e Aplicação; Teoria Algébrica de Singularidades; Álgebras Não Associativas; Anéis de Grupos e Anéis não Comutativos; Ações Parciais Torcidas de Grupos sobre Álgebras e Produtos Cruzados Parciais; Álgebras Homológicas; Álgebra Comutativa; Geometria Algébrica; Teoria dos Números; Geometria Enumerativa; Geometria Birracional das Variedades Projetivas; Representação de Álgebras; Conjuntos; Grupos de Álgebras Não Comutativa; Álgebras com Identidades Polinomiais; Álgebras de Lie e de Jordan; Álgebras de Kac-Moody; Teoria de Representações; Grupos Quânticos, *Loops* de Moufang; Meio-Automorfismos de Loops Livres de Moufang; Grupos com Trialidade; *Loops* Analíticos e Algébricos.
- Teoria dos Sistemas Dinâmicos e Teoria Ergódica: IMPA, USP, ICMC-USP, UNICAMP, UFRJ, UFMG, UFRGS, UFBA, PUCRIO, UFSC. Os grupos de pesquisas dessas instituições desenvolvem as seguintes linhas de pesquisas: Equações Diferenciais Ordinárias; Sistemas Dinâmicos em Dimensão Baixa; Equações de Evolução em Sistemas Dinâmicos; Estabilidade de Lyapunov; Perturbações Singulares; Sistemas Holomorfos e Teoria de Teichmüller; Teoria do Controle; Teoria Ergódica; Singularidades de Aplicações Analíticas; Atratores Estranhos; Medidas Físicas; Estabilidade Estocástica; Dinâmica Simplética; Bifurcações Homoclínicas e Dimensões Fractais; Dinâmica Unidemensional; Expoentes de Lyapunov E Hiperbolicidade não Uniforme; Hiperbolicidade Parcial; Decomposição Dominada; Robustez Dinâmica.
- Geometria Algébrica: UEM, USP, ICMC-USP, UNICAMP, UNESP-SJRP, UFMG, IMPA, PUCRIO, UFES, UFBA, nas quais há consolidados grupos de pesquisa.
- Geometria Simplética: UFF, IMPA, UFRJ, PUCRIO, USP, ICMC-USP. Nessas instituições há grupos de pesquisa consolidados que desenvolvem diversos projetos.

Acrescentemos ao exposto as diversas reuniões científicas especializadas que são realizadas periodicamente pela comunidade matemática brasileira e as reuniões científicas não especializadas que são frequentemente realizadas no Brasil.

CAPÍTULO 5
Considerações finais

Com a criação da Faculdade de Filosofia, Ciências e Letras da Universidade de São Paulo (FFCL-USP), em 1934, e com a contratação de professores visitantes do analista Luigi Fantappiè e do geômetra Giacomo Albanese, ambos italianos, teve início no Brasil a fase de formação da comunidade matemática brasileira. O pioneirismo da FFCL-USP também está no processo, iniciado em 1942, para a formação de pesquisadores por meio de concurso próprio para a obtenção do título de doutor em Ciências (Matemática). No ano de 1945, o Departamento de Matemática da FFCL-USP contratou, como professores visitantes, os matemáticos André Weil e Oscar Zariski, dando continuidade ao processo de contratação de excelentes matemáticos estrangeiros.

Na cidade do Rio de Janeiro, o Departamento de Matemática da Faculdade Nacional de Filosofia da Universidade do Brasil (FNFi-UB) contratou em 1939, como professores visitantes, os matemáticos italianos Achille Bassi, Gabrielle Mamanna e Luigi Sobrero e, em 1945, contratou como professor visitante o matemático português António Monteiro.

Todos os professores visitantes que foram contratados nos anos 1930, 1940 e 1950 pela USP e pela UB exerceram forte influência científica, por meio de suas aulas e seminários, sobre jovens professores e estudantes talentosos dos cursos de bacharelado e licenciatura em Matemática, cursos que eram ofertados por essas duas universidades sediadas no eixo São Paulo-Rio de Janeiro.

Na FFCL-USP, a pesquisa científica, que fora iniciada e estimulada por L. Fantappiè e G. Albanese, prosseguiu com vigor quando da chegada de A. Weil e O. Zariski àquela instituição. Na FNFi-UB, algo análogo ocorreu após a chegada à instituição do matemático português António Monteiro (MEDEIROS, 2011).

Citaremos como exemplos na FNFi-UB alguns jovens professores que tinham interesse pelo estudo da Matemática e que foram influenciados cientificamente pelo matemático português António Monteiro. Um desses jovens professores foi Alvércio Moreira Gomes, que ajudou António Monteiro na criação da série *Notas de Matemática*, textos publicados pela FNFi-UB e, depois de 1949, pelo IMPA, sob a direção de Leopoldo Nachbin. Maria Laura Mouzinho Leite Lopes foi orientanda de António Monteiro em sua tese para o concurso de livre-docente em Geometria no Departamento de Matemática da FNFi. Também se aproximaram de António Monteiro os jovens Paulo Ribenboim e Luis Adauto da Justa Medeiros, que eram alunos do curso de Matemática da FNFi. Foram também influenciados cientificamente por António Monteiro os jovens professores da UB Leopoldo Nachbin, Maurício Peixoto e José Abdelhay.

Posteriormente, quando já estava na Argentina, António Monteiro orientou a tese de doutorado do Prof. Mario Tourasse Teixeira, intitulada *M – Álgebras*, que foi defendida na USP em 1965. Mario Tourasse trabalhou durante muitos anos na UNESP--Rio Claro.

A partir de 1945 até 1960, o Departamento de Matemática da FFCL-USP contratou como professores visitantes: André Weil, Oscar Zariski, Jean Dieudonné, Jean F. A. Delsarte, A. Grothendieck, Jean Louis Koszul, C. Erhesmann, L. Schwartz, Paulette Liebermann – matemáticos que contribuíram, por meio de seus cursos, seminários e orientações, para o desenvolvimento do ensino e da pesquisa em matemática na USP e em outras universidades brasileiras.

Como efeito das iniciativas dos dirigentes do Departamento de Matemática da FFCL-USP e do Departamento de Matemática da FNFi-UB, encontramos, a partir dos anos 1930, os primórdios da internacionalização da ciência no Brasil e os primórdios da mobilidade acadêmica de pesquisadores no Brasil.

Ainda nessa fase de contratação – anos 1930 a 1960 – de matemáticos estrangeiros como professores visitantes, devemos ressaltar o trabalho desempenhado por gestores da USP no *campus* de São Carlos, do Instituto Tecnológico de Aeronáutica (ITA),[71] da FFCL Rio Claro, da UNICAMP e da Universidade de Recife, atual Universidade Federal de Pernambuco (UFPE), que, auxiliados por alguns líderes da diminuta comunidade matemática brasileira da época, implantaram em suas instituições as bases para a criação de um bom ambiente para o ensino, estudos e pesquisa em matemática. Relembramos na Universidade de Recife a contratação como professores visitantes, nos anos de 1950, de matemáticos portugueses que eram dissidentes políticos do governo português de António Salazar. Essa fase ficou conhecida como a Escola Matemática Portuguesa de Recife.

[71] Em 4 de janeiro de 1961, a Congregação do ITA aprovou as normas para criação de cursos de pós-graduação em nível de mestrado em Engenharia Aeronáutica, Engenharia Eletrônica, Engenharia Mecânica, Física e em Matemática.

Em seguida à fase de contratação de matemáticos estrangeiros como professores visitantes, a partir dos anos 1960, alguns líderes da diminuta comunidade matemática brasileira, com visão de futuro para a formação da comunidade matemática brasileira, passaram a incentivar talentosos jovens estudantes a, após concluir suas graduações, prosseguirem os estudos pós-graduados em Matemática. Os selecionados foram incentivados e preparados para cursar o doutorado em Ciências (Matemática) em boas universidades localizadas no exterior. Essa fase deu continuidade ao processo de formação de recursos humanos qualificados em Ciência e Tecnologia (C&T). Esse, porém, não foi um processo induzido pelo governo federal por meio de um programa específico.

Alguns desses jovens, após concluírem o doutorado, permaneceram no exterior por não encontrarem no Brasil uma promissora posição acadêmica, nem um bom ambiente universitário para a pesquisa científica. Citamos dois exemplos: o Prof. Dr. Paulo Ribenboim e o Prof. Dr. Artibano Micali, que permaneceram trabalhando no exterior.

Com o retorno ao país de alguns dos jovens matemáticos após obterem seus doutorados em Ciências (Matemática), foi iniciado pelo governo federal na década de 1960 o processo de criação de instrumentos jurídicos legais para subsidiar o que veio em seguida: a formalização da concessão, por parte de agências de fomento em recursos humanos, de bolsas de estudos para a realização de cursos de doutorado no exterior e no país, e a criação de cursos de pós-graduação *stricto sensu*.

Nos anos 1940, os dirigentes da USP se anteciparam às ações do governo federal e oficializaram a qualificação de recursos humanos na FFCL-USP por meio de um concurso específico, com preparação de dois anos, para obtenção do título de doutor, inclusive em Ciências (Matemática) (Decreto estadual n. 12.511, de 21 de janeiro de 1942).

Na década de 1950, que foi de grande efervescência na administração federal, surgiu a proposta de criação de uma agência para orientar, gerenciar e avaliar periodicamente o sistema de ensino superior pós-graduado que se pretendia criar, agência que teria como objetivo orientar e corrigir as deficiências qualitativas e quantitativas na formação de recursos humanos qualificados em C&T.

O Decreto n. 29.741, de 11 de julho de 1951, instituiu uma Comissão para Promover a Campanha Nacional de Aperfeiçoamento de Pessoal de Nível Superior (CAPES). Ainda nos anos de 1950, foram criados o Conselho Nacional de Desenvolvimento Científico e Tecnológico (CNPq), o Instituto de Matemática Pura e Aplicada (IMPA) e o Colóquio Brasileiro de Matemática – este um evento científico que muito tem contribuído para o desenvolvimento do ensino e dos estudos e para a expansão da pesquisa em matemática no Brasil.

Com o esgotamento do ciclo de contratação de matemáticos estrangeiros para trabalhar em universidades e institutos de pesquisa brasileiros, ganhou ênfase, a partir da segunda metade da década de 1960, o processo de recrutamento de jovens talentosos para realizarem o doutorado em Ciências (Matemática) em universidades situadas no exterior e em instituições brasileiras. O grande empecilho a esse estímulo, porém, era a incerteza de emprego com boa remuneração por parte desses jovens doutores, bem como a inexistência de um ambiente adequado à pesquisa científica em matemática no Brasil.

Nesse contexto,[72] na década de 1960, o governo federal criou mecanismos de indução para recrutamento de estudantes talentosos com o objetivo de enviá-los para complementar suas formações em Matemática em universidades localizadas no exterior. O objetivo central desse processo, com o retorno ao país desses doutores, era criar a massa crítica de doutores titulados em Ciências (Matemática) necessária ao prosseguimento da formação, no país, de um ambiente de ensino, estudos e pesquisa em matemática.

Nessa fase, exerceu papel destacado o Prof. Dr. Leopoldo Nachbin. No período que vai de 1952 a 1956, ele se dedicou, com a ajuda do Prof. Cândido Lima da Silva Dias e de outros professores, à árdua tarefa de organizar o IMPA, o que compreendeu suas atividades, seu quadro de pesquisadores e sua biblioteca.

Nos anos de 1950 e início dos anos de 1960, alguns dirigentes de instituições de Ensino Superior e alguns líderes da comunidade matemática brasileira preocupavam-se também com a qualidade dos cursos de graduação, bacharelado e licenciatura em Matemática que eram ofertados por instituições brasileiras.

Para respaldar nossa afirmação, citamos trechos de uma carta escrita pelo Prof. Dr. Leopoldo Nachbin, em outubro de 1965, ao decano para a Reforma Universitária da Universidade do Brasil.

> O diretor do IMPA solicitou-me, para fins de estudos em andamento, dados numéricos e qualitativos sobre os aspectos seguintes: 1) número de matemáticos pesquisadores brasileiros ausentes do País a longo prazo. 2) motivos determinantes de um tal êxodo.
>
> Passo a dar as informações pertinentes, baseadas em minha experiência no setor matemático:
>
> a) Atualmente, acham-se ausentes do Brasil a longo prazo, com intenção de continuar no estrangeiro, até mesmo na qualidade de imigrantes nos países respectivos, dez (10) matemáticos pesquisadores brasileiros [...].
>
> Os matemáticos em questão figuram entre os mais destacados de nosso País no setor de pesquisa; são pessoas com bom nível de doutoramento, que publicam artigos de pesquisas aceitos pelas mais conhecidas revistas internacionais. Por outro lado, trabalham atualmente no País dezenove (19) matemáticos pesquisadores brasileiros, de nível e destaque aproximadamente equivalentes aos dos que se encontram ausentes do Brasil a longo prazo.
>
> b) Atualmente, existem cerca de vinte e cinco (25) jovens matemáticos brasileiros de nível de mestrado, trabalhando para o doutoramento em centros estrangeiros [...].
>
> c) O motivo que tem determinado a saída do Brasil, a longo prazo, ou em caráter permanente, dos melhores matemáticos pesquisadores de nosso País é, sobretudo, a insatisfação profissional decorrente de: ausência de salário de tempo integral condigno; dificuldades na

---

[72] Lembramos que a construção social da ciência e, em particular, da Matemática como uma força para a modernização do país assumiu entre os anos de 1950 e 1980 o sentido de desenvolvimento.

> admissão e na promoção de auxiliares, colaboradores e orientadores; estrutura universitária inadequada, decorrente da ausência de institutos centrais cumprindo suas missões de ensino e pesquisa; seleção inadequada de pessoal na base de concursos e provas, em lugar de na base de títulos; ausência ou deficiência de bibliotecas para a pesquisa [...].
>
> d) O motivo que tem levado a maioria dos candidatos ao doutoramento de nosso País a procurarem os centros estrangeiros é a ausência de um genuíno ambiente de pesquisa matemática em nossas instituições decorrente de: insuficiência de cursos de pós-graduação; baixa densidade de bons orientadores de doutoramento etc. [...] (IMPA, 1965, n. 21, p. 24-25)

Os gestores do sistema universitário do Brasil, ao criarem o Sistema Nacional de Pós-graduação (SNPG) e dedicarem a esse sistema a máxima atenção, em especial nas Ciências Exatas, para a manutenção de sua boa qualidade, menosprezaram o fato de que o mesmo cuidado deveria ter sido dado ao Sistema Nacional de Graduação (SNG). Ao não darem a devida atenção ao SNG no que diz respeito à sua boa qualidade, o sistema evoluiu para a má qualidade nos dias atuais, inclusive na oferta dos cursos de bacharelado e licenciatura em Matemática, exceto em poucas universidades públicas.

Não devemos minimizar a produção matemática e os esforços administrativos dos matemáticos que vivenciaram a universidade brasileira antes e durante a década de 1960, dentre os quais citamos, em ordem aleatória: Omar Catunda, Cândido Lima da Silva Dias, Benedito Castrucci, Fernando Furquim de Almeida, Carlos Benjamin de Lyra, Domingos Pisanelli, José Abdelhay, Lélio Gama, Leopoldo Nachbin, Maurício Peixoto, Nelson Onuchic, L. H. Jacy Monteiro, Achille Bassi, Edison Farah, Chaim S. Hönig, Elza F. Gomide, Luis Adauto da Justa Medeiros, Paulo Ribenboim, Elon Lages Lima, Manfredo do Carmo, Djairo Guedes de Figueiredo, Geraldo Ávila, Jayme M. Cardoso, Alexandre A. Martins Rodrigues, Nelo Allan.

Devemos ter em mente que eles faziam parte de uma comunidade matemática que estava em formação. Alguns desses matemáticos, como Leopoldo Nachbin e Maurício M. Peixoto, produziram trabalhos com resultados importantes que foram incorporados à literatura matemática mundial.

Nos anos 1970, assim se expressaram a respeito da comunidade matemática brasileira Hönig e Gomide:

> Uma das características da atual comunidade matemática brasileira, que a distingue nitidamente das outras áreas ou da Matemática em outros países em um estágio correspondente de desenvolvimento, é a sua grande unidade e a frequência do contato científico entre os seus elementos [...]. (HÖNIG; GOMIDE, 1979, p. 49)

Também nos anos 1970, boa parte da comunidade de matemáticos brasileiros continuou executando a mobilidade acadêmica internacional de pesquisadores. Esses matemáticos achavam-se distribuídos e trabalhando de modo mais ou menos equilibrado entre as subáreas seguintes, com suas especialidades em: Análise Matemática; Geometria Diferencial e topologia; Álgebra Abstrata; Sistemas Dinâmicos e Matemática Aplicada.

Esse fato não foi fruto do acaso, e sim obra de planejamento por parte dos líderes da diminuta comunidade matemática brasileira da época, visando às necessidades estratégicas do país.

Devemos relembrar o seguinte: os trabalhos de pesquisa em Matemática, a formação da comunidade matemática brasileira e a orientação acadêmica que foram desenvolvidos por: Omar Catunda, Cândido Lima da Silva Dias, Leopoldo Nachbin, Maurício M. Peixoto, Benedito Castrucci, Fernando Furquim de Almeida, Manfredo do Carmo, Alexandre A. Martins Rodrigues, Luis H. Jacy Monteiro, Elza Gomide, Djairo Guedes de Figueiredo, Luis Adauto da Justa Medeiros, Elon Lages Lima, Chaim S. Hönig, Edison Farah, dentre outros.

Esses e outros matemáticos não citados, apoiados nas ações e metas criadas pelo governo federal a partir dos anos 1960, incentivaram ações que motivaram estudantes talentosos a se dedicar aos estudos e à pesquisa em matemática. Entre essas ações destacamos a criação de eventos científicos especializados e não especializados. Nessas iniciativas, destacaram-se e continuam se destacando as instituições sediadas na Região Sudeste, que ofertam o maior número de programas com cursos de doutorado em Ciências (Matemática) e nas quais trabalha o maior contingente de doutores titulados em Matemática. Também é nessas instituições que se concentra a maior produção de artigos publicados anualmente (GARCIA, 2012, p. 106), entre os quais estão incluídos artigos publicados em Matemática Pura e em Matemática Aplicada.

Para artigos em Matemática Pura e Matemática Aplicada publicados em periódicos indexados no *Math. Reviews* no período de 1981-2007, citamos a produção científica nas instituições que mais se destacam na Região Sudeste e na Região Centro-Oeste (GARCIA, 2012):

- USP: 1.710 artigos publicados;
- IMPA: 1.271 artigos publicados;
- UNICAMP: 1.177 artigos publicados;
- UFRJ: 831 artigos publicados;
- UnB: 493 artigos publicados;
- PUCRIO: 440 artigos publicados;
- ICMC-USP: 382 artigos publicados.

Nos dias atuais, para citarmos apenas um exemplo, os pesquisadores em matemática que trabalham na UnB publicam, em revistas indexadas no *Math Reviews*, cerca de novecentos artigos por ano.

A partir da década de 1980 teve início a fase de desenvolvimento, ampliação, consolidação e avanços da pesquisa em matemática no Brasil. Esse processo decorreu de uma política pública indutora e financiadora, realizada pelo governo federal por meio de Planos Nacionais de Pós-graduação e Planos Básicos de Desenvolvimento Científico e Tecnológico, com o apoio dos líderes da comunidade matemática brasileira.

Com respeito aos cursos de graduação bacharelado e licenciatura em Matemática, foi a partir dos anos 1970, com o início do processo de qualificação dos corpos docentes dos Departamentos de Matemática de diversas Universidades públicas do país, que notamos claramente a oferta de cursos com melhor qualidade, no sentido de possuírem disciplinas com programas e bibliografias atualizadas.

Isso aconteceu como efeito da causa seguinte: docentes qualificados atualizaram os programas das disciplinas ofertadas nas grades curriculares dos cursos de graduação bacharelado e licenciatura em Matemática ofertados por várias universidades públicas e atualizaram a bibliografia básica dessas disciplinas.

Lamentavelmente, a qualificação dos professores dos cursos de graduação bacharelado e licenciatura em Matemática não ocorreu em todas as universidades e faculdades isoladas do país. Por esse motivo, continuou a existir a oferta de cursos de graduação bacharelado e licenciatura em Matemática com grades curriculares contendo disciplinas com péssimos programas e bibliografias básicas desatualizadas, especialmente em cursos ofertados por instituições de ensino superior privadas.

Nos dias atuais, o Brasil tem uma produção matemática autônoma e de boa qualidade. Matemáticos brasileiros têm participado de importantes eventos científicos internacionais e alguns deles têm se distinguido com premiações de alto valor científico. Em 2014, por exemplo, o Prof. Dr. Artur Ávila, do IMPA, foi agraciado como o prestigiado prêmio Medalha Fields.

No âmbito da mobilidade de matemáticos brasileiros e estrangeiros, algumas instituições brasileiras têm programas anuais de professores visitantes, residentes no país e no exterior. Ainda é pífio, porém, o número dessas universidades. Como efeito da causa - a criação de políticas públicas para a formação de recursos humanos qualificados em C&T -, nos dias atuais a pesquisa em matemática realizada nas instituições de ensino superior brasileiras desfruta de reconhecido prestígio internacional.

Mesmo com o crescimento da produção científica da comunidade matemática brasileira nos últimos anos, o impacto dos artigos publicados por essa comunidade continua abaixo da média mundial. Esse fato nos aponta para o desvio feito, em certo momento, pelo sistema ao qual pertence a comunidade matemática brasileira, buscando, motivada por algum desvio administrativo, multiplicar a quantidade, e não a qualidade da produção científica - obviamente uma escolha errada, feita pelos gestores do sistema universitário brasileiro. Recomendamos a rápida correção da escolha errada.

Sugerimos aos gestores do Ministério da Educação (MEC) as seguintes ações que visam corrigir parte do desvio que foi instaurado no sistema universitário brasileiro:

- Estimular a comunidade matemática brasileira a participar cada vez mais, na forma de colaboração internacional, de grandes projetos com tópicos de interesse mundial desenvolvidos por importantes matemáticos estrangeiros. Isto é, que a comunidade matemática brasileira busque aumentar a internacionalização da ciência na forma de colaboração e de mobilidade acadêmica de pesquisadores.

- A criação, a partir das universidades federais de melhor desempenho, segundo as avaliações periódicas realizadas pela CAPES, de uma ou duas universidades em nível de excelência mundial, universidades conhecidas como *World Class Universities.*

A consolidação e o desenvolvimento da pesquisa em matemática no Brasil podem ser constatados por intermédio dos seguintes indicadores:

a) Existência de alguns bons centros de formação de matemáticos situados em diversas instituições públicas de ensino superior.

b) Existência de grupos de pesquisa cadastrados no Diretório de Grupos de Pesquisa do CNPq.[73]

c) Participação constante de matemáticos brasileiros em importantes eventos científicos internacionais como palestrantes. Citamos, por exemplo, a participação crescente de matemáticos brasileiros no Congresso Internacional de Matemáticos, que é realizado a cada quatro anos, e também como professores visitantes em diferentes universidades estrangeiras.

d) Aumento considerável do fluxo de matemáticos estrangeiros visitando o Brasil, alguns dos quais desenvolvem projetos de pesquisa científica em conjunto com matemáticos brasileiros. Outros apenas ministram minicursos, fazendo palestras e estágios de pós-doutorado (MEDEIROS, 2010).[74]

e) Aumento considerável na quantidade de artigos escritos por matemáticos brasileiros e publicados anualmente em periódicos de circulação internacional.

f) Realização periódica de eventos científicos, alguns especializados e outros não especializados, como: Escola de Álgebra; Escola de Geometria Diferencial; Seminário Brasileiro de Análise; Escola Brasileira de Equações Diferenciais; Escola de Análise Não Linear; Encontro Nacional de Análise Matemática e Aplicações; Encontro Brasileiro de Topologia; Meeting on Commutative Algebra and Algebraic Geometry; Brazilian Conference on General Topology and Set Theory; Colóquio Brasileiro de Matemática; Indo-Brazilian Symposium in Mathematics; Escola Brasileira de Sistemas Dinâmicos; Workshop Internacional de Sistemas Dinâmicos; Bienal de Matemática da SBM; Colóquios de

[73] Ver: http://www.cnpq.br.

[74] Para citarmos apenas algumas instituições de ensino superior: lista de professores visitantes do IMPA (http://www.impa.br); lista de colóquios-arquivos da PUCRIO (http://www.mat.puc-rio.br); lista de colóquios-arquivos da Universidade Federal de Minas Gerais (UFMG) (http://www.mat.ufmg.br/atividades/coloquios.php); lista de seminários do Departamento de Matemática do IMECC-UNICAMP (http://www.ime.unicamp.br); lista de professores visitantes no Departamento de Matemática do IME-USP (www.ime.usp.br/mat); professores visitantes no Departamento de Matemática da UFPE (http://www.ufpe.br); lista de professores visitantes da Universidade Estadual de Maringá (UEM) (http://www.pma.uem.br/).

Matemática nas cinco regiões do país (Sul, Sudeste, Centro-Oeste, Nordeste e Norte). Essas são reuniões científicas que priorizam dentro de cada região as sub-regiões relativamente menos desenvolvidas.

O objetivo desse último tipo de evento é disseminar a Matemática em todo o país e em suas vertentes: pesquisa, ensino, aplicações, divulgação. Os colóquios regionais de Matemática têm um público-alvo muito amplo, incluindo os estudantes, em todos os níveis, e os professores e pesquisadores de matemática e de áreas afins.

Recentemente, as seguintes instituições: IMPA, Universidade Federal do Rio de Janeiro (UFRJ) e Universidade Federal Fluminense (UFF) criaram o Colóquio de Geometria e Aritmética do Rio de Janeiro. Trata-se de um evento rotativo entre as três instituições citadas que se realiza na última sexta-feira de cada mês. O evento tem por objetivo estimular a troca de ideias e a colaboração entre os pesquisadores das áreas de Geometria Algébrica e Aritmética, bem como alunos de doutorado que trabalham e estudam nas instituições sediadas no Rio de Janeiro.

Também na Região Sudeste, os pesquisadores da UFF, UFRJ, IMPA e PUCRIO que trabalham na especialidade Geometria Simplética criaram o Seminário Simplético Conjunto Rio, evento com encontros mensais e com duas palestras ministradas por pesquisadores locais ou convidados, que abordam temas relacionados à Geometria Simplética, em sentido amplo.

Mas, apesar dos esforços feitos nos últimos anos pelos líderes da comunidade matemática brasileira, o número de doutores titulados em Ciências (Matemática Pura) trabalhando nas diversas instituições públicas e privadas de ensino superior, no mercado financeiro e nas indústrias do país está aquém do número desejável para a demanda do país.

Para visualizarmos essa afirmação, basta verificar a titulação dos docentes que trabalham nos Departamentos de Matemática das instituições brasileiras (universidades, institutos, faculdades e centros universitários).

Vejamos, inicialmente em períodos de dez em dez anos, o número de doutores titulados em Ciências (Matemática) por instituições brasileiras (Tabela 5.1).

Tabela 5.1 – Doutores titulados em Matemática Pura em 1977, 1987 e 1997

Instituição	1977	1987	1997
ICMC-USP	3	2	1
IMPA	6	6	5
PUCRIO		2	2

(*continua*)

Tabela 5.1 – Doutores titulados em Matemática Pura em 1977, 1987 e 1997 (*continuação*)

Instituição	1977	1987	1997
UFPE			1
UFRJ	2	4	6
UnB		2	3
UNICAMP	4	2	8
USP	3	2	6
Total	**18**	**20**	**32**

Fonte: consulta às instituições consultadas.

Ainda nos anos de 1970, foi iniciado em instituições brasileiras o processo de estágio para pós-doutoramento em Matemática.[75] Em 1987, foram vinte os doutores titulados em Ciências (Matemática Pura), com a distribuição exibida na Tabela 5.1. Num período de vinte anos (1977-1997), foram titulados no Brasil setenta doutores em Ciências (Matemática Pura).

Vejamos a seguir o desempenho da titulação anual de doutores em Ciências (Matemática Pura) em anos mais recentes (Tabela 5.2).

Tabela 5.2 – Doutores titulados em Ciências (Matemática Pura), 2007-2020

Instituição	2007	2008	2009	2010	2011	2012	2020
ICMC-USP	10	4	6	13	8	9	6
IMPA	9	5	5	14	10	9	16
PUCRIO		3	2	3	4	6	7
UFC	3	4	1	2	5	4	1
UFF						5	
UFMG	3	3	3	5	6	2	19
UFPE	4	2	4	5	8	7	12
UFRGS	1	1	5	3	5	5	2

(*continua*)

75 No ano de 1970 foram titulados três doutores em Matemática Pura, dois pela USP e um pelo IMPA.

Tabela 5.2 – Doutores titulados em Ciências (Matemática Pura), 2007-2020 (*continuação*)

Instituição	2007	2008	2009	2010	2011	2012	2020
UFRJ	4	2	7	9	6	5	5
UFSCar	2	2	4	5	4	6	
UnB	3	7	4	14	14	4	6
UNESP-SJRP					4	3	8
UNICAMP	17	10	14	10	14	19	18
USP-Mat	7	6	6	2	7	8	12
Total	**63**	**49**	**61**	**85**	**95**	**92**	**112**

Fonte: consulta às instituições.

Observamos uma tendência de aumento do número de doutores titulados em Ciências (Matemática Pura) nos últimos dez anos, mas consideramos esse número ainda insuficiente para as necessidades do Brasil. Para termos noção desse número insuficiente de doutores titulados anualmente em Ciências (Matemática), tomemos por base apenas o número de doutores que trabalham nos departamentos de matemática das universidades e institutos públicos e privados. Se acrescentarmos a essa base de cálculo as necessidades das grandes indústrias de doutores titulados em Ciências (Matemática); as necessidades do mercado financeiro (fundos de investimentos, bancos), no qual o matemático pode trabalhar como analista de risco ou como analista quantitativo; e as necessidades das diversas instituições de ensino superior existentes no país, então teremos um quadro real das necessidades do país por doutores titulados em Ciências (Matemática). Julgamos ser necessário desenvolver bons processos de buscas, além dos existentes, de alunos talentosos desde o ensino médio até a graduação.

Sugerimos a criação de um bom sistema, que pratique ações e metas gerais com o objetivo de estimular a titulação de mais doutores em Ciências (Matemática) por meio de:

- oferta de bolsas de estudos, de iniciação científica, de monitoria para alunos talentosos de graduação;
- criação de mecanismos para direcionar os alunos talentosos identificados nas escolas de ensino médio para os estudos de graduação, com o acompanhamento de profissionais em matemática por meio de boas universidades;
- aumento do número de bolsas de estudos para os programas consolidados, para os programas com potencial de atração regional e para os programas novos que ofertam cursos de doutorado em Ciências (Matemática);
- incentivo ao mercado financeiro (fundos de investimentos, bancos, empresas ligadas à gestão de risco em indústrias e serviços) para contratar doutores

titulados em Ciências (Matemática) como analistas de risco, analistas quantitativos etc.;

- aumento do número de vagas para cursos de doutorado em Ciências (Matemática Pura);
- incentivar as indústrias de grande porte para que contratem, quando necessário, doutores titulados em Ciências (Matemática Pura ou Aplicada);
- desenvolvimento de um estudo para o governo federal do qual conste orientação da necessidade de pagamento, por parte da administração federal e por parte das mantenedoras das instituições privadas, de um salário digno ao professor universitário portador do título de doutor em Ciências (Matemática), bem como apoio financeiro continuado para seus projetos de pesquisa, tendo como um dos objetivos atrair e fixar mentes brilhantes no sistema acadêmico brasileiro;
- forte sugestão ao governo federal e aos governos estaduais para a necessidade de uma boa dotação orçamentária anual e continuada para suas agências de fomento, com apoio a financiamento de projetos de pesquisa;
- estímulo às escolas de ensino médio para a criação e manutenção de clubes de ciências;
- estímulo e apoio com bolsas de estudos a jovens talentosos de 16 a 20 anos de idade, para participarem da International Summer School of Mathematics for Young Students. Essa atividade é realizada a cada ano em um país europeu diferente e visa introduzir aos jovens, na idade de transição entre o ensino médio e a universidade, apresentações e minicursos de tópicos de pesquisa em matemática;
- retorno ao sistema de envio de jovens talentosos para realizar o doutorado em Ciências (Matemática) em instituições localizadas nos centros mais avançados do exterior e estímulo para que retornem ao país;
- criar reais compensações institucionais, com premiações anuais ao professor pesquisador, estimulando a qualidade do mérito nos processos de seleção de financiamento e de promoção de professores.

No contexto da consolidação, desenvolvimento e avanços do ensino e da pesquisa em matemática no Brasil, destaca-se a Região Sudeste, na qual está situado o maior número de universidades e institutos de pesquisa que ofertam cursos de pós-graduação *stricto sensu* em Matemática.

A Região Sudeste também se destaca das demais regiões do país como o maior centro formador de doutores em Ciências (Matemática). Podemos dizer que o SNPG se constitui em uma das realizações mais bem-sucedidas no conjunto do Sistema Brasileiro de Ensino (SBE).

Sabemos que o sistema educacional é fator estratégico no processo de desenvolvimento socioeconômico e cultural da sociedade brasileira. Ele representa uma referência institucional indispensável à formação de recursos humanos altamente qualificados, e ao fortalecimento do potencial científico-tecnológico nacional. Cabe à pós-graduação a tarefa de produzir os profissionais aptos a atuarem nos diferentes setores da sociedade e capazes de contribuir, a partir da formação recebida, para o processo de modernização do país.

Essa constatação é verdadeira não apenas para a pesquisa em matemática, mas para a pesquisa científica e tecnológica feita no Brasil em várias áreas do conhecimento humano. Nos dias atuais, cerca de 80% da pesquisa científica e tecnológica é realizada no interior do SNPG.

A implantação e a consolidação do SNPG ao longo das últimas quatro décadas é um exemplo notável dos resultados que podem ser alcançados mediante políticas públicas corretas, persistentes e pautadas pelos interesses estratégicos do Brasil.

O MEC, por meio da CAPES, e o Ministério da Ciência, Tecnologia e Inovação, por meio do CNPq e da Financiadora de Estudos e Projetos (FINEP), foram os agentes públicos que, nesse contexto, propiciaram às instituições de ensino e pesquisa as condições normativas e de financiamento necessárias à construção de sua infraestrutura de pesquisa, à manutenção de seus quadros de docentes pesquisadores e à formação de gerações de mestres e doutores em várias áreas do conhecimento humano.

Essa construção foi um trabalho árduo e persistente, e deu-se em permanente diálogo dos agentes públicos citados com integrantes e instâncias institucionais da comunidade acadêmica brasileira. Nessa conjuntura, cumpre lembrar a participação de abnegados servidores públicos que, nos anos 1960, 1970 e 1980, assessoraram seus superiores hierárquicos quanto à necessidade de construção do SNPG e do Plano Nacional de Pós-graduação (PNPG). Atualmente, nosso país dispõe de uma base institucional de pesquisa e de formação de quadros pós-graduados que, se ainda demanda a persistência de políticas públicas para ser expandida, já contribui significativamente, em diversas subáreas e especialidades em Matemática Pura e Aplicada, para o desenvolvimento do Brasil.

No que diz respeito à formação de recursos humanos de alta qualificação em C&T, observamos no país algumas ações por parte dos gestores do SNPG. Em nossa visão para o futuro do Brasil, entretanto, devem ser aumentadas as ofertadas anuais de bolsas de estudos para os programas de pós-graduação em Matemática, segundo a qualidade desses programas.

Em nossas conversas com colegas que são coordenadores de cursos de doutorado em Ciências (Matemática) de diversas universidades públicas, temos ouvido reclamações no sentido de que há mais candidatos aprovados para o doutorado em Ciências (Matemática) em suas instituições do que o número de bolsas ofertadas anualmente pelas agências de fomento. O problema existe e precisa ser resolvido para o bem do Brasil.

Cabe também aos membros da comunidade acadêmica brasileira, para justificar perante a sociedade do país a responsabilidade dessas quatro décadas de investimento público no SNPG, continuar zelando pelo seu constante aperfeiçoamento e melhoria de qualidade, bem como por maior volume de financiamento público para o SNPG.

Compete ainda aos membros da comunidade acadêmica brasileira pugnar para que seja ofertado, por parte das agências de fomento (federais e estaduais), um maior número de bolsas de estudos. Negligenciar o apoio financeiro ao desenvolvimento da pesquisa científica no Brasil é uma escolha errada por parte do governo federal. Esse procedimento provocará, no presente e no futuro, danos irreparáveis ao Brasil.

A redução de recursos financeiros, por parte do governo federal e de governos estaduais, para a área de C&T, não é compatível com o desenvolvimento industrial, agrícola, econômico, comercial e social que desejamos para o Brasil atual e futuro.

A história da Matemática no Brasil deve ser analisada no contexto da qualidade do sistema universitário brasileiro, que envolve o pequeno número de universidades de boa qualidade e a inexistência de universidades em nível de excelência mundial. Cabe à comunidade acadêmica brasileira lutar e informar à nação – pois a questão da universidade diz respeito à sociedade brasileira – a má qualidade que atingiu a nobre instituição universidade, em função da coletivização em que foi imersa nos últimos trinta anos. Cabe à comunidade acadêmica brasileira que ama o país e a nação salvar a nobre instituição universidade brasileira da mediocridade em que foi imersa. Lembramos que os pilares da universidade são: excelência, competência e mérito.

Talvez os gestores do sistema universitário brasileiro, no passado e no presente, não tenham lido o relatório[76] para o governo dos Estados Unidos intitulado *Science, the endless frontier*, de 25 de julho de 1945, elaborado pelo Dr. Vannevar Bush, diretor do Office of Scientific Research and Development, órgão ligado à presidência dos Estados Unidos. O Dr. V. Bush coordenou as atividades de cerca de 6 mil cientistas norte-americanos durante a Segunda Guerra Mundial.

Esse relatório foi a resposta a uma carta enviada ao Dr. V. Bush pelo então presidente F. D. Roosevelt, em 17 de novembro de 1944, com quatro questões envolvendo recomendações e propostas que deveriam ser feitas a respeito do que a presidência do país poderia fazer nos campos da pesquisa científica e do ensino para o esforço de defesa do país.[77]

Em seu relatório, de 31 páginas, o Dr. V. Bush definiu a estruturação do sistema norte-americano de pesquisa. Nesse relatório, o estudioso também propôs e recomen-

---

[76] O documento elaborado pelo Dr. V. Bush foi um dos estimuladores da proposta que pesquisadores paulistas fizeram, em 1947, à Assembleia Constituinte, com o apoio do Executivo estadual, e que resultou na criação da Fapesp em 1962.

[77] A carta em pauta, "President Roosevelt's Letter", pode ser lida em Bush (2015) e em Bush (1945b). Ver também o artigo publicado pelo Dr. V. Bush (1945a).

dou ao presidente metas e ações que deveriam ser criadas e implementadas para propiciar a melhoria da qualidade do sistema universitário e o desenvolvimento científico e tecnológico dos Estados Unidos, durante e após a Segunda Guerra Mundial.

Se quisermos sair da escuridão provocada pelo ostracismo científico, se quisermos uma plena inserção internacional, teremos que planejar também o desenvolvimento da ciência[78] no Brasil e reconstruir, por meio de um plano de política universitária, o sistema universitário de nosso país. Devemos aumentar o volume dos conhecimentos científico e tecnológico absorvidos pelo sistema produtivo e pelos trabalhadores brasileiros – estes devem ser pessoas com boa formação escolar –, e devemos ainda aplicar volumosos recursos financeiros continuados na pesquisa científica.

Na verdade, os gestores do sistema universitário brasileiro nada de concreto têm feito, desde os anos de 1940, exceto a CAPES, que em 2017 passou a estimular a internacionalização da ciência no Brasil, inclusive a mobilidade acadêmica de pesquisadores. Infelizmente, não há esforços por parte do MEC no sentido de estimular a criação de uma ou duas universidades federais em instituições com nível de excelência mundial.

Um ponto marcante é que, nos dias atuais, nenhuma das existentes universidades de melhor desempenho – são cerca de seis – dispõe de mecanismos para atrair para seus cursos de graduação e para seus programas de pós-graduação *stricto sensu* alunos talentosos e bons professores do exterior. Esse é mais um dos graves problemas existentes na gestão da universidade pública do Brasil.

A ciência é a alavanca para o desenvolvimento econômico, industrial, social, agrícola e de segurança militar das nações desenvolvidas. Sabemos que país nenhum desenvolve projetos consistentes de nação sem que suas sucessivas administrações cuidem de modo sério e correto da boa formação escolar dos cidadãos deste país, incluindo a boa formação de recursos humanos em ciência e tecnologia.

O Brasil não alcançará pleno desenvolvimento sem a ousadia de promover profundas transformações, dentre as quais a do seu sistema universitário. Bons cursos de graduação bacharelado e licenciatura em Matemática devem fazer parte de itens que deverão compor um bem definido, estruturante e balizador plano de política universitária do Brasil (PPUB). Essa e outras transformações demandarão competência, tempo, paciência e persistência. Será um grande erro da parte dos gestores do MEC menosprezar a necessidade de ser criado e mantido no país um bom sistema universitário.

Lembramos aos gestores do MEC que o Estado é um gestor da nação brasileira. Devem ser criadas condições propícias para melhorar a qualidade do sistema universitário brasileiro; para que sejam incentivados e apoiados os jovens que pretendam se dedicar aos estudos, ao ensino e à pesquisa em matemática. Uma solução que apresentamos para esse grave problema passa pela elaboração e execução de um PPUB, tendo

---

[78] Usamos a palavra ciência em seu sentido amplo.

como um de seus itens a criação de uma, ou duas universidades com nível de excelência mundial, conhecidas como *World Class Universities*.[79]

Sabe-se que a universidade enfrenta nos dias atuais uma crescente pressão pública, mas isso só significa que sua missão é mais vital do que nunca. Lembremo-nos do que disse o dramaturgo Nelson Rodrigues: "O subdesenvolvimento de um país, ou de uma região, não se improvisa, porque é obra de séculos".

A pobreza intelectual do cidadão, ou de uma sociedade, é um dos efeitos da causa ignorância. Salvemos a universidade brasileira da mediocridade em que foi imersa por diversos gestores do Brasil.

[79] Ver: Silva (2022c, Cap. 3).

REFERÊNCIAS

ABDELHAY, José. *Curso de Análise Matemática.* Rio de Janeiro: Científica, 1985. v. 3.

ABHYANKAR, Shreeram S. A perspective on algebraic geometry. *Bull. Braz. Math. Soc.*, v. 33, n. 2, p. 177-199, 2002.

ALMEIDA, Ana Elisa G. C. de. A criação da USP e da UDF e a pesquisa científica. *In*: ALMEIDA, Ana Elisa G. C. de. *A Faculdade Nacional de Filosofia e a criação de instituições científicas: o caso do Centro Brasileiro de Pesquisas Físicas.* 1992. Dissertação (Mestrado) - FE-UFRJ, Rio de Janeiro, 1992.

ALMEIDA, Fernando Furquim de. *Fundamentos da geometria absoluta no plano.* Tese apresentada para o concurso da cátedra Crítica dos Princípios e Complementos de Matemática, FFCL-USP, São Paulo, 1951.

AMBROSE, Warren A. *Six Lectures on Riemann Geometry.* Notas de Matemática n. 25. Rio de Janeiro: IMPA, 1961.

ARRUDA, Ayda I. *Considerações sobre os sistemas formais NF_n.* Tese apresentada para obtenção do título de livre-docente da cadeira de Análise Matemática e Análise Superior, FFCL-UPR, Curitiba, 1964.

ÁVILA, Artur. *Global theory of one-frequency Schrödinger operators I, II.* Preprints, 2009.

ÁVILA, Artur. On the regularization of conservative maps. *Acta Mathematica*, v. 205, p. 5-18, 2010.

ÁVILA, Artur; DELECROIX, V. *Weak mixing directions in non-arithmetic Veech surfaces*. Preprint, 2013.

ÁVILA, Artur; FORNI, G. Weak mixing for interval exchange transformations and translation flows. *Annals of Mathematics*, v. 165, n. 2, p. 637-664, 2007.

ÁVILA, Artur; JITOMIRSKAYA, S. The ten Martini problem. *Annals of Mathematics*, v. 170, n. 1, p. 303-342, 2009.

ÁVILA, Artur; MELO, W. de; LYUBICH, M. Regular or stochastic dynamics in real analytic families of unimodal maps. *Inventiones Mathematicae*, v. 154, p. 451-550, 2003.

AZEVEDO, Alberto. Grothendieck no Brasil. *Revista Matemática Universitária*, n. 44, p. 39-42, 2008.

AZEVEDO, Alberto; COLLI, Eduardo; MELO, Severino Toscano. Paulo Ribenboim: seis décadas de matemática. *Revista Matemática Universitária*, n. 45, p. 20-43, 2008.

BENCKENBACH, E. F. Generalized convex functions. *Bull. Amer. Math. Soc.*, v. 43, p. 263-371, 1937.

BENCKENBACH, E. F.; BING, R. H. On generalized convex functions. *Trans. Amer. Math. Soc.*, v. 58, p. 220-230, 1945.

BASTOS, Gervásio G. Sobre um problema de existência na teoria das valorizações. 1972. Tese (Doutorado) – IMPA, Rio de Janeiro, 1972.

BENJAMIN, T. B.; BONA, J. L.; MAHONY, J. J. Model equations for long waves in non linear dispersive systems. *Phil. Trans. Roy. Soc. of London*, v. 272, n. 1220, p. 47-78, 1972. Disponível em: https://doi.org/10.1098/rsta.1972.0032. Acesso em: 9 abr. 2023.

BIRKHOFF, George D. Proof of the ergodic theorem. *Proc. Natl. Acad. Sci.*, v. 17, n. 12, p. 656-660, 1931.

BIRKHOFF, George D. What is the ergodic theorem? *Amer. Math. Monthly*, v. 49, n. 4, p. 222-226, 1942.

BOREL, Armand. Twenty-five years with Nicolas Bourbaki, 1949-1973. *Notices of the AMS*, v. 45, n. 3, p. 373-380, 1998.

BRASIL. Decreto-lei n. 1.063, de 20 de jan. de 1939.

BRASIL. Decreto n. 9.323, de 6 de junho de 1946.

BRASIL. Decreto n. 29.741, de 11 de julho de 1951.

BRASIL. Decreto-lei n. 719, de 31 de julho de 1969. FNDCT.

BRASIL. Decreto n. 77.355, de 31 de março de 1976. PBDCT.

BRASIL. Lei n. 5.540, de 28 de novembro de 1968.

BRASIL. Conselho Federal de Educação – CFE/CES. Parecer n. 77/69, de 11 de fevereiro de 1969.

BRASIL. Conselho Federal de Educação – CFE/CES. Parecer n. 977/65, de 3 de dezembro de 1965.

BRASIL. Conselho Federal de Educação – CFE. Resolução n. 5, de 10 de março de 1983.

BRILL, A.; NOETHER, M. Ueber die algebraischen Functionen und ihre Anwendungen in der Geometrie. *Math. Ann.*, v. 7, n. 2-3, p. 269-310, 1874. Disponível em: http://dx.doi.org/10.1007/BF02104804. Acesso em: 9 abr. 2023.

BROWDER, Felix E. (ed.). Mathematical developments arising from Hilbert problems. *In*: *Proceedings of Symposia in Pure Mathematics*. Providence, RI: American Mathematical Society, 1976. v. XXVIII, partes 1 e 2.

BROWDER, Felix E. On non linear wave equations. *Math. Zeitschrift*, v. 80, p. 249-264, 1962.

BRUCK, R. H. *A survey of binary systems*. Berlin: Springer Verlag, 1958.

BURSZTYN, H.; MACARINI, L. *Introdução à Geometria Simplética*. Rio de Janeiro: IMPA: XIV Escola de Geometria Diferencial, 2006.

BUSH, V. As we may think. *The Atlantic Monthly*, jul. 1945a. (Reimpresso em *Life Magazine*, set. 1945)

BUSH, V. *Science, the endless frontier*. [S. l.], 1945b. Disponível em: https://www.nsf.gov/od/lpa/nsf50/vbush1945.htm#ch1. Acesso em: 20 fev. 2017.

CACCIOPOLI, Renato. Sui funzionali lineari nel campo delle funzioni analitiche. *Atti. Accad. Naz. Lincei*, rend. VI, ser. 13, p. 263-266, 1931.

CAPES (Coordenação de Aperfeiçoamento de Pessoal de Nível Superior). *Documento de Área 01: MAPE*. Brasília, 2019.

CAPES (Coordenação de Aperfeiçoamento de Pessoal de Nível Superior). *I Plano Nacional de Pós-graduação (1975-1979)*. Brasília, 1975.

CAPES (Coordenação de Aperfeiçoamento de Pessoal de Nível Superior). *IV Plano Nacional de Pós-graduação (2005-2010)*. Brasília, dezembro de 2004.

CAPES (Coordenação de Aperfeiçoamento de Pessoal de Nível Superior). *V Plano Nacional de Pós-graduação (2011-2020)*. Brasília, 2010.

CAPES (Coordenação de Aperfeiçoamento de Pessoal de Nível Superior). Portaria CAPES n. 220, de 3 de novembro de 2017. Brasília, 2017a.

CAPES (Coordenação de Aperfeiçoamento de Pessoal de Nível Superior). *Relatório de avaliação. Matemática/Probabilidade e Estatística*. Avaliação Quadrienal 2017. Brasília, 2017b.

CARDOSO, Jayme M. *A utilidade da representação de Monge na composição e decomposição de forças no espaço*. 1953. Tese (Livre-docência) – Escola de Engenharia, UPR, Curitiba, 1953.

CARDOSO, Jayme M. *Sistemas de projeção*. Tese apresentada em concurso público para o cargo de professor titular do Departamento de Desenho, Setor de Ciências Exatas, UFPR, Curitiba, 1977.

CARDOSO, Jayme M.; CARNEIRO Jr., David A. S. Non-associative structures. *Math. Magazine*, v. 36, p. 126-127, 1963.

CARDOSO, Jayme M.; SILVA, Clovis Pereira da. On ward quasigroups. *Anal. St. Univ. A. I. Cuza*, v. 24, p. 231- 233, 1978.

CARTAN, Henri. Nicolas Bourbaki and contemporary mathematics. *The Mathematical Intelligencer*, v. 2, n. 4, p. 175-180, 1980.

CASTANHO, João Batista. Sobre o teorema de Pascal na geometria hiperbólica. 1950. Tese (Doutorado em Ciências [Matemática]) - FFFCL-USP, São Paulo, 1950.

CASTRUCCI, Benedito. *Fundamentos da geometria projetiva finita n-dimensional*. Tese apresentada à FFCL-USP para concurso da cátedra de Geometria Analítica, Projetiva e Descritiva. São Paulo, 1951.

CASTRUCCI, Benedito. Prof. Giacomo Albanese. *Bol. Soc. Mat. São Paulo*, v. 2, fasc. 1, p. 1-5,1947.

CASTRUCCI, Benedito. Sobre uma geração de uma curva plana de terceira ordem, segundo o tipo staudtiano. *An. Acad. Bras. Ciênc.*, t. XV, n. 2, p. 109-123, 1943.

CASTRUCCI, Benedito. *Sobre uma nova definição de cúbica plana*. 1945. Tese (Doutorado) - FFCL-USP, São Paulo, 1945.

CATUNDA, Omar. *Sobre os fundamentos da teoria dos funcionais analíticos*. Tese de concurso para provimento da cátedra de Análise Matemática, FFCL-USP, São Paulo, 1944a.

CATUNDA, Omar. Sobre os sistemas de equações de variações totais em mais de um funcional incógnito. *An. Acad. Bras. Ciênc.*, t. XIV, n. 2, p. 109-125, 1942.

CATUNDA, Omar. *Teoria das formas diferenciais e suas aplicações*. Tese (Livre-docência) - FFCL-USP, São Paulo, 1944b.

CATUNDA, Omar. Un teorema sugl'insiemi, che si riconnetti alla teoria dei funzionali analitici. *Rendiconti della R. Accad. Naz. dei Lincei*, v. XXIX, série 6, 1939.

CESARI, L. *Mathematics in the Mediterranean: today's view*. Perugia: Università degli Studio de Perugia, 1990.

CHEN, Y.; GLIGOROSKI, D.; KNAPSKOG, S. J. On a special class of multivariate quadratic quasigroups (MQQs). *J. Math. Cryptol.*, v. 7, n. 2, p. 111-141, 2013.

CNPq (Conselho Nacional de Desenvolvimento Científico e Tecnológico). *Diretório dos Grupos de Pesquisa no Brasil, 2012*.

CORRÊA, Francisco Júlio S. A. (ed.). International Meeting on Differential Equations. *Matemática Contemporânea*, v. 32, 2007.

COSTA, Newton da. *Sistemas formais inconsistentes.* Tese apresentada para concurso de provimento de cátedra de Análise Matemática e Análise Superior, FFCL-UPR. Rio de Janeiro: NEPEC, 1963.

COSTA, M. Amoroso. *As ideias fundamentais da Matemática e outros ensaios.* São Paulo: Convívio; Edusp, 1981.

COSTA, M. Amoroso. Conferência sobre Otto de Alencar. *Revista Didática da Escola Politécnica*, Rio de Janeiro n. 13, p. 3-24, 1918.

CSÖRGÖ, P. On centrally and nuclearly nilpotent Moufang loops. *Commun. Algebra*, v. 41, n. 8, p. 3080-3089, 2013.

CSÖRGÖ, P. All automorphic loops of order p^2 for prime p are associative. *J. Algebra Appl*, v. 12, n. 6, 1350013, 2013.

CUNHA, Luiz A. *A universidade temporã.* 2. ed. revista e ampliada. Rio de Janeiro: Livraria Francisco Alves, 1986.

D'AMBROSIO, Ubiratan. Uma história concisa da Matemática no Brasil. Petrópolis: Vozes, 2008.

DANTES, Maria Amélia M.; PATY, Michel; PETIJEAN, Patrick (orgs.). *A ciência nas relações Brasil-França (1850-1950).* São Paulo: Edusp: Fapesp, 1996.

DEDEKIND, R.; WEBER, H. *Theorie der algebraischen Funktionen einer Veränderlichen.* Paris: J. de Crelle, v. 92, p. 181-290, 1882.

DELIGNE, Pierre. La conjecture de Weil: I. *Publications Mathématiques de l'I.H.E.S.*, t. 43, p. 273-307, 1974.

DIAS, Cândido Lima da Silva. Aplicação da teoria dos funcionais analíticos ao estudo de uma solução de uma equação diferencial de ordem infinita. *An. Acad. Bras. Ciênc.*, t. XV, n. 2, p. 243-251, 1943a.

DIAS, Cândido Lima da Silva. *Espaços vetoriais topológicos e sua aplicação nos espaços funcionais analíticos.* Tese para concurso da cátedra de Complementos de Geometria Superior, FFCL-USP, São Paulo, 1951.

DIAS, Cândido Lima da Silva. *Estudos sobre as homografias.* Tese para provimento de cátedra de Geometria, EP-USP, São Paulo, 1944.

DIAS, Cândido Lima da Silva. Sobre a continuidade dos funcionais analíticos. *Bol. Soc. Mat. São Paulo*, v. 3, fasc. 1 e 2, p. 21-30, 1951 [1948].

DIAS, Cândido Lima da Silva. Sobre a regularidade dos funcionais definidos no campo das funções localmente analíticas. 1942. Tese (Doutorado) – FFCL-USP, São Paulo, 1942.

DIAS, Cândido Lima da Silva. Sobre o conceito de funcional analítico. *An. Acad. Bras. Ciênc.*, t. XV, n. 1, p. 1-9, 1943b.

DIEUDONNÉ, Jean A. *Análise harmônica. Notas de aulas por J. Abdelhay.* Rio de Janeiro: Associação da Revista Científica: FNFi da UB, 1952. (Publicação n. 9, série A)

DIEUDONNÉ, Jean A. *Teoria dos corpos comutativos. Notas de aulas por L. H. Jacy Monteiro.* São Paulo: Soc. Mat. de São Paulo, 1947. v. 2: Teoria de Galois.

DIEUDONNÉ, Jean A. Uma carta de Dieudonné. *Revista Matemática Universitária* n. 45, p. 16-19, 2008.

DISTRITO FEDERAL. Decreto municipal n. 5.513, de 4 de abril de 1935.

DO CARMO, Manfredo P. Pesquisa em Geometria Diferencial no Brasil. *Revista Matemática Universitária*, n. 26/27, p. 1-27, 1999.

DO CARMO, Manfredo. *Selected papers.* Ed. K. Tenemblat. Berlin: Springer, 2012.

DOETSCH, G. Review. *ZbMath*, JFM56.1024.01, s.d. Disponível em: https://zbmath.org/56.1024.01. Acesso em: 17 jan. 2023.

DRÁPAL, A.; KINYON, M. Buchsteiner loops: associators and constructions. *J. Algebra Appl.*, v. 14, n. 4, article ID 1550050, p. 25, 2015.

DUARTE, Aparecida R. Silva. *A matemática e educação matemática: a dinâmica de suas relações ao tempo do movimento da Matemática moderna no Brasil.* 2007. Tese (Doutorado) – PUC, São Paulo, 2007.

DYNNIKOV, Circe Silva. *Matemática positivista e sua difusão no Brasil.* Vitória: EDUFES, 2023.

ERDÖS, P.; TURÁN, P. On some sequences of integers. *The Journal of the London Math. Soc.*, v. 11, p. 261-264, 1936.

EULER, L. Recherches sur une nouvelle espèce de quarrés magiques. *Mém. de la Societé de Vlissungue*, v. 9, p. 85-239, 1782.

FANTAPPIÈ, Luigi. I funzionali analitici. *Memorie della R. Accad. Naz. dei Lincei*, série 6, v. 3, p. 453-683, 1930.

FANTAPPIÈ, Luigi. Nuova dimonstrazione della formula fondamentale per i funzionali analitici lineari. *Rendiconti dei Lincei*, v. 6, n. 15, p.850-855, 1932.

FANTAPPIÈ, Luigi. *Teoria de los funcionales analiticos y sus aplicaciones.* Barcelona, 1943.

FAPESP (Fundação de Amparo à Pesquisa do Estado de São Paulo). *Fapesp 60 anos: A ciência no desenvolvimento nacional.* São Paulo: Fapesp, 2022.

FARAH, Edison. *Sobre a Medida de Lebesgue.* Tese de Doutorado em Ciências (Matemática) – FFCL-USP. São Paulo: Gráfica Omega, 1950.

FARAH, Edison. Algumas Proposições Equivalentes ao Exioma da Escolha. Tese apresentada no concurso para provimento da Cadeira LI – Análise Superior, da FFCL-USP, São Paulo, 1954.

FFCL-USP. *Anuário da Faculdade de Filosofia, Ciências e Letras (1934-1935).* São Paulo: Empresa Gráfica da Revista dos Tribunais, 1937.

FIGUEIREDO, Djairo G. de. *Análise I.* Rio de Janeiro: UnB; Livros Técnicos e Científicos Editora, 1975.

FOURIER, J. B. J. *OEuvres*. Paris: Gauthier-Villars, 1888-1890. 2 v.

FRÉCHET, M. Les ensembles abstraits et le calcul fonctionnel. *Rend. Circ. Mat. Palermo*, v. XXX, p. 1-26, 1910.

FRÉCHET, M. Les familles et fonctions additives d'ensembles abstraits. *Fund. Math.*, vol. 4, p. 229-265, 1923; e vol. 5, p. 206-251, 1924.

FRÉCHET, M. Sur l'intégrale d'une fonctionnelle étendue à un ensemble abstrait. *Bull. Soc. Math. Fr.*, v. 43, p. 248-265, 1915.

FRÉCHET, M. Sur quelques points du calcul fonctionnel. *Rend. Circ. Mat. Palermo*, v. XXII, p. 1074, 1906.

FREDHOLM, E. I. Sur une classe d'équations fonctionelles. *Acta Mathematica*, v. 27, p. 365-390, 1903.

FRINK, Orrin. Complemented modular lattice and projective spaces of infinite dimension. *Trans. Amer. Math. Soc.*, v. 60, n. 3, p. 453-467, 1946.

GAMA, Lélio I. Discurso do Professor Lélio I. Gama. *Atas do 5º Colóquio Brasileiro de Matemática*, São Paulo, 1965.

GARCIA, Ronaldo A. Aspectos da história da Sociedade Brasileira de Matemática (1969-2011). *RBHM*, v. 11, n. 23, p. 99-109, 2012.

GOMIDE, Elza F. *Sobre o teorema de Artin-Weil*. 1950. Tese (Doutorado) – FFCL--USP, São Paulo, 1950.

GRISHKOV, A. N.; ZAVARNITSINE, A. V. Sylow's theorem for Moufang loops. *Journal of Algebra*, n. 321, p. 1813-1825, 2009.

GRISHKOV, A. N. *et al.* Half-automorphisms of free automorphic Moufang loops. *Math. Notes*, vol. 98, n. 2 2015. Resenha em Zbl 06498268.

HADAMARD, Jacques. *Psicologia da invenção na Matemática*. Rio de Janeiro: Contraponto, 2009.

HALL, Jonathan I. Moufang Loops and Groups with Triality are Essentially the Same Thing. *Memoirs of the Amer. Math. Soc.*, v. 260, n. 1252, 2019.

HARDY, G. H.; WRIGHT, E. M. *An introduction to the theory of numbers*. 2. ed. Oxford: Oxford University Press, 1945.

HAUSMANN, B. A.; ORE, O. Theory of quasigroups. *Amer. J. Math.*, v. 59, n. 4, p. 983--1004, 1937. Disponível em: https://doi.org/10.2307/2371362. Acesso em: 9 abr, 2023.

HEFEZ, Abramo. Uma introdução a história da geometria projetiva. *Revista Matemática Universitária*, n. 3, p. 35-50, 1986.

HERSTEIN, I. N.; RUCHTE, M. F. Semi-automorphisms of groups. *Proc. Amer. Math. Soc.*, v. 9, p. 145-150, 1958.

HÖNIG, Chaim S. *Análise de Fourier em espaços L_2 e teoremas do tipo de Sobolev*. Tese apresentada para concurso de livre-docência em Análise Matemática, Departamento de Matemática, FFCL-USP, São Paulo, 1965.

HÖNIG, Chaim S. *Sobre uma generalização dos números reais e sua aplicação na classificação dos grupos sem torção.* Tese apresentada em concurso da cátedra de Complementos de Matemática, Departamento de Matemática, FNFi-UB, São Paulo, 1959.

HÖNIG, Chaim S. *Sobre um método de refinamento de topologias.* 1952. Tese (Doutorado), FFCL-USP, São Paulo, 1952.

HÖNIG, Chaim S. The green function of a linear differential equation with lateral condition. *In*: NACHBIN, L. (ed.). *Functional analysis and applications. Lecture Notes in Mathematics.* Berlin; Heidelberg: Springer, 1974. v. 384. Disponível em: https://doi.org/10.1007/BFb0057546. Acesso em: 9 abr. 2023.

HÖNIG, Chaim S.; GOMIDE, Elza F. In: FERRI, Mário Guimarães; MOTOYAMA, Shozo (coord.). *História das Ciências no Brasil*, v. I, Cap. 2, Ciências Matemáticas. São Paulo: EPU/Edusp, 1979.

HORVÁTH, John. The life and works of Leopoldo Nachbin. *In*: BARROSO, Jorge Alberto (ed.). *Aspects of Mathematics and its application.* New York: Elsevier Science Publishers, 1986.

IMPA (Instituto de Matemática Pura e Aplicada). *Doutores do IMPA*. Rio de Janeiro: IMPA, 2003.

IMPA (Instituto de Matemática Pura e Aplicada). *Noticiário Brasileiro de Matemática.* n. 5, 6, 1960; n. 7, 8, 9, 1961; n. 10, 11, 12, 1962; n. 13, 14, 15, 1963; n. 16, 17, 18, 1964; n. 19, 20, 21, 1965; n. 22, 23, 24, 1966; n. 25, 26, 1967.

IMPA (Instituto de Matemática Pura e Aplicada). Pesquisadores visitantes. Disponível em: http://www.impa.br. Acesso em: 7 set. 2022.

JENSEN, J. L. W. V. Sur les fonctions convexes et les inégalités entre les valeurs moyennes. *Acta Mathematica*, v. 30, p. 175-193, 1906.

KAGÁN, V. F. *Lobachvski.* Moscou: Editorial Mir, 1986.

KAISER, H. K. Review. *ZBMath*, Zbl 0454.01006, s.d. Disponível em: https://zbmath.org/?q=0454.+01006. Acesso em: 17 fev. 2023.

KAPLANSKY, I. Introdução à teoria de Galois. *Notas de Matemática*, Rio de Janeiro, IMPA, n. 13, 1966.

KINYON, Michael K; KRAPEZ, Aleksandar; PHILLIPS, J. D. Right product quasigroups and loops. *Quasigroups Relat. Syst.*, v. 19, n. 2, p. 239-264, 2011.

KLEINER, Israel. *A history of abstract algebra.* Berlin: Birkhäuser, 2007.

KORTEWEG, D. J.; DE VRIES, G. On the change of form of form of long waves advancing in a rectangular channel and on a new type of long stationary wave. *Phil. Mag.*, v. 39, p. 422-443, 1895.

LANG, Serge. *Cálculo.* Rio de Janeiro: Ao Livro Técnico, 1971. v. 2.

LASALLE, J.; LEFSCHETZ, S. *Stability by Liapunov's direct method, with applications.* New York: Academic Press, 1961.

LEBESGUE, Henri. Sur l'approximation des fonctions. *Bull. Sciences Math*, v. 22, p. 278--287, 1898.

LEGENDRE, Adrien Marie. *Exercices de calcul integral V1: Sur divers ordres de transcendantes et sur les quadratures* (1811). Kessinger Publishing, 2010.

LEPECKI, Zbigniew. Sobre certos teoremas de séries trigonométricas duplas. *Anuário da FFCL do Paraná*, ano 1940-1941, p. 159-187, 1942.

LEYENSON, Maxim. On the Brill-Noether theory for K3 surfaces. *Open Mathematics*, v. 10, n. 4, p. 1486-1540, 2012.

LIMA, Elon L. Os cursos dos Colóquios Brasileiros de Matemática. *Revista Matemática Universitária*, n. 19, p. 1-11, 1995.

LIMA, Elon L.; NACHBIN, Leopoldo; DIAS, Lindolpho de C. Esboço da situação da Matemática no Brasil. *Noticiário Brasileiro de Matemática*, n. 19, p. 12-17, abr. 1965.

LIMA FILHO, Geraldo dos Santos. *A respeito das projetividades planas sobre o corpo primo de característica 2.* 1950. Tese (Doutorado [Matemática]) – FFCL-USP, São Paulo, 1950.

LINS, Ivan. *História do positivismo no Brasil.* São Paulo: Editora Nacional, 1967.

LOPES, Maria Laura M. L. Espaços projetivos, reticulados de seus subespaços. Tese apresentada para obtenção do título de livro docente da cadeira de Geometria, FNFi--UB. *Notas de Matemática*, Rio de Janeiro, n. 7, 1949.

LÜTZEN, Jesper. *The prehistory of the theory of distributions.* New York: Springer--Verlag, 1982.

LYRA, Carlos Benjamin de. A note on Zorn's lemma. *Bol. Soc. Mat. São Paulo*, v. 4, p. 63-65, 1948.

LYRA, Carlos Benjamin de. *H-equivalência de grupos topológicos.* Tese defendida em concurso para livre-docência à cadeira de Complementos de Geometria e Geometria Superior, FFCL-USP, São Paulo, 1968.

LYRA, Carlos Benjamin de. Minimal complexes and maps. *Bol. Soc. Mat. São Paulo*, v. 7, fasc. 1-2, p. 8598, 1954.

LYRA, Carlos Benjamin de. On circle over complex projective spaces. *An. Acad. Bras. Ciênc.*, v. 31, n. 1, p. 17-24, 1959.

LYRA, Carlos Benjamin de. On spaces of the same homotopy type as polyhedra. *Bol. Soc. Mat. São Paulo*, v. 12, fasc. 1-2, p. 43-62, 1957.

LYRA, Carlos Benjamin de. *Sobre os espaços de mesmo tipo de homotopia que o dos poliedros.* 1958. Tese (Doutorado em Ciências [Matemática]) – FFCL-USP, São Paulo, 1958.

MEDEIROS, Luis Adauto da Justa. *Alfarrábios.* Rio de Janeiro, 2010. v. 1.

MEDEIROS, Luis Adauto da Justa. *Alguns métodos matemáticos para o estudo da equação de Benjamin-Bona-Mahony.* Tese para concurso de professor titular, Departamento de Métodos Matemáticos, IM-UFRJ, Rio de Janeiro, 1976.

MEDEIROS, Luis Adauto da Justa. *Atas do Sexto Colóquio Brasileiro de Matemática.* São Paulo, 1970.

MEDEIROS, Luis Adauto da Justa. *Certos aspectos da Matemática no Rio de Janeiro.* Rio de Janeiro: Notas Impressas, 1983. (Reedição SBMAC, 1984).

MEDEIROS, Luis Adauto da Justa. Funções de variáveis complexas. *Cursos de Matemática*, João Pessoa, n. 1, 1966a. (Texto posteriormente aumentado: Brasília: McGraw-Hill do Brasil: EdUnB, 1972).

MEDEIROS, Luis Adauto da Justa. Introdução às álgebras de Banach. *Notas de Matemática*, Rio de Janeiro, IMPA, n. 36, 1961.

MEDEIROS, Luis Adauto da Justa. Introdução às álgebras de Banach. 2. ed. *Notas de Matemática*, Rio de Janeiro, IMPA, n. 36, 1966b.

MEDEIROS, Luis Adauto da Justa. *Núcleo Técnico Científico de Matemática da Fundação Getúlio Vargas (1944-1946).* Rio de Janeiro: IM-UFRJ, 2004.

MEDEIROS, Luis Adauto da Justa. Temporally inhomogeneous non-linear wave equations in Hilbert space. Tese de doutorado, IMPA. *Notas de Matemática*, Rio de Janeiro, IMPA, n. 31, 1965.

MEDEIROS, Luis Adauto da Justa. *Tópicos em equações diferenciais parciais.* Rio de Janeiro: IM/UFRJ, 2005.

MEDEIROS, Luis Adauto da Justa. Trajeto da Matemática no Rio de Janeiro. *Ciência e Sociedade*, v. 3, n. 1, 2001.

MEDEIROS, Luis Adauto da Justa. Uma breve biografia Alvércio Moreira Gomes (1916-2003). *In:* GOMES, Alvércio Moreira. *Semigrupos de operadores lineares e aplicações às equações de evolução.* Rio de Janeiro: IM-UFRJ, 2011.

MEDEIROS, Luis Adauto da Justa; FERREL, Juan Limaco; BIAZUTTI, Angela Cássia. *Métodos clássicos em equações diferenciais parciais.* Rio de Janeiro: IM-UFRJ, 2000.

MEDEIROS, Luis Adauto da Justa; GOMES, Alvércio Moreira. *José Abdelhay. Trabalhos de matemática. Obra póstuma.* Rio de Janeiro: IM-UFRJ, 1996.

MEDEIROS, Luis Adauto da Justa; MIRANDA, M. Milla. *Espaços de Sobolev.* Rio de Janeiro: IM-UFRJ, 2000.

MEDEIROS, Luis Adauto da Justa; MELLO, Eliel A. de. *A integral de Lebesgue.* 6. ed. Rio de Janeiro: IM-UFRJ, 2008.

MILNE, J. S. *Algebraic geometry.* Disponível em: www.jmilne.org/math/. Acesso em: 9 ago. 2022.

MILNE, J. S. *Motives – Grothendieck's dream.* Disponível em: www.jmilne.org/math/. Acesso em: 10 ago. 2022.

MONTEIRO, António. Sur l'additivité des noyaux de Fredholm. *Portugaliae Mathematica*, v. 1, n. 1, p. 1-174, 1937.

MONTEIRO, António; RIBEIRO, Hugo. *La notion de fonction continue. Summa Brasiliensis Matematicae*, fasc. 1, 1945-1946.

MONTEIRO, Luis H. Jacy. *Sobre as potências simbólicas de um ideal primo de um anel de polinômios*. 1950. Tese (Doutorado) - FFCL-USP, São Paulo, 1950.

MORAES FILHO, E. (org.); FERNANDES, F. (coord.). *Auguste Comte. Sociologia*. São Paulo: Ática, 1983.

MORDELL, J. L. *Diophantine equations*. London: Academic Press, 1969.

MORGADO, J. Nota sobre quase grupo subtrativo. *Gaz. Mat.*, Lisboa, n. 92/93, p. 11-17, 1963.

MORIYASU, K. *An elementary primer for gauge theory*. Singapore: World Scientific Publishing, 1983.

MOTOYAMA, Shozo (org.). *50 Anos do CNPq contados por seus presidentes*. São Paulo: Fapesp, 2002.

MUJICA, Jorge. Os trabalhos de Leopoldo Nachbin (1922-1993). *Revista Matemática Universitária*, n. 16, p. 22-36, 1994.

NACHBIN, Leopoldo. A theorem of the Hahn-Banach Type for linear transformations. *Trans. Amer. Math. Soc.*, v. 68, p. 28-46, 1950.

NACHBIN, Leopoldo. Combinação de topologias pseudo-metrizáveis e metrizáveis. Tese de concurso para livre-docente de Análise Matemática na FNFi-UB. *Notas de Matemática*, Rio de Janeiro, n. 1, 1947.

NACHBIN, Leopoldo. Espaços vetoriais topológicos. *Notas de Matemática*, Rio de Janeiro, n. 4, 1948.

NACHBIN, Leopoldo. Sur les algèbres denses de fonctions diférentiables sur une varieté. *C. R. Acad. Sci. Paris*, n. 228, p. 1549-1551, 1949.

NADAI, Elza. *Ideologia do progresso e ensino superior (São Paulo 1891-1934)*. São Paulo: Loyola, 1987.

NORIEGA, Marcielis E. *Ergocidade de difeomorfismos de anosov de classe C^2*. 2019. Dissertação (Mestrado) – Instituto de Matemática, Estatística e Computação Científica (IMECC), Universidade Estadual de Campinas (UNICAMP), Campinas, 2019.

NOTICIÁRIO BRASILEIRO DE MATEMÁTICA, n. 26, p. 10-14, ago. 1967.

PACHECO E SILVA, A. C. *Armando de Salles Oliveira*. São Paulo: Parma: Edusp, 1980.

PALIS, Jacob; CAMACHO, César; LIMA, Elon L. (eds.). *IMPA 50 Anos*. Rio de Janeiro: IMPA, 2003.

PARANÁ. *Regimento da FFCL do Paraná*. Curitiba, 1940.

PARIKH, Carol. *The unreal life of Oscar Zariski*. New York: Springer, 2009.

PASITTI, S.; ZIZIOLI, E. Loops, regular permutations sets and colourings of directed graphs. *J. Geom.*, v. 106, n. 1, p. 35-45, 2015.

PEIXOTO, Maurício M. Convexidade das curvas. *Notas de Matemática*, Rio de Janeiro, n. 6, 1948a.

PEIXOTO, Maurício M. Generalized convex functions and second order differential inequalities. *Bull. Amer. Math. Soc.*, v. 55, p. 563-572, 1949.

PEIXOTO, Maurício M. On structural stability. *Annals of Mathematics*, v. 69, p. 199-222, 1959.

PEIXOTO, Maurício M. On the classification of flows on 2-manifolds. *Proceedings of the International Symp. of Dynamical Systems*, p. 389-419, 1973.

PEIXOTO, Maurício M. On the existence of derivative of generalized convex functions. *Summa Brasiliensis Mathematicae*, v. 2, fasc. 3, p. 35-42, 1948b.

PEIXOTO, Maurício M. Structural stability on two-dimensional manifolds. *Topology*, v. 1, p. 101-120, 1962.

PEIXOTO, Maurício M. Sur la classification des équations différentielles. *C. R. Acad. Sci. Paris*, v. 272, p. 262-265, 1971.

PEIXOTO, Maurício M.; PEIXOTO, Marília C. Structural stability in the plane with enlarged boundary conditions. *An. Acad. Bras. Ciênc.*, v. 31, n. 2, p. 135-160, 1959.

PETIJEAN, Patrick. As missões universitárias francesas na criação da Universidade de São Paulo (1934-1940). In: HAMBURGER, Amélia I. *et al.* (orgs.). *A ciência nas relações Brasil-França (1850-1950).* São Paulo: Edusp: Fapesp, 1996.

PHILLIPS, J. D. Moufang magmas with inverses. *Journal of Algebra and Its Applications*, v. 13, n. 3, p. 1350104-1-1350104-5, 2014.

PHILLIPS, J. D.; STANOVSKY, David. Bruck loops with Abelian inner mapping groups. *Commun. Algebra*, v. 40, n. 7, p. 2449-2454, 2012.

PIER, Jean-Paul. *Developments of mathematics 1900-1950.* Boston; Berlin; Basel: Birkhäuser-Verlag, 1994. Zbl 08007.01014.

PINCHERLE, Salvatore; AMALDI, Ugo. *Le operazioni distributive e le loro aplicazioni all'analise.* Bologna, 1901.

PIRES, Rute da Cunha. *A presença de Nicolas Bourbaki na Universidade de São Paulo.* 2006. Tese (Doutorado) - PUC, São Paulo, 2006.

PISANELLI, Domingos. Alguns funcionais analíticos e seus campos de definição. 1956. Tese (Doutorado) - FFCL-USP, São Paulo, 1956.

PISANELLI, Domingos. *Contribuição ao estudo dos operadores analíticos.* 1959. Tese (Livre-docência) - FEA, USP, São Paulo, 1959. (Publicada em *Bol. Soc. Mat. São Paulo*, v. 10, fasc. 1 e 2, 1961)

PISANELLI, Domingos. *Operadores analíticos permutáveis e equações invariantes.* Concurso para provimento de cátedra, FAU, USP, São Paulo, 1966.

RAMOS, Theodoro A. *Sobre as funções de variáveis reais.* Tese (Doutorado) - Escola Politécnica do Rio de Janeiro. São Paulo: Secção de obras do Estado de São Paulo, 1918.

RAYNAUD, Michael. André Weil and the foundations of algebraic geometry. *Notices of the AMS*, v. 46, n. 8, p. 864-867, 1999.

RIBENBOIM, Paulo. Characterization of the sup-complement in a distributive lattice with last element. *Summa Brasiliensis Mathematicae*, v. 2, fasc. 4, p. 4-48, 1949.

RIBENBOIM, Paulo. Sobre a teoria das valorizações de Krull. *Bol. Soc. Mat. de São Paulo*, v. 11, p. 1-106, 1960.

RODRIGUES, Alexandre A. Martins. Characteristic classes of complexes homogeneous spaces. *Bol. Soc. Mat. de São Paulo*, v. 10, p. 67-86, 1955. (Tese de doutorado).

RODRIGUES, Alexandre A. Martins. Teoria das superfícies de Riemann. *Notas de Matemática*, Rio de Janeiro, n. 26, 1961.

RODRIGUES, Alexandre A. Martins. The first and second fundamental theorem of Lie for Lie pseudo-groups. *American J. Math.*, v. 84, p. 265-282, 1962.

RODRIGUES, Luciana Maria Dias de Ávila *et al. Os 60 anos do Departamento de Matemática da UnB*. Brasília: EdUnB, 2022.

ROWE, David; GRAY, Jeremy J. *The Hilbert challenger*. Oxford: Oxford University Press, 2000.

RUAS, Maria Aparecida S. *Matemática no Brasil. Panorama e desafios*. Rio de Janeiro: Fórum de Pesquisa e Pós-graduação, 18 fev. 2008.

SADE, A. Quasigroupes de Cardoso et pseudogroupes de Zelmer. *Anal. St. Univ. A. I. Cuza*, n. 13, p. 5-15, 1967.

SALMERON, Roberto A. *A universidade interrompida: Brasília 1964-1965*. 2. ed. revista. Brasília: EdUnB, 2007.

SAMUEL, Pierre. Elementos de Geometria Algébrica. *Notas de Matemática*, Rio de Janeiro, n. 18, 1959. Notas de aulas redigidas por Alberto Azevedo e Artibano Micali.

SÃO PAULO. Decreto Estadual n.12.511, de 21 de janeiro de 1942.

SCHMIDT, Wolfgang M. *Diophantine approximations and Diophantine equations. Lecture notes in mathematics*. Springer-Verlag, 2000.

SCHWARTZ, Laurent. *Théorie des distributions*. Paris: Hermann, v. 1, 1950; v. 2, 1951.

SERRE, Jean-Pierre. Géométrie algébrique et géométrie analytique. *Annales de l'institute Fourier*, t. 6, p. 1-42, 1956.

SILVA, Ana Cannas da. *Introduction to sympletic and Hamiltonian geometry*. Rio de Janeiro: IMPA, 2002. (Coleção Publicações Matemáticas).

SILVA, Clovis Pereira da. A. Comte: suas influências sobre a Matemática brasileira. *Bol. Soc. Paran. Mat.* (2ª série), v. 12/13, n. 1/2, p. 47-66, 1991-1992.

SILVA, Clovis Pereira da. *A matemática no Brasil. História de seu desenvolvimento*. 4. ed. revista e ampliada. São Paulo: Blucher, 2022a.

SILVA, Clovis Pereira da. *A vida acadêmica e a influência do matemático Luis Adauto da Justa Medeiros*. Rio de Janeiro: EdIM-UFRJ: Open Access, 2020.

SILVA, Clovis Pereira da. *Aspectos históricos do desenvolvimento da pesquisa matemática no Brasil*. São Paulo: SBHMat: Livraria Editora da Física, 2009.

SILVA, Clovis Pereira da. *Aspectos históricos do ensino da Matemática na UFPR*. Curitiba: Unificado Artes Gráficas e Editora, 2008.

SILVA, Clovis Pereira da. *Início e consolidação da pesquisa em Matemática no Brasil*. 3. ed. revista e ampliada. São Paulo: Blucher, 2022b. Disponível em: https://openaccess.blucher.com.br/journal-search/clovis%20pereira%20da%20silva. Acesso em: 9 abr. 2023.

SILVA, Clovis Pereira da. Sobre um teorema de Lagrange para quase grupos de Ward. *Revista Colombiana de Matemáticas*, v. 12, p. 91-96, 1978.

SILVA, Clovis Pereira da. *The academic life and influence of mathematician Luis Adauto da Justa Medeiros*. Saarbrücken: LAP, 2021.

SILVA, Clovis Pereira da. *Um acadêmico lutando com a indiferença. Salvemos a Universidade Brasileira*. São Paulo: Blucher, 2022c. Disponível em: https://openaccess.blucher.com.br/journal-search/clovis%20pereira%20da%20silva. Acesso em: 13 fev. 2023.

SILVA, Clovis Pereira da; BASTOS, Gervasio G. (orgs.) Otto de Alencar Silva. *Uma coletânea de estudos e cartas*. Fortaleza: EdUFC, 2006.

SILVA, José Sebastião e. As funções analíticas e a análise funcional. *Portugaliae Math.*, v. 9, fasc. 1-2, p. 1-130, 1950.

SIMIS, Aron. *Álgebra no país: state of the art*. Palestra proferida na Universidade Federal de Pernambuco (UFPE), Recife, 24 jan. 2007.

SMITH, Jonathan D. H. *An introduction to quasigroups and their representations*. New York: Chapman & Hall: CRC, 2007.

SMITH, Jonathan D. H. Groups, triality, and hyperquasigroups. *J. Pure Appl. Algebra*, v. 216, n. 4, p. 811-825, 2012a.

SMITH, Jonathan D. H. Homotopies of central quasigroups. *Commun. Algebra*, v. 40, n. 5, p. 1878-1885, 2012b.

SINGH, Simon L. *O último teorema de Fermat*. São Paulo: Record, 1998.

SOUZA, Geraldo Soares de. *Influência dos professores portugueses na formação do Departamento de Matemática da Universidade Federal de Pernambuco*. Palestra proferida na Universidade de Coimbra, Coimbra, out. 2007. Disponível em: http://www.dmato.ufpe.br/historia/arquivos/geraldo_souza.pdf. Acesso em: 5 maio 2022.

SOTOMAYOR, Jorge. Uma lista de problemas de equações diferenciais. *Revista de Matemática e Estatística*, v. 18, p. 223-245, 2000.

SPIVAK, M. *Calculus. Cálculo infinitesimal*. Baracelo: Editorial Reverté, S. A., 1970. v. 1.

SPM. *Anuário da Sociedade Paranaense de Matemática*. [S. l.], 1954, v. 1.

STEINITZ, E. Algebraische Theorie der Körper. *J. de Crelle*, t. 137, p. 167-309, 1910.

STIELTJES, T. Recherches sur les fractions continues. *Ann. Fac. Sci. de Toulouse*, t. 8, p. J.1-J.122, 1894.

STONE, M. H. A reminiscence on the extension of the Weierstrass aproximation theorem. *Historia Math.*, n. 3, p. 328, 1976.

SZEMERÉDI, E. Integer sets containing no k elements in arithmetic progression. *Acta Arithmetica*, v. 27, p. 299-345, 1975.

TÁBOAS, Plinio Z. *Luigi Faqntappiè: influências na Matemática brasileira. Um estudo da história com contribuições para a Educação Matemática.* Tese de Doutorado-UNESP Rio Claro, 2005.

TAO, T.; VU, V. *Additive combinatorics.* Cambridge: Cambridge University Press, 2006.

TIMES HIGHER EDUCATION. *World university rankings 2014-2015.*

TIMES HIGHER EDUCATION. *World's most influential scientific minds 2014.*

TRIVIZOLI, Lucieli M. *Sociedade de Matemática de São Paulo: um estudo histórico--institucional.* 2008. Dissertação (Mestrado) – Universidade Estadual Paulista (UNESP), Rio Claro, 2008.

VAN DER WAERDEN, B. L. On the sources of my book Moderne Algebra. *Historia Mathematica*, v. 2, p. 31-40, 1975.

VAN DER WAERDEN, B. L. The foundations of algebraic geometry from Severi to André Weil. *Arch. Hist. Excat Sci.*, v. 7, n. 3, p. 171-180, 1971.

VIDEIRA, Antonio Augusto P.; VIEIRA, Cássio Leite; GUIMARÃES, Saulo Pereira. Paulo Ribenboim, o amigo dos números. *Revista Ciência Hoje*, v. 49, n. 289, p. 70-78, 2012.

VILCHEZ, Alexandre Vidal C. *Teoremas de rigidez para fluxos geodésicos Anosov em variedades de volume finito.* 2020. Dissertação (Mestrado) – IM-UFRJ, Rio de Janeiro, 2020.

WARD, M. Postulates for the inverse operations in a group. *Trans. Amer. Math. Soc.*, v. 32, p. 520 -526, 1930.

WEIL, André. Foundations of algebraic geometry. *Colloquium Publications*, v. 29, 1946. (Segunda edição: Providence, RI: AMS, 1962).

WEIL, André. História da Matemática: por que e como. *Revista Matemática Universitária*, n. 13, p. 17-30, 1991.

WEIL, André. *Les courbes algébriques et les variété qui s'en déduisent.* Paris: Hermann & C. Éditeurs, 1948.

WEIL, André. Numbers of solutions of equations in finite fields. *Bull. Amer. Math. Soc.*, v. 55, n. 5, p. 497-508, 1949.

WEIL, André. *OEuvres scientifiques. Collected Works.* New York: Springer-Verlag, 1979.

WEIL, André. Sur quelques résultats de Siegel. *Summa Brasiliensis Mathematicae*, v. I, fasc. 4, p. 1-39, 1945-1946.

WEIL, André. *The apprenticeship of a mathematician.* Basel: Birkhäuser Verlag, 1992.

ZACH, Richard. *Hilbert's program then and now.* [*S. l.*], 29 ago. 2005. Disponível em: https://arxiv.org/abs/math/0508572. Acesso em: 13 fev. 2021.

ZARISKI, Oscar. Generalized semi-local rings. *Summa Brasiliensis Mathematicae*, v. 1, fasc. 8, 1946, p. 169-195.

ZARISKI, Oscar. On the problem of irreducibility of the algebraic system of irreducible plane curves of a given order and having a given number of nodes. *Arithmetic and Geometry*. Boston: Birkhauser, 1983. v. 2, p. 465-481.

ZARISKI, Oscar. The fundamental ideas of abstract algebraic geometry. *Proc. Internat. Cong. Math.* Cambridge, Massachusetts, 1950, p. 77-89.